첫 눈에 반한 Stata

2nd Edition

15
Version

실습파일 다운로드 www.jiphil.co.kr 자료실

15 Version

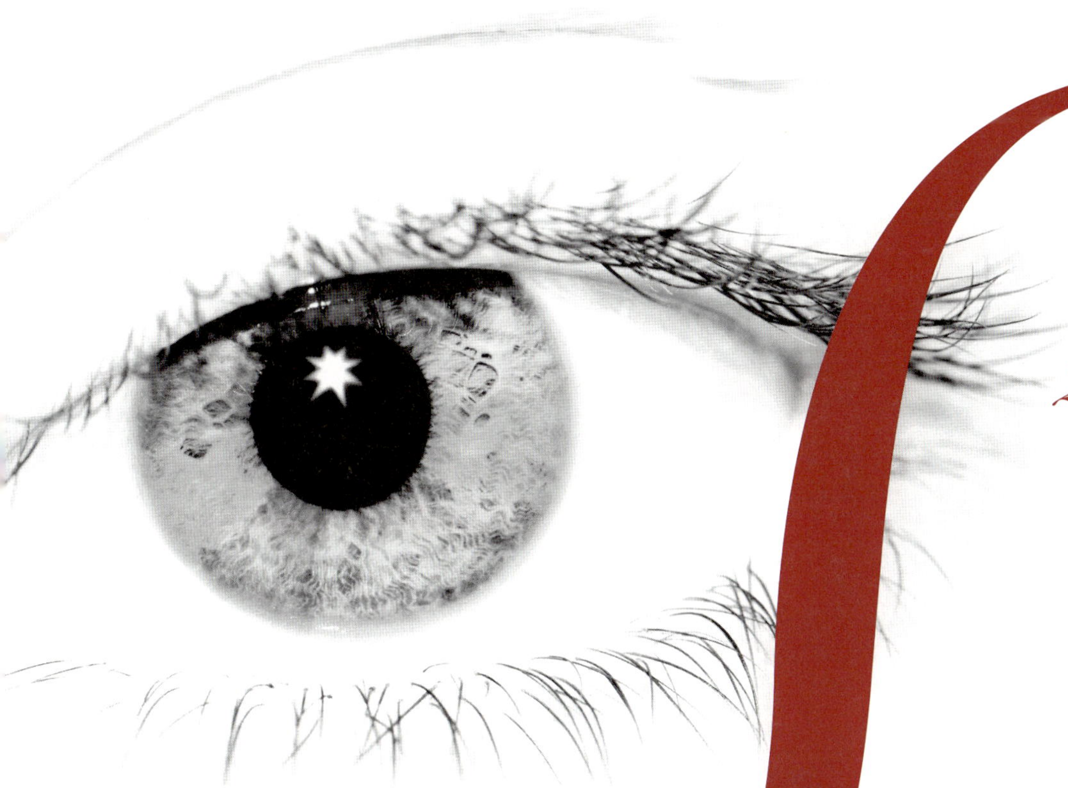

2nd Edition

양오석 지음

첫 눈에 반한 Stata

경영학을 위한 STATA 활용법 논문예제 수록

사회과학 분과마다 각자의 방법론이 존재하고 자주 사용되는 연구모형도 차이가 있지만 기본적으로 다루게 되는 방법론적 논의는 유사한 점이 많다. 따라서 흔히 통계학 수업에서는 공통적인 개념을 가지고 수강생들에게 주요 내용을 전달하기가 쉽다. 그런데 최근 추세를 보면 각 연구분과 별로 특유의 방법론을 소개하고 연구모형을 차별적으로 안내하는 통계학 서적들이 많이 출간되고 있다. STATA 통계 프로그램은 SPSS의 손쉬움과 SAS의 다양한 기능을 접목한 프로그램이라고 말할 수 있다. 그야말로 청자연적이요 옷맵시 고운 여인의 소매자락 같은 느낌이다. 첫 눈에 반할 만하다.

MEDIA JIPHIL
(주)지필미디어

첫 눈에 반한 STATA

경영학을 위한 STATA 활용법 15version 2/e

발 행 일 2018년 6월 15일
저　　자 양오석
발 행 인 김성남
발 행 처 (주)지필미디어

주　　소 경기도 파주시 문발로 132 조에아울렛 402호
전　　화 (031) 957-4504
팩　　스 (031) 957-4503
이 메 일 book@jiphil.co.kr
홈페이지 www.jiphil.co.kr
등록번호 제 312-1997-000043호 (1997년 7월 16일)

I S B N 979-11-86674-51-2 (93320)
편　　집 디자인 콤마
가　　격 22,000원

프롤로그

필자가 방법론에 관심을 갖기 시작한 것은 학부생 시절 아직 컴퓨터가 크게 발달하지 못해 286 시리즈를 사용할 때였다. 당시 SPSS와 같은 통계 프로그램은 5.25인치 플로피디스크 10여장을 사용하여 제한된 용량의 데이터를 처리할 수 있는 정도였다. 플로피디스크도 1층과 2층으로 나뉘어 플로피디스크를 넣고 난 후 드라이브 문을 닫아주어야 하는 진풍경이었다. 교양과목 전산학 개론의 중간고사 시험 문제로 배치 파일을 만드는 문제가 흔히 출제되었고, 필자는 286 방식의 배치 파일 방법을 대신하여 386 배치 파일을 만드는 방법을 적어 내어 A^+를 성취하곤 했던 기억이 있다.

이후 필자는 두 번의 석사 과정과 두 번의 박사 과정을 통해 방법론에 대한 이론적 학습을 다지고, 데이터를 직접 사용하여 통계 처리하는 실증 분석을 연마하였다. 하지만 늘 아쉬웠던 것은 수업에서 이루어지는 방법론 강의가 제한된 시간과 제한된 물리적 환경으로 인해 수강생들이 실무 능력을 배양할 수 있는 충분한 기회를 갖지 못한다는 점이었다. 수강 기간 동안 과제 제출을 통해 부분적으로 실무를 익히기는 하지만 실제로 자신의 데이터를 가지고 자신의 글을 작성할 때가 되면 앞서 수강한 내용들이 손끝에 익숙해 져 있지 않아 다시 독학으로 방법론을 깨우쳐야만 했다.

이제 필자는 대학교에서 경영학을 강의하며 통계학을 가르치고 있다. 사회과학 분과마다 각자의 방법론이 존재하고 자주 사용되는 연구 모형도 차이가 있지만 기본적으로 다루게 되는 방법론적 논의는 유사한 점이 많다. 따라서 흔히 통계학 수업에서는 공통적인 개념을 가지고 수강생들에게 주요 내용을 전달하기가 쉽다. 그런데 최근 추세를 보면 각 연구 분과 별로 특유의 방법론을 소개하고 연구 모형을 차별적으로 안내하는 통계학 서적들이 많이 출간되고 있다. 이러한 노력은 국내보다 해외에서 더욱 활발히 이루어지고 있다. 국내에서는 발 빠른 방법론 연구자들에 의해, 혹은 연구 방법론에 대한 열정의 크기에 따라 연구 분과 별로 통계 처리 방법을 친절히 그리고 전문적으로 안내하는 전문 분야 통계학 서적들이 앞다투어 발간되고 있다. 하지만 경영학에 초점을 두고 나온 통계학 전문 서적은 많지 않은 편이다. 특히 SPSS나 SAS를 중심으로 한 통계학 전문 서적들이 주를 이룬 채 STATA와 같이 최근 주목 받고 있는 통계 프로그램에 대한 안내서는 더더욱 일천하다.

STATA 통계 프로그램은 SPSS의 손쉬움과 SAS의 다양한 기능을 접목한 프로그램이라고 말할 수 있다. 그야말로 청자연적이요 옷맵시 고운 여인의 소매자락 같은 느낌이다. 첫 눈에 반할 만하다. 통계 방법론에 대한 새로운 도전과 이론이 전개되면서 STATA 프로그램 역시 이를 수용하는 새로운 버전을 지속적으로 출시하고 있다. 현재까지 15 버전이 출시되었고, 12버전부터는 기존에 탑재되어 있지 않던 경로분석 기능을 강화하고 있다. 지속적으로 개선되고 있는 만큼 사용자들은 새로운 기능을 자주 업데이트해야 하는 수고로움도 뒤따른다. 하지만 이는 방법론의 매력에 빠진 연구자라면 즐거운 일일 것이다. 문제는 국내 STATA 사용 지침서 출간이 통계 프로그램의 발전 속도를 뒤따르지 못한다는 점이다. 현재 국내에는 일부 STATA 사용 지침서들이 출간되어 있다. 의료 부문에서 출간된 사용 지침서와 경제학 분야에서 나온 책도 찾아볼 수 있다. 이와 달리 경영학 분야에서 STATA 사용법을 안내하고 있는 친절한 책은 아직 부족하다. 통계 프로그램이라는 것이 학문 분과마다 크게 다른 것은 아니지만, 각 분과에서 다루는 주요 주제에 상응하는 연구 모형을 안내하고 그 상세한 절차를 친절하게 소개하는 책자가 아쉬운 것이 사실이다. 특히 경영학 분야에서 학위 논문이나 소논문을 작성해야 하는 연구자로서는 방법론적으로 의지할 만한 친구가 되어 줄 경영학 분야의 STATA 사용법 안내서가 무엇보다 아쉬울 것이다.

이에 필자는 STATA 통계 프로그램을 사용하여 경영학 연구를 효과적으로 진행할 수 있도록 도움이 되고자 이 책을 집필하게 되었다. 이 책은 근본적으로 STATA 프로그램을 이용하여 경영학 연구를 진행하고자 하는 연구자들을 위해 작성되었다. 또한 손쉬운 연구 모형을 안내함으로써 통계 분석을 활용하고자 하는 초보 연구자들을 위해 집필되었다. 지나치게 복잡하거나 수학이 두려워 통계학마저 두려움을 지닌 연구자들을 위한 책으로 준비되었다. 필자의 집필 의도는 "통계학은 수학이 아니다"라는 생각에 맞추어 져 있다. 이러한 목적에 상응하여 이 책에서는 통계 논리를 수학적으로 상세하게 설명하는 노력을 일부러 피하고 있다. 통계 방법의 수학적 논리를 연마하는 것은 이 책의 근본 목적과 위배된다. 이 책은 통계 프로그램을 사용하는 방법을 실무적으로 안내하는 것이 기본 목적이다. 따라서 독자는 수학적 논리가 부족하거나 통계학적 이해가 부족해도 아무런 걱정이 없다. 이 책을 활용하여 독자는 소논문과 학위논문을 충분히 작성할 수 있도록 구성하였다. 깊이 있는 이해와 더욱 복잡한 내용은 이 책의 후속으로 출간될 심화편과 고급편을 참조하기 바란다.

상기한 목적에 상응하여 이 책은 모두 일곱 장으로 이루어져 있다. 경영학 연구에서 개별 연구자들이 고민하게 될 연구 모형은 크게 회귀분석 모형, 패널분석 모형, 로짓분석 모형, 경로분석 모형 등 네 가지이다. 물론 이 외에도 상세한 연구 모형들이 존재하지만 기초편에서 다룰 모형으로는 이들 네 가지가 가장 중요하며 흔히 사용되고 있는 유용한 것들이다. 1장에서는 첫 만남으로 Excel 자료 불러오기, SPSS 편집하기, 기초명령어 등을 배우고, 2장에서는 저울질 단계로 그래프로 살펴본 데이터의 성격 및 기초 통계를 배운다. 3장에서는 스킨십 단계로 회귀분석 모형을 배우며 이분산성 검정, 도구변수, GLS 검정 등을 연마한다. 기초적인 회귀분석에 대한 이해가 끝나면 4장에서는 패널분석 모형 및 동적패널 모형을, 5장에서는 로짓분석 모형, 프로빗분석 모형 그리고 토빗분석 모형을 배운다. 이어지는 6장에서는 기억의 습작이라는 제목 아래 이 글의 마지막 학습모형인 경로분석 모형을 소개하였다. 이 같은 일련의 연구 모형을 소개한 후 마지막 장에서는 앞서 이행한 실증 분석 결과가 강건한지, 연구 결과의 일관성을 검정하는 강건성 검정(robustness test) 기법을 소개하였다.

미안하게도 고백해야 할 것은 필자의 이러한 순정에도 불구하고 방법론적인 고민이 완성되지 못하였고, 실무 지침서의 내용도 미숙한 점이 많다. 바라건대 이 책이 경영학 연구자들의 친구가 되어 연구를 손쉽게 도와 주고 연구자들의 지식이 본 필자를 뛰어넘어 후일 필자를 거듭나게 하는 기회가 있기를 기대한다. 옛말에 "가르치는 것이 배우는 것이다"라는 말이 있다. 필자가 이 책을 집필한 것은 방법론적으로 개별 연구자들을 돕고자 하는 마음에서 출발한 것이지, 경영학 연구자들보다 뛰어난 지식을 갖고 있어서가 아님을 다시 한번 고백한다. 또한 방법론이 지닌 헤어날 수 없는 마력과 같은 힘에 이끌려서 오늘날 이렇게 STATA 사용법 지침서를 집필하게 되었음을 밝혀 둔다. 그렇다고 이 책이 지닌 결점에 대한 면죄부를 독자들에게 요청하는 것은 아니다.

프롤로그를 마치면서 이 책은 필자 혼자만의 힘으로 완성된 것이 아님을 밝혀 둔다. 필자의 통계학 수업을 수강한 학부생들이 이 책의 집필에 적극 참여하였다. 이제는 그 중 석사과정을 마치고 박사과정에 들어가 연구를 진행하는 친구도 있다. 이 책이 완성될 수 있도록 귀한 시간과 노력을 아끼지 않은 박준민, 하진욱, 김우영 학형들에게 깊이 감사한다. 유난히 더운 여름, 가족들과의 귀한 여행도 뒤로 미룬 채 필자와 오랜 시간을 함께해 주었다. 감당하기 어려운 방법론 주제도 끊임없이 읽고, 토론하며, 또한 문제 제기와 해결 방안을 제안한 국내외 학자들에게 직접 이메일과 연락을 취해 원하고자 하는 답을 얻어내곤 했다. 오히려 이들의 노력은 필자가 쌓아 온 노력을 뛰어넘는 열정으로 대표된다. 아직 필자와 나란히 이 책의 표지에 저자로 이름을 올리지는 못했지만, 이들이 곧 엄청난 연구자로 탈바꿈하는 그 날이 기다려진다.

2018년 4월

또 다른 광야에서

양 오 석

(강원대학교 경영회계학부 교수)

차례

PART I. 첫 만남

PART II. 저울질

PART III. 스킨십

PART IV. 동행

PART V. 엇갈림

PART

I 첫 만남

1. Excel 자료 불러오기

STATA를 비롯한 여러 통계패키지에 사용되는 데이터들은 주로 Excel 파일의 형태로 주어지는 경우가 많다. 예전 Stata 버전에서는 Excel 파일을 불러오려면 추가적인 변환 작업이 필요했다. 그러나 Stata 15를 비롯한 최근 버전에서는 변환 작업 없이 바로 엑셀 자료를 불러올 수 있다. 제공된 엑셀 자료 ted_spread를 사용하여 실습해 보자.

01. 메뉴 창에 'File' – 'Import' – 'Excel spreadsheet(*.xls; *.xlsx)'를 선택한다..

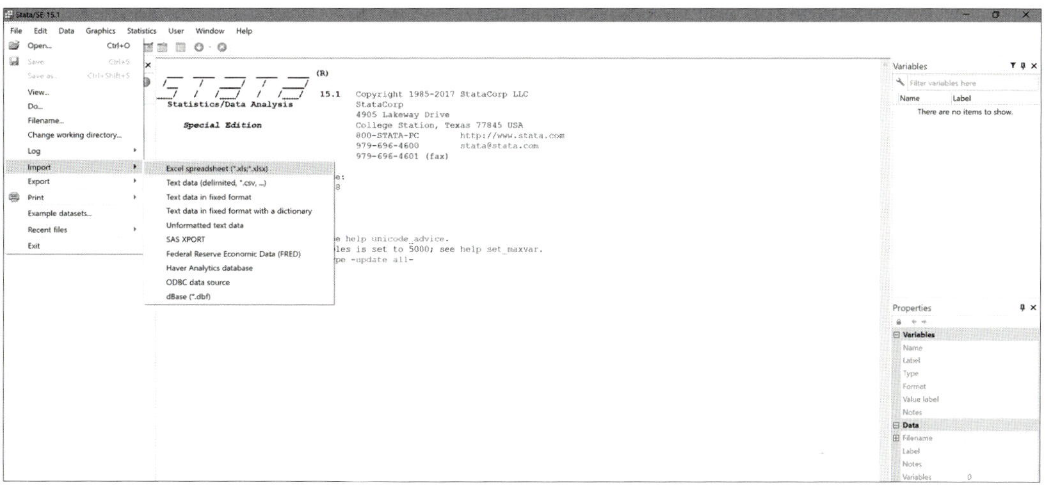

02. 나타난 Import Excel 창에서 오른쪽 상단에 있는 "Browse…"를 클릭한다. 그리고 나서 연습데이타인 ted_spread를 불러온다.

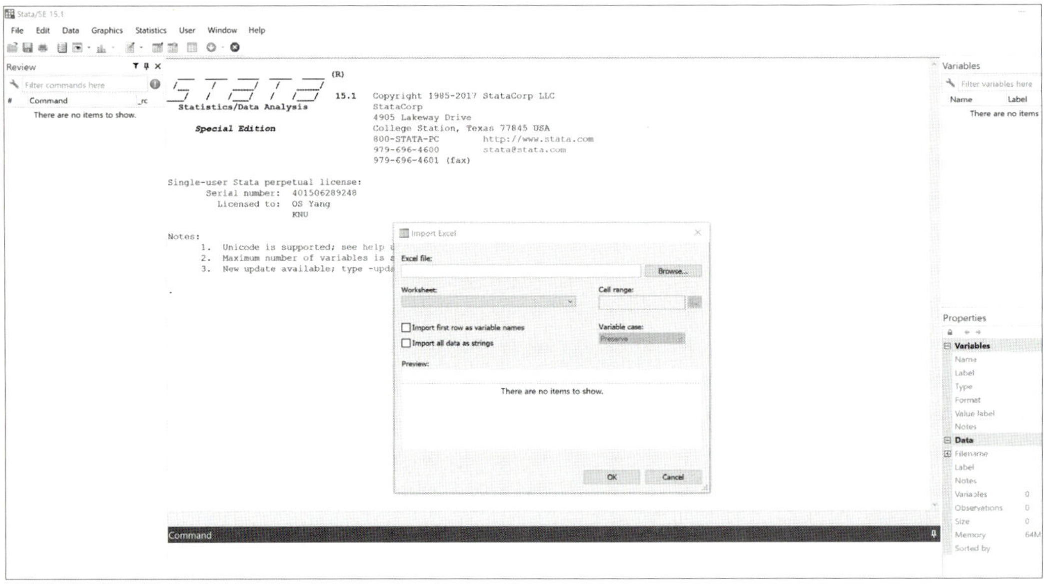

03. ted_spread 엑셀 자료를 불러오면 다음과 같이 화면 창에 자료가 나타나는데, 여기서 자료의 첫 줄은 데이터 항목이므로 "Import first row as variable names"를 선택하여 각 변수(항목)의 이름을 자동으로 입력시킬 수 있다.

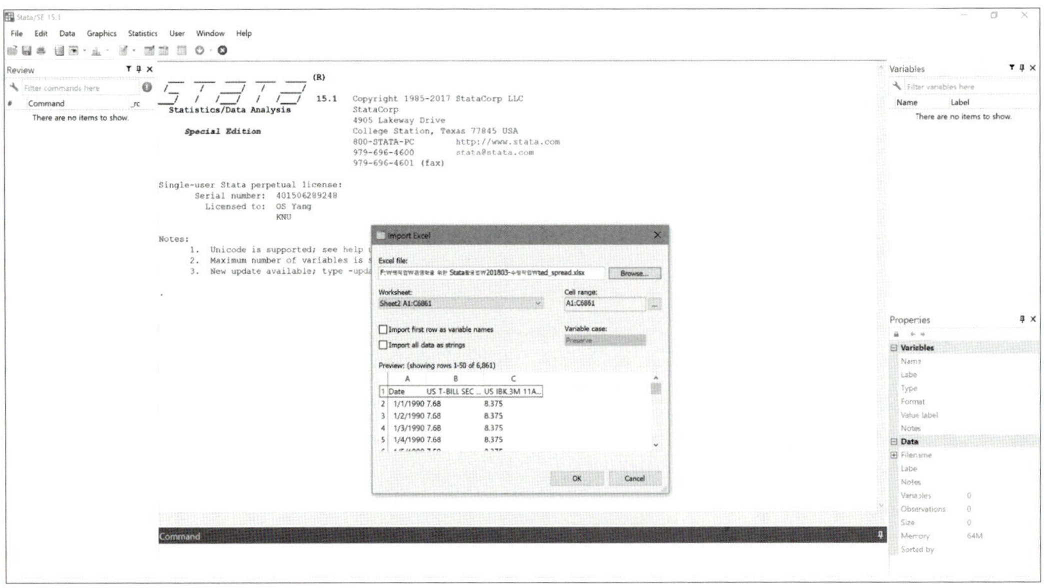

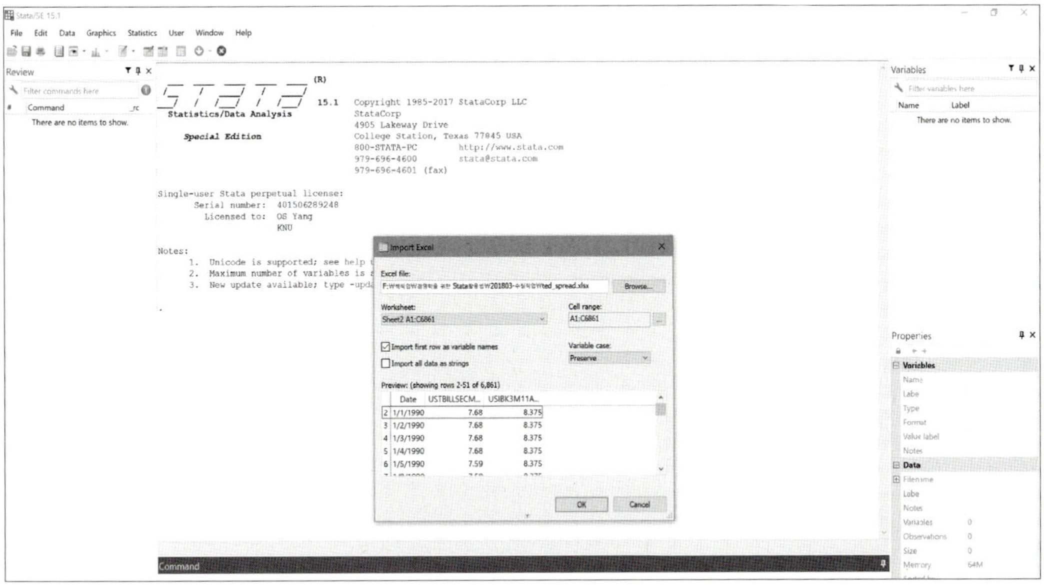

04. “Import first row as variable names”를 선택하고 “OK” 버튼을 누르면 다음과 같이 데이터를 불러들인 초기 화면이 생성된다. 초기 화면에서 볼 수 있듯이 오른쪽 상단에 있는 “Variables” 안에 데이터가 투입되어 각각의 변수명 아래 나타나 있다.

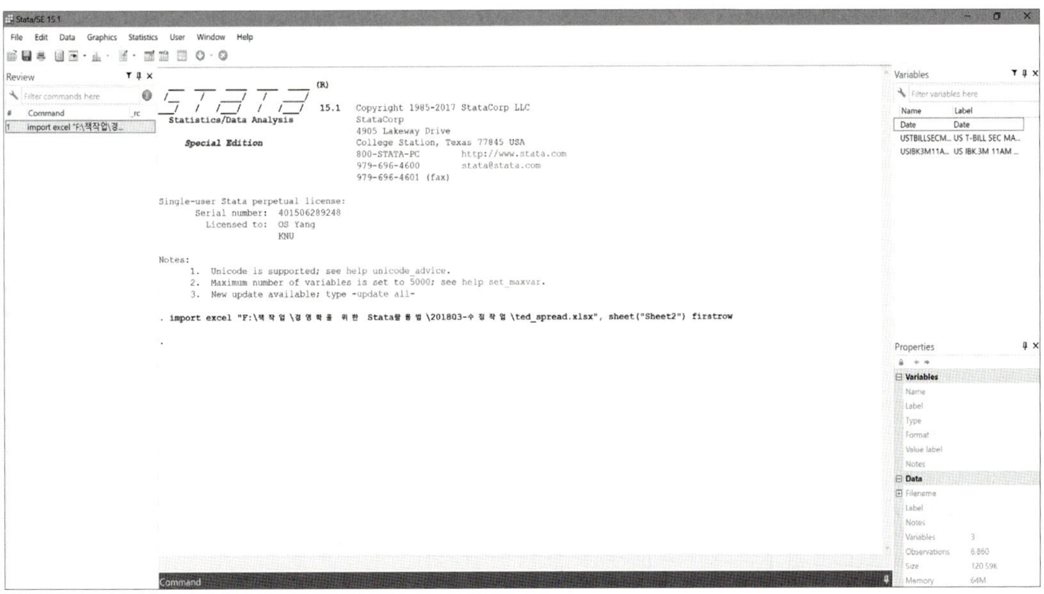

05. 여기서 상단 메뉴 가운데 'Data' – 'Data Editor' – 'Data Editor (Edit)' 를 선택하면, 해당 엑셀 데이터가 Stata 데이터 파일로 전환된 각 변수와 값들을 자세히 확인할 수 있다.

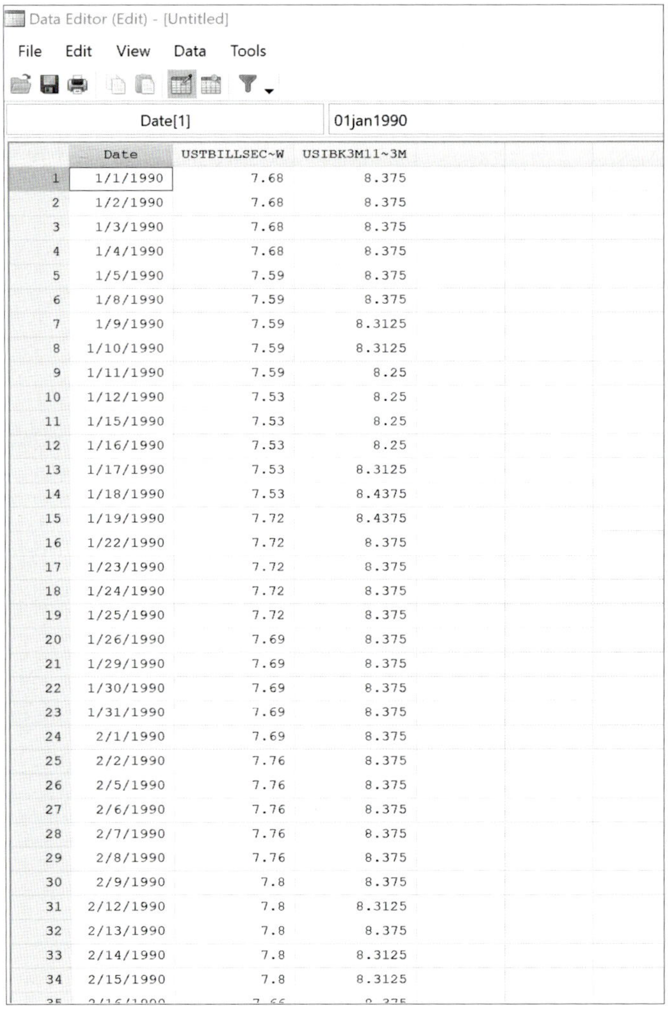

	Date	USTBILLSEC~W	USIBK3M11~3M
1	1/1/1990	7.68	8.375
2	1/2/1990	7.68	8.375
3	1/3/1990	7.68	8.375
4	1/4/1990	7.68	8.375
5	1/5/1990	7.59	8.375
6	1/8/1990	7.59	8.375
7	1/9/1990	7.59	8.3125
8	1/10/1990	7.59	8.3125
9	1/11/1990	7.59	8.25
10	1/12/1990	7.53	8.25
11	1/15/1990	7.53	8.25
12	1/16/1990	7.53	8.25
13	1/17/1990	7.53	8.3125
14	1/18/1990	7.53	8.4375
15	1/19/1990	7.72	8.4375
16	1/22/1990	7.72	8.375
17	1/23/1990	7.72	8.375
18	1/24/1990	7.72	8.375
19	1/25/1990	7.72	8.375
20	1/26/1990	7.69	8.375
21	1/29/1990	7.69	8.375
22	1/30/1990	7.69	8.375
23	1/31/1990	7.69	8.375
24	2/1/1990	7.69	8.375
25	2/2/1990	7.76	8.375
26	2/5/1990	7.76	8.375
27	2/6/1990	7.76	8.375
28	2/7/1990	7.76	8.375
29	2/8/1990	7.76	8.375
30	2/9/1990	7.8	8.375
31	2/12/1990	7.8	8.3125
32	2/13/1990	7.8	8.375
33	2/14/1990	7.8	8.3125
34	2/15/1990	7.8	8.3125

2. SPSS로 데이터 편집하기(구조변환)

통계분석을 위해 수집된 모든 데이터들이 동일한 형태를 가질 가능성은 크지 않다. 따라서 연구자들은 효율적인 분석을 위해 수집된 데이터를 분석에 보다 용이한 형태로 변환시킬 수 있어야 한다.

다음에 제시될 내용은 또 다른 통계패키지인 'SPSS'를 이용하여 연도가 가로 횡으로 배열된 형태의 Excel 데이터를통계분석에 적합한 세로 열 형태로 변환시키는 과정이다. 연습용 데이터 'SPSS 구조변환 연습용 엑셀자료.xls'를 실행하여 순서대로 따라해 보자 (참고로 본 데이터는 세계은행에서 제공하고 있는 자료임을 밝힌다).

01. '파일' 항목에서 '열기'를 클릭한 후, '데이터'를 선택하면 다음과 같은 팝업 창이 생성된다.

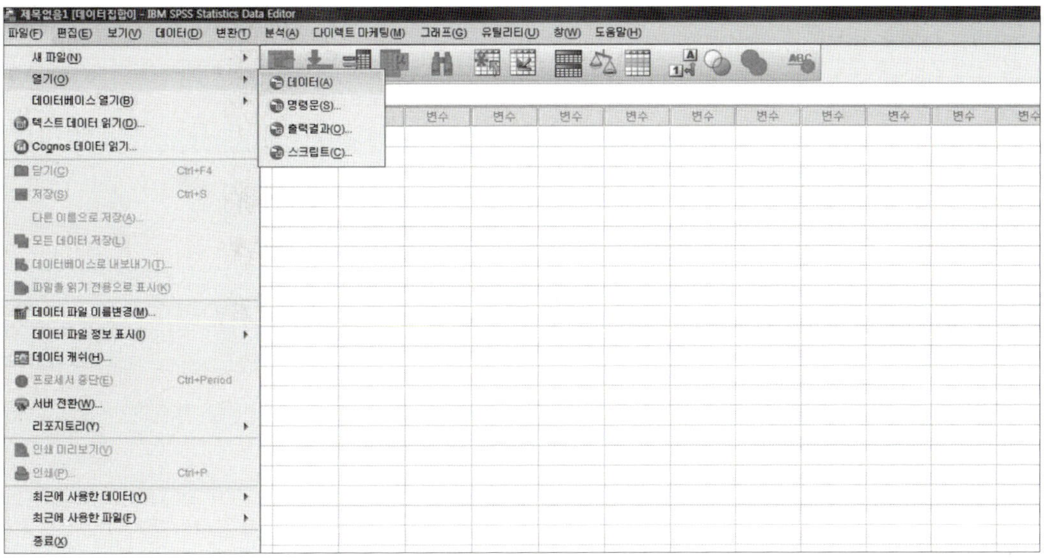

기본적으로 SPSS 파일만을 보여주기 때문에, Excel 파일을 실행시키기 위해서는 '파일 유형'을 따로 선택해 주어야 한다.

02. 파일 유형에서 Excel(*.xls, *.xlsx, *xlsm)을 선택하자.

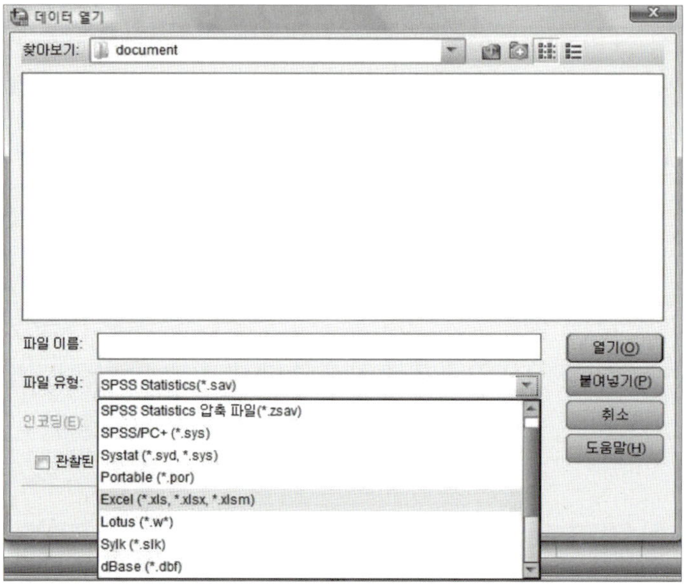

03. Excel 파일을 선택하면 다음과 같은 팝업 메뉴가 생성되는데, 수집한 데이터의 형태에 따라 '데이터 첫 행에서 변수 이름 읽어오기'를 선택하게 되면 추가적으로 변수의 이름을 입력하지 않아도 된다. 또한 '워크시트' 메뉴를 통해 해당 Excel 파일에서 어느 Sheet의 내용을 SPSS 상에서 작업할 것인지 선택할 수 있다(워크시트가 한 파일 안에 여러 개 들어 있을 경우).

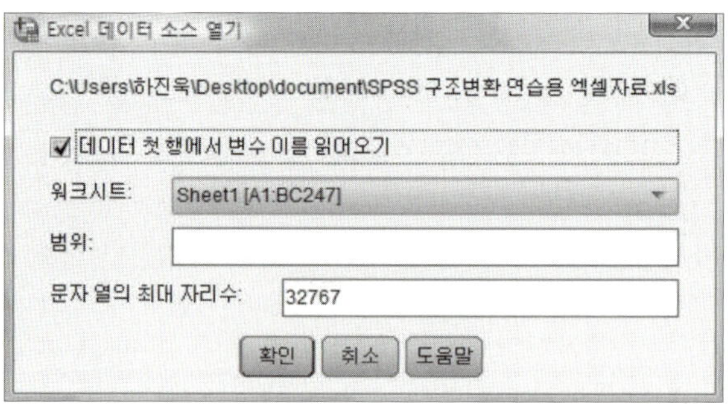

다음 그림을 보면 확인할 수 있듯이, 연습용 Excel 데이터 'SPSS 구조변환 연습용 엑셀자료.xls'를 SPSS에서 실행시키면 연도가 첫 행에서 가로 횡으로 배열되어 있음을 볼 수 있다. 통계패키지 STATA에서 분석하기 위해서는 이같이 가로 횡으로 배열된 연도를 세로 열로 바꾸어주어야 한다 (모든 변수는 세로 열로 정리v되어야 한다). 이는 다음에 제시될 '구조변환' 메뉴를 통해 가능하다.

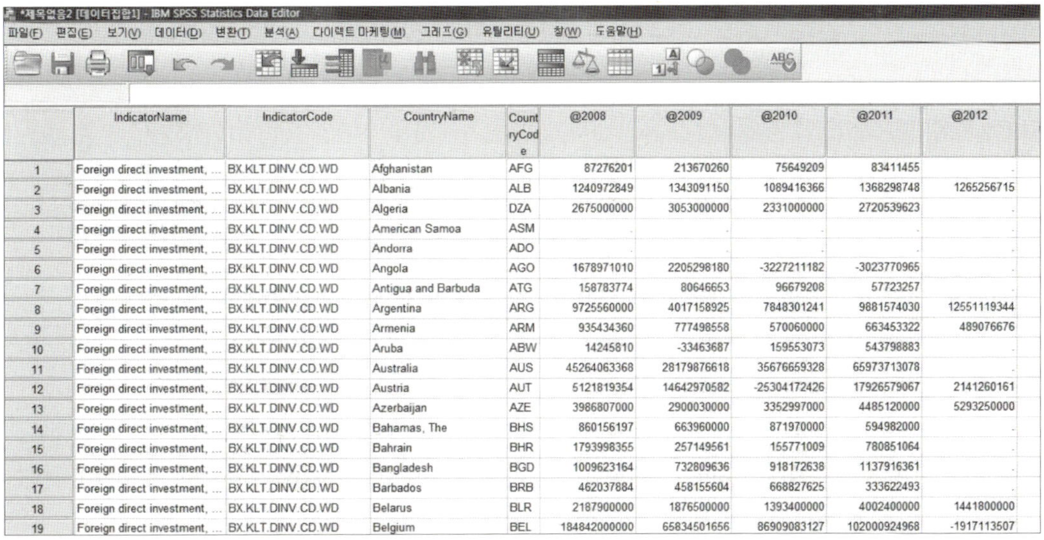

	IndicatorName	IndicatorCode	CountryName	CountryCode	@2008	@2009	@2010	@2011	@2012
1	Foreign direct investment, ...	BX.KLT.DINV.CD.WD	Afghanistan	AFG	87276201	213670260	75649209	83411455	.
2	Foreign direct investment, ...	BX.KLT.DINV.CD.WD	Albania	ALB	1240972849	1343091150	1089416366	1368298748	1265256715
3	Foreign direct investment, ...	BX.KLT.DINV.CD.WD	Algeria	DZA	2675000000	3053000000	2331000000	2720539623	.
4	Foreign direct investment, ...	BX.KLT.DINV.CD.WD	American Samoa	ASM	.	.	.	.	.
5	Foreign direct investment, ...	BX.KLT.DINV.CD.WD	Andorra	ADO	.	.	.	.	.
6	Foreign direct investment, ...	BX.KLT.DINV.CD.WD	Angola	AGO	1678971010	2205298180	-3227211182	-3023770965	.
7	Foreign direct investment, ...	BX.KLT.DINV.CD.WD	Antigua and Barbuda	ATG	158783774	80646653	96679208	57723257	.
8	Foreign direct investment, ...	BX.KLT.DINV.CD.WD	Argentina	ARG	9725560000	4017158925	7848301241	9881574030	12551119344
9	Foreign direct investment, ...	BX.KLT.DINV.CD.WD	Armenia	ARM	935434360	777498558	570060000	663453322	489076676
10	Foreign direct investment, ...	BX.KLT.DINV.CD.WD	Aruba	ABW	14245810	-33463687	159553073	543798883	.
11	Foreign direct investment, ...	BX.KLT.DINV.CD.WD	Australia	AUS	45264063368	28179876618	35676659328	65973713078	.
12	Foreign direct investment, ...	BX.KLT.DINV.CD.WD	Austria	AUT	5121819354	14642970582	-25304172426	17926579067	2141260161
13	Foreign direct investment, ...	BX.KLT.DINV.CD.WD	Azerbaijan	AZE	3986807000	2900030000	3352997000	4485120000	5293250000
14	Foreign direct investment, ...	BX.KLT.DINV.CD.WD	Bahamas, The	BHS	860156197	663960000	871970000	594982000	.
15	Foreign direct investment, ...	BX.KLT.DINV.CD.WD	Bahrain	BHR	1793998355	257149561	155771009	780851064	.
16	Foreign direct investment, ...	BX.KLT.DINV.CD.WD	Bangladesh	BGD	1009623164	732809636	918172638	1137916361	.
17	Foreign direct investment, ...	BX.KLT.DINV.CD.WD	Barbados	BRB	462037884	458155604	668827625	333622493	.
18	Foreign direct investment, ...	BX.KLT.DINV.CD.WD	Belarus	BLR	2187900000	1876500000	1393400000	4002400000	1441800000
19	Foreign direct investment, ...	BX.KLT.DINV.CD.WD	Belgium	BEL	184842000000	65834501656	86909083127	102000924968	-1917113507

04. '데이터' 메뉴를 선택하고, '구조변환'을 실행시키면 다음과 같은 팝업창이 생성된다.

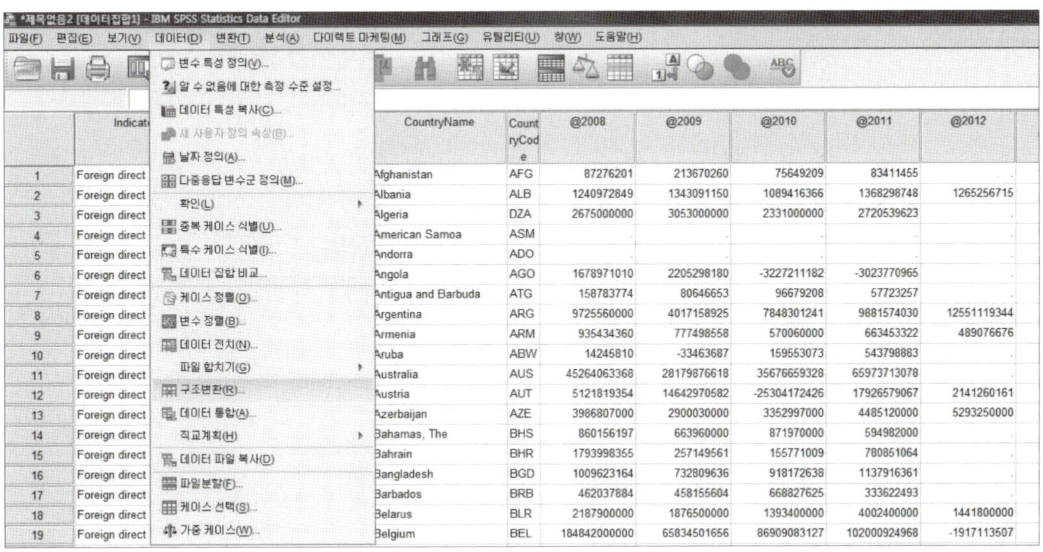

05. 변경 사항을 차후 확인하는 과정을 갖고자 한다면 '예'를 선택하고, 그렇지 않다면 '아니오'를 선택하여도 무방하다.

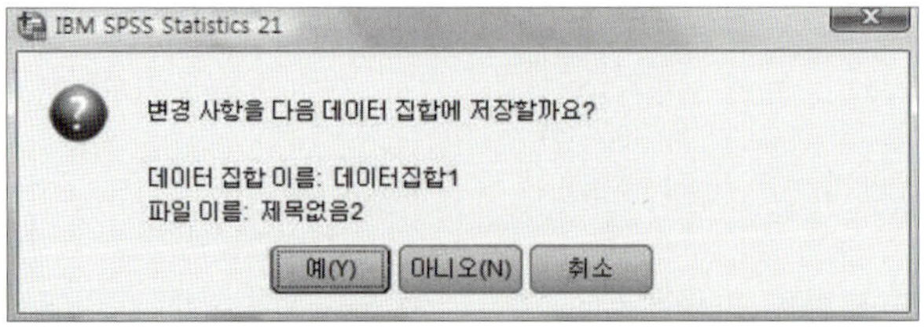

06. 사용되는 데이터의 형태에 따라 옵션 선택이 달라질 수 있다. 연습용 데이터 'SPSS 구조변환 연습용 엑셀자료.xls'의 경우에는 '선택한 변수를 케이스로 구조변환(C)' 옵션을 선택하면 된다.

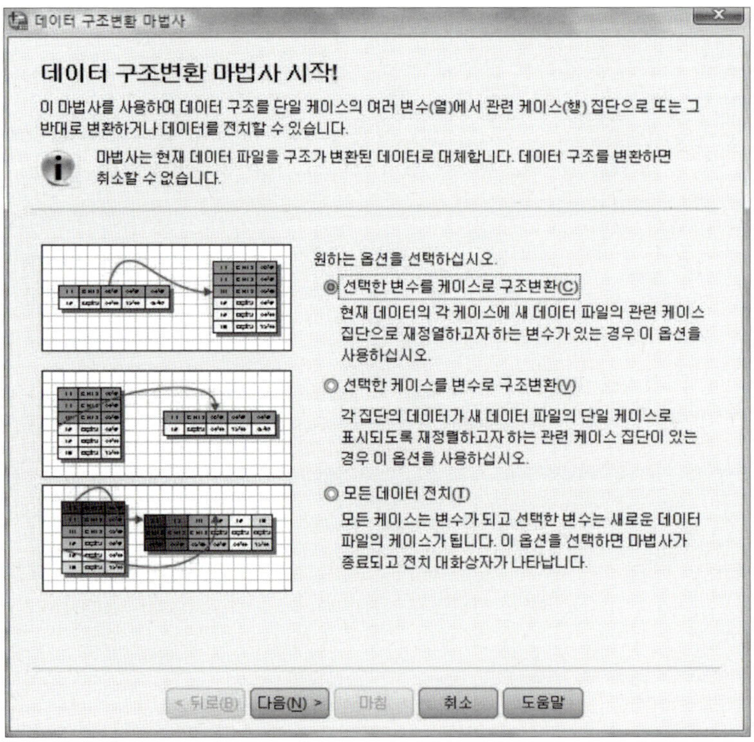

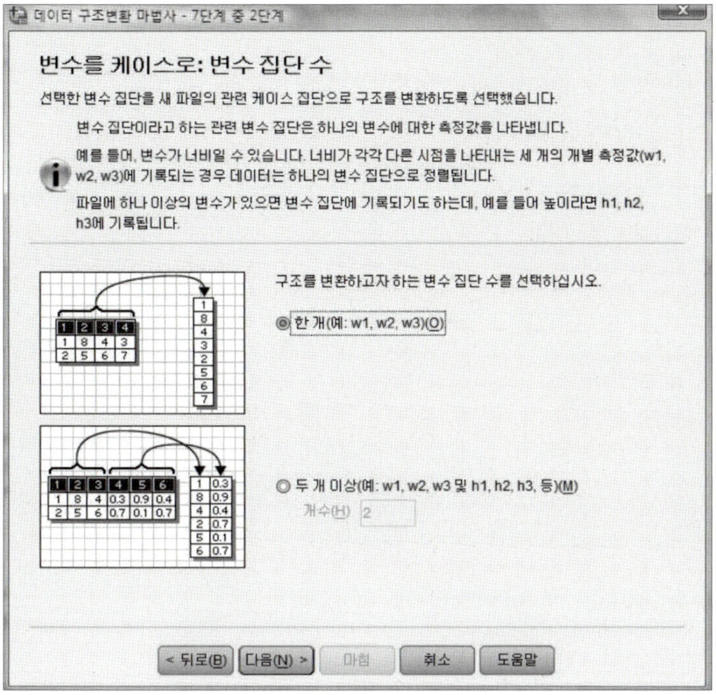

07. 제시된 팝업창의 그림을 보면 확인할 수 있듯이, 구조변환의 대상이 되는 변수의 집단 수에 따라 선택이 달라질 수 있는데, 본 책에서 연습용으로 제공하고 있는 데이터의 경우에는 첫 번째 옵션을 선택하면 된다.

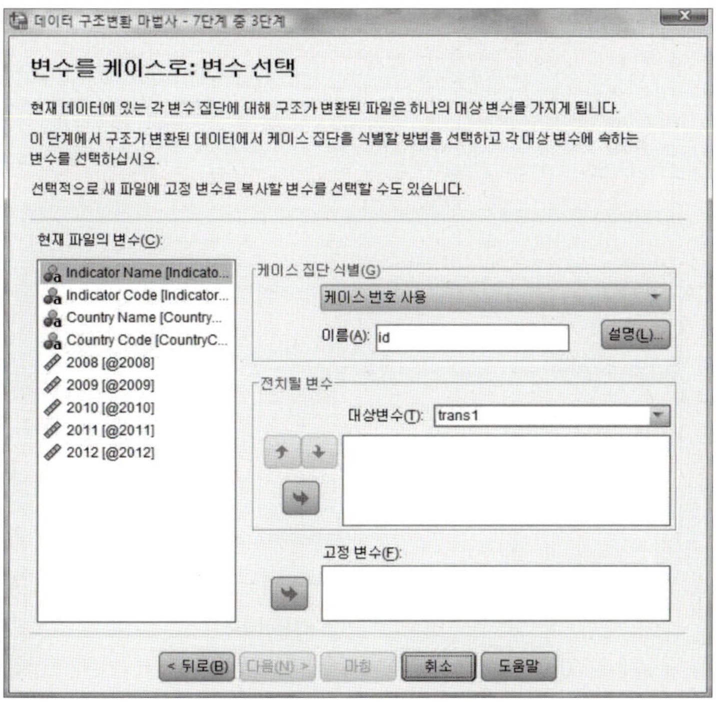

08. 향후 STATA 분석을 위해서는 해당 데이터 파일에 포함된 케이스 집단을 식별하는 것이 중요하다. 따라서 '케이스 번호 사용(id)'을 선택하고, '전치될 변수' 선택을 위해 '현재 파일의 변수(C)' 칸에서 년도 항목 모두를 선택한 후 전치될 변수 칸의 화살표(➡)를 클릭하면 전치될 변수 빈칸 속으로 선택된 항목들이 삽입된다(그림 참조). '고정 변수' 부분은 추가적으로 선택할 필요가 없다.

09. 다음 그림은 앞의 설명에 따라 선택된 결과를 보여주고 있으며, '대상변수'의 이름 부분에 해당 변수의 제목, 즉 연습용 데이터의 변수인 'Foreign_direct_investment'를 입력해 주면 구조변환 후 데이터를 식별하는데 보다 도움이 될 것이다. 참고로 대상변수의 이름에는 띄어쓰기와 특수문자가 허용되지 않는다는 점을 알아두길 바란다.

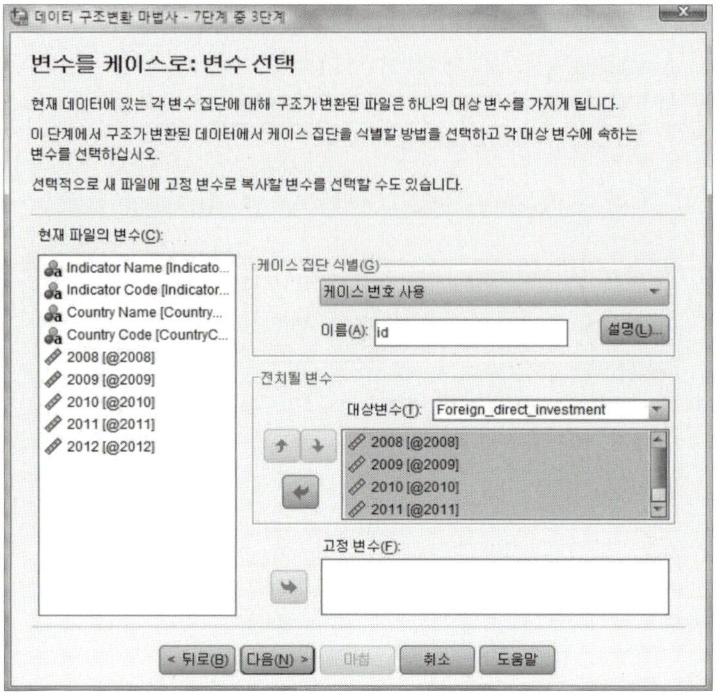

10. 연습용 데이터 'SPSS 구조변환 연습용 엑셀자료.xls'의 경우, 추가적인 지수 변수 수를 필요로 하지 않기 때문에, 초기 설정되어 있는 '한 개' 지수 변수 수를 그대로 유지하여 다음으로 넘어가도록 한다.

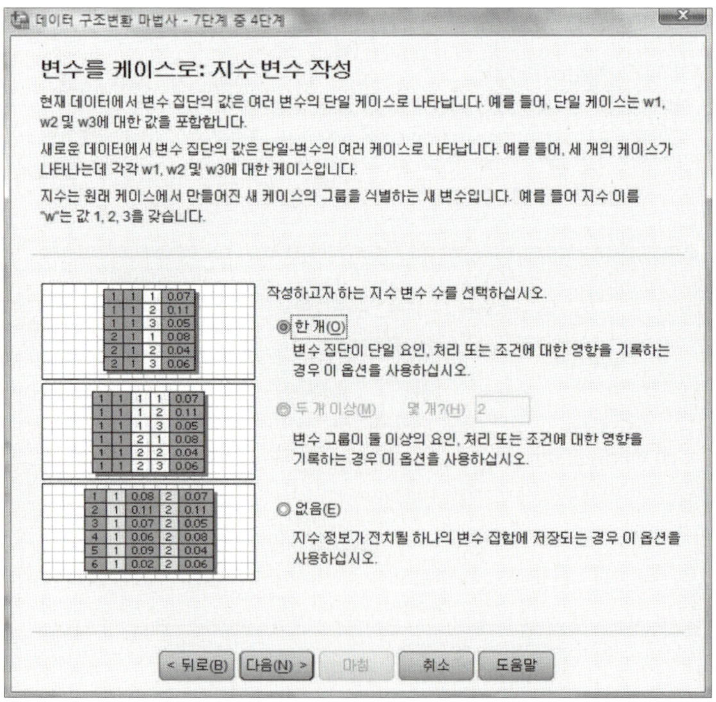

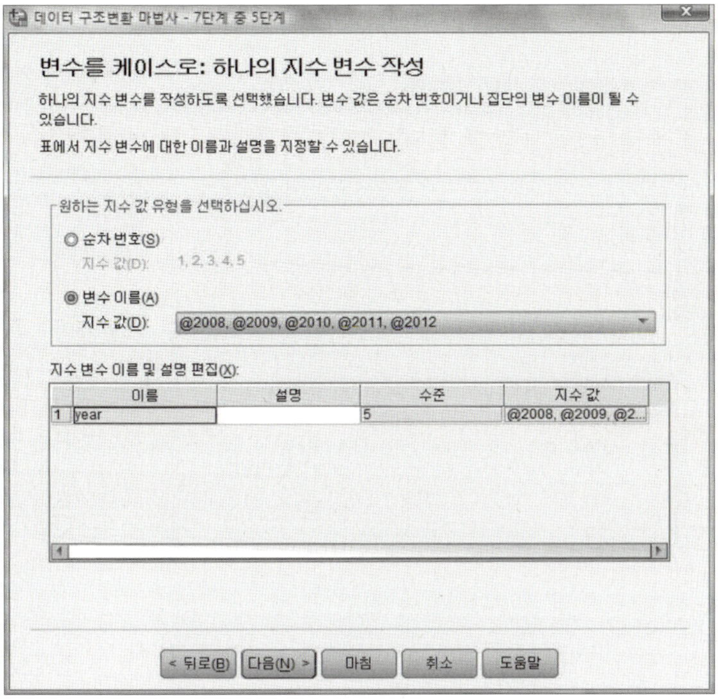

11. 다음 그림은 구조변환을 통해 얻게 될 결과 자료에서, 원하는 지수 값 유형을 선택하는 팝업 창이다. 이 때 '순차 번호' 보다는 이미 제시된 '변수 이름' 즉 년도를 선택하는 것이 보다 분석에 용이하며, 아래 '지수 변수 이름 및 설명 편집(X)' 창에서 지수 변수의 이름을 알맞게 지정해 주는 것이 좋다. 연습용 데이터의 경우에는 'year'로 지정해 주면 된다(참고로, 변수 이름은 STATA와의 호환성 문제로 모두 영어로 표기하는 것이 좋다).

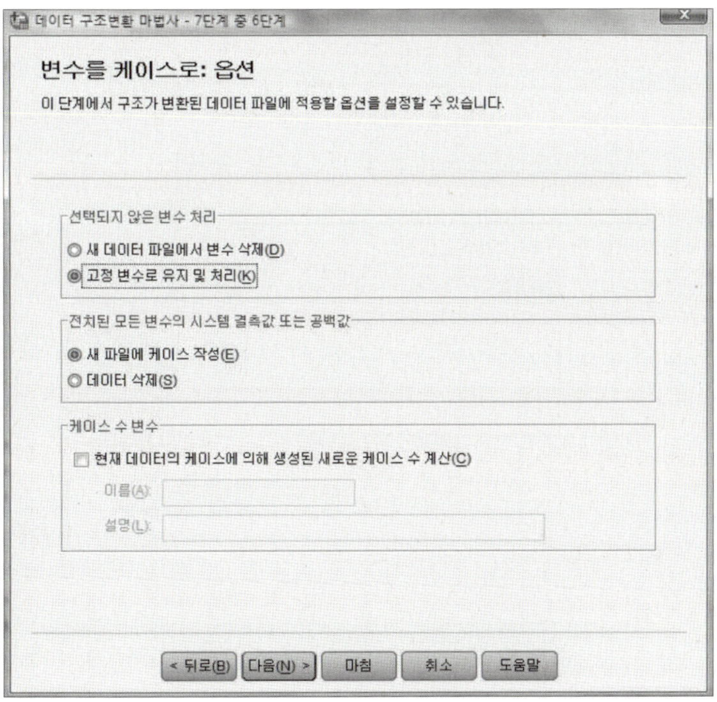

12. 사용자의 이용목적에 따라, '변수 처리'나 '결측값 또는 공백값'의 처리를 달리할 수 있으나, 연습용으로 제공된 데이터 파일의 경우, 초기 설정된 옵션에서 추가적인 선택은 필요치 않다.

13. 첫 번째 옵션을 통해, 데이터 구조변환을 즉시 실행토록 한다.

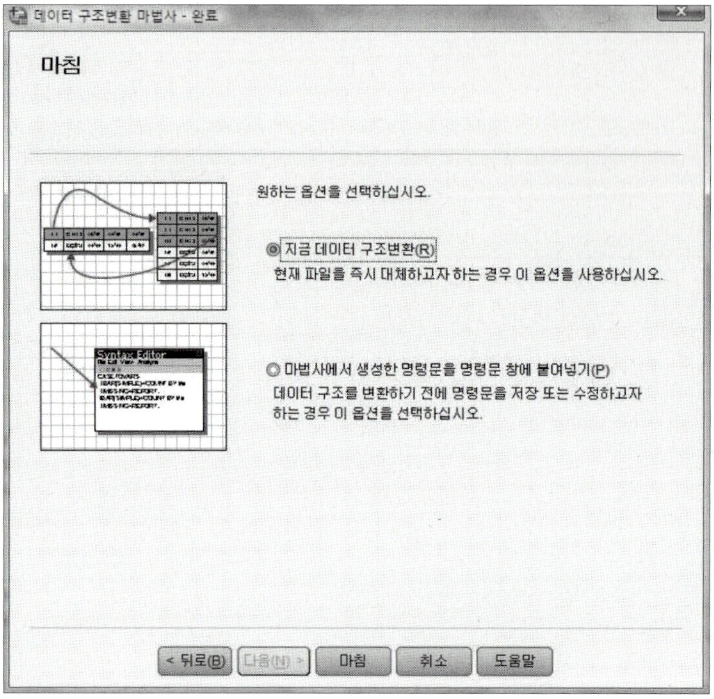

14. '확인'을 누르고 '구조변환'을 마무리한다.

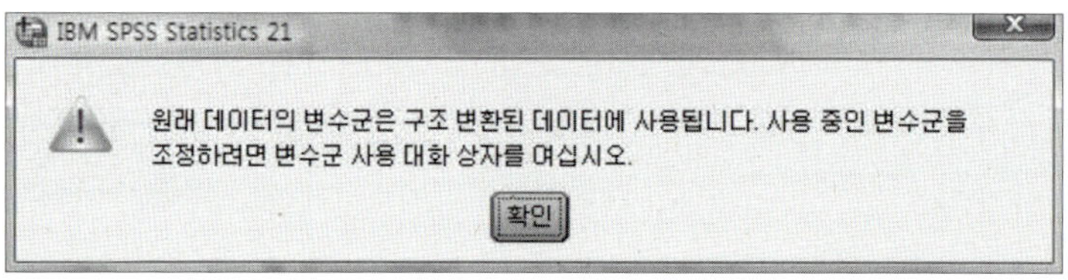

다음 그림은, 연도가 가로 횡으로 제시되었던 Excel 자료를, SPSS를 이용하여 '구조변환'시킨 결과물이다. 이와 같은 과정을 통해 비로소 STATA에서 작업이 가능한 세로열로 만들어진 데이터를 얻을 수 있다.

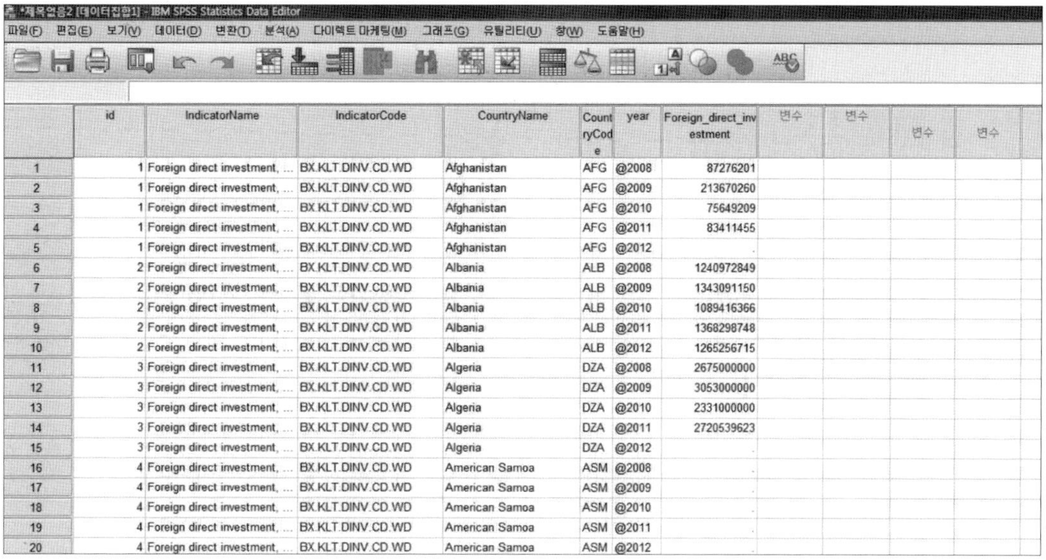

	id	IndicatorName	IndicatorCode	CountryName	CountryCode	year	Foreign_direct_investment	변수	변수	변수	변수
1	1	Foreign direct investment, ...	BX.KLT.DINV.CD.WD	Afghanistan	AFG	@2008	87276201				
2	1	Foreign direct investment, ...	BX.KLT.DINV.CD.WD	Afghanistan	AFG	@2009	213670260				
3	1	Foreign direct investment, ...	BX.KLT.DINV.CD.WD	Afghanistan	AFG	@2010	75649209				
4	1	Foreign direct investment, ...	BX.KLT.DINV.CD.WD	Afghanistan	AFG	@2011	83411455				
5	1	Foreign direct investment, ...	BX.KLT.DINV.CD.WD	Afghanistan	AFG	@2012	.				
6	2	Foreign direct investment, ...	BX.KLT.DINV.CD.WD	Albania	ALB	@2008	1240972849				
7	2	Foreign direct investment, ...	BX.KLT.DINV.CD.WD	Albania	ALB	@2009	1343091150				
8	2	Foreign direct investment, ...	BX.KLT.DINV.CD.WD	Albania	ALB	@2010	1089416366				
9	2	Foreign direct investment, ...	BX.KLT.DINV.CD.WD	Albania	ALB	@2011	1368298748				
10	2	Foreign direct investment, ...	BX.KLT.DINV.CD.WD	Albania	ALB	@2012	1265256715				
11	3	Foreign direct investment, ...	BX.KLT.DINV.CD.WD	Algeria	DZA	@2008	2675000000				
12	3	Foreign direct investment, ...	BX.KLT.DINV.CD.WD	Algeria	DZA	@2009	3053000000				
13	3	Foreign direct investment, ...	BX.KLT.DINV.CD.WD	Algeria	DZA	@2010	2331000000				
14	3	Foreign direct investment, ...	BX.KLT.DINV.CD.WD	Algeria	DZA	@2011	2720539623				
15	3	Foreign direct investment, ...	BX.KLT.DINV.CD.WD	Algeria	DZA	@2012	.				
16	4	Foreign direct investment, ...	BX.KLT.DINV.CD.WD	American Samoa	ASM	@2008	.				
17	4	Foreign direct investment, ...	BX.KLT.DINV.CD.WD	American Samoa	ASM	@2009	.				
18	4	Foreign direct investment, ...	BX.KLT.DINV.CD.WD	American Samoa	ASM	@2010	.				
19	4	Foreign direct investment, ...	BX.KLT.DINV.CD.WD	American Samoa	ASM	@2011	.				
20	4	Foreign direct investment, ...	BX.KLT.DINV.CD.WD	American Samoa	ASM	@2012	.				

단, SPSS 구조변환 기능에 있어 한 가지 아쉬운 점이 있다면 바로 위에 제시된 그림과 같이, year 변수의 값들이 '@년도'의 형식으로 저장될 수 있다는 점이다. STATA 프로그램에서의 패널분석을 보다 용이하게 하기 위해서는 이를 삭제하고 새롭게 '@' 표시가 없는 년도로 변환하는 작업이 필요하다. 하지만 패널분석에서는 연도를 일일이 반복할 필요가 없다(패널분석 파트에서 내용을 참조할 것).

year
@2008
@2009
@2010
@2011
@2012
@2008
@2009
@2010
@2011
@2012

15. '년도' 값으로의 변환 이후, SPSS 창의 아랫부분을 살펴보면 위와 같이 '데이터 보기(D)탭'과 '변수 보기(V)탭'을 선택할 수 있다. '변수 보기(V)탭'을 선택해 보도록 하자.

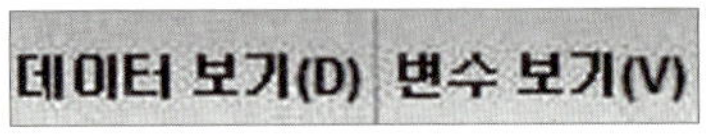

'변수 보기(V)탭'을 선택하면 다음과 같은 창이 나타난다. 이 때 '유형' 부분을 살펴보면 'id' 변수 외에는 모두 '문자' 유형으로 선택되어 있음을 확인할 수 있다. 이는 각각의 변수가 문자 변수(string variable)로 지정되어 있음을 의미하며, 만약 이 같은 상태로 STATA 통계 프로그램을 실행하게 되면 분석 자체가 실행되지 않는다. 물론 STATA 프로그램에서 명령어 'encode'를 통해 이와 같은 문자 변수를 숫자 변수(numeric variable)로 변환하는 것이 가능하지만, SPSS 프로그램의 구조변환 작업과 함께 손쉽게 이를 변환시킬 수 있다.

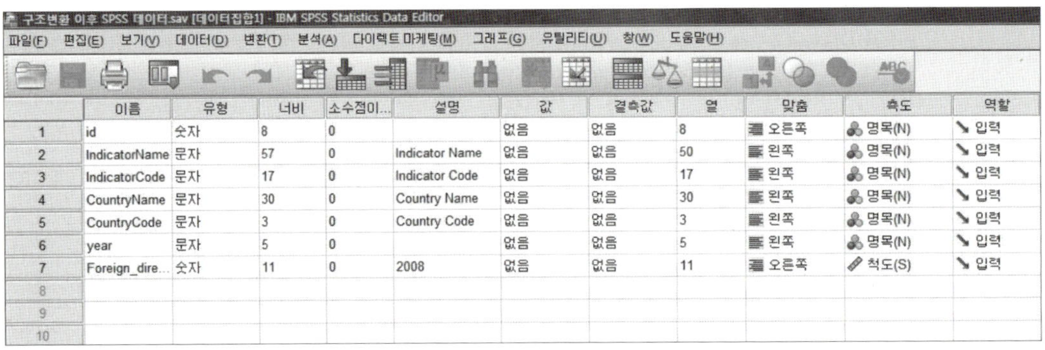

	이름	유형	너비	소수점이...	설명	값	결측값	열	맞춤	측도	역할
1	id	숫자	8	0		없음	없음	8	오른쪽	명목(N)	입력
2	IndicatorName	문자	57	0	Indicator Name	없음	없음	50	왼쪽	명목(N)	입력
3	IndicatorCode	문자	17	0	Indicator Code	없음	없음	17	왼쪽	명목(N)	입력
4	CountryName	문자	30	0	Country Name	없음	없음	30	왼쪽	명목(N)	입력
5	CountryCode	문자	3	0	Country Code	없음	없음	3	왼쪽	명목(N)	입력
6	year	문자	5	0		없음	없음	5	왼쪽	명목(N)	입력
7	Foreign_dire...	숫자	11	0	2008	없음	없음	11	오른쪽	척도(S)	입력
8											
9											
10											

16. '문자' 글씨 오른쪽 부분에 커서를 가져가면 자동으로 다음과 같은 버튼이 나타난다.

	이름	유형
1	id	숫자
2	IndicatorName	문자
3	IndicatorCode	문자
4	CountryName	문자
5	CountryCode	문자
6	year	문자 ...
7	Foreign_dire...	숫자

17. 간단히, '문자(R)'에서 '숫자(N)'로 바꿔 지정해 주기만 하면 변수 유형 바꾸기 작업이 완료된다.

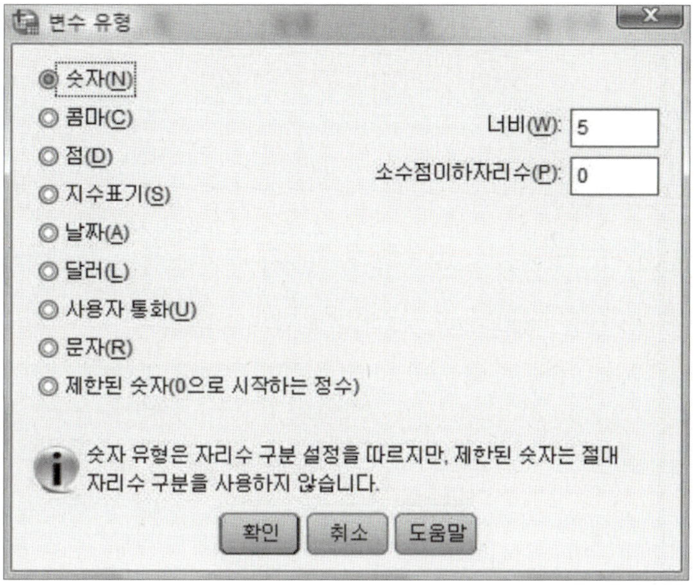

변수의 유형이 '숫자', 즉 '숫자변수(numeric variable)'로 변경되었음을 확인할 수 있다.

	이름	유형
1	id	숫자
2	IndicatorName	문자
3	IndicatorCode	문자
4	CountryName	문자
5	CountryCode	문자
6	year	숫자
7	Foreign_dire...	숫자

18. 마지막으로, 이제 SPSS 데이터를 STATA 형태로 저장하는 작업만이 남았다. '파일' → '다른 이름으로 저장'을 선택하자.

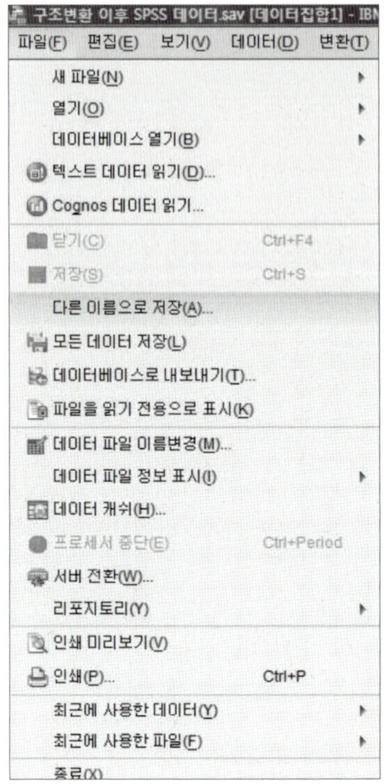

19. 이 과정에서 '저장 유형'을 선택하는 것이 중요하다. 버튼을 누르고, 맨 아래에 위치한 'Stata Version 8 SE (*.dta)'를 선택하여 저장(S) 버튼을 클릭하면 'SPSS 구조변환 후 STATA 파일 저장 작업'이 완료된다.

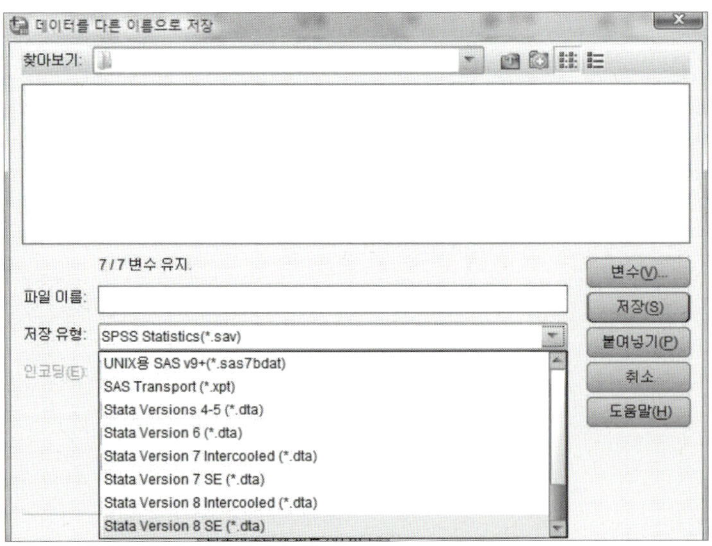

3. 기초명령어/데이터 관리

1) 데이터 관리 명령어

(1) Help(도움말)

질문 STATA의 명령어를 모를 땐 어떻게 해야 하나요?

STATA 통계패키지는 다른 통계프로그램과 달리 'Command' 창에 각각의 명령어를 입력하여 통계치를 구할 수가 있다. 'Command' 창에 'help'를 입력하면 프로그램 개발자가 수록해 놓은 명령어에 관한 정보를 얻을 수 있다. [그림 3-1]은 첫 화면이며, 범주 형태로 정리되어 있으니 필요한 내용을 클릭하여 찾으면 된다.

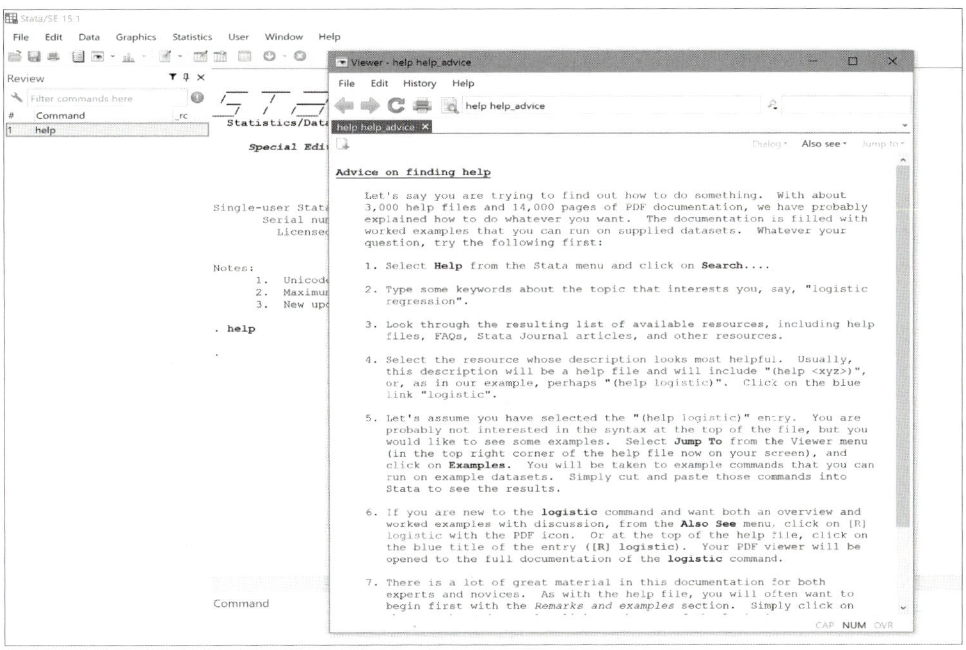

[그림 3-1]

'help' 명령어 뒤에 정보를 입력하게 되면 관련 부분에 대한 정보만 검색할 수 있다. [그림 3-2]는 'help eststo'를 입력한 화면이고, eststo에 관한 설명이 나타나는 것을 확인할 수 있다.

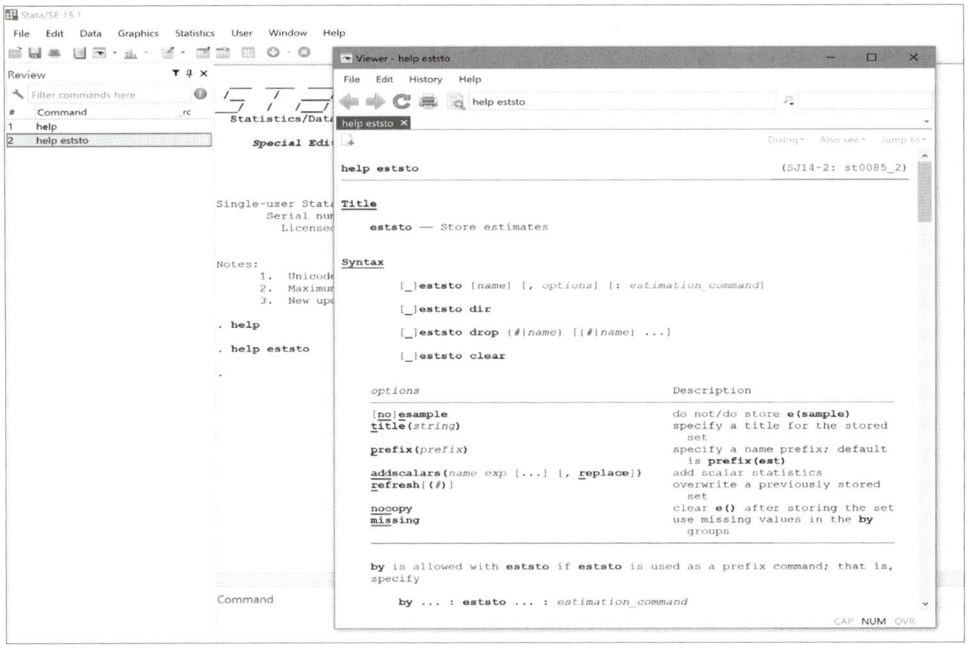

[그림 3-2]

'F1' 키를 누르면 자동으로 help라는 명령어가 Command 창에 입력된다.

(2) findit

질문 Command 창에 명령어를 입력했는데 아무런 반응이 없어요. 어찌된 건가요?

Command 창에 명령어를 입력해도 실행되지 않는 경우가 있다. 이는 해당 명령어가 아직 본인의 STATA 프로그램에 탑재되지 않았기 때문이다. STATA 프로그램은 기본 설치 과정에서 모든 명령어를 자동으로 설치해주지 않는다. 또한 STATA 프로그램은 통계처리에 필요한 새로운 기능들을 지속적으로 개발하고 있다. 따라서 특정 명령어는 사용자가 직접 찾아서 통계프로그램에 탑재해야만 사용이 가능하다. 이럴 때 사용하는 명령어가 findit이다. 예를 들어 로짓분석에 필요한 eststo를 찾아서 탑재해 보자. Command 창에 'findit eststo'를 입력하면 [그림 3-3]과 같은 창이 생성된다.

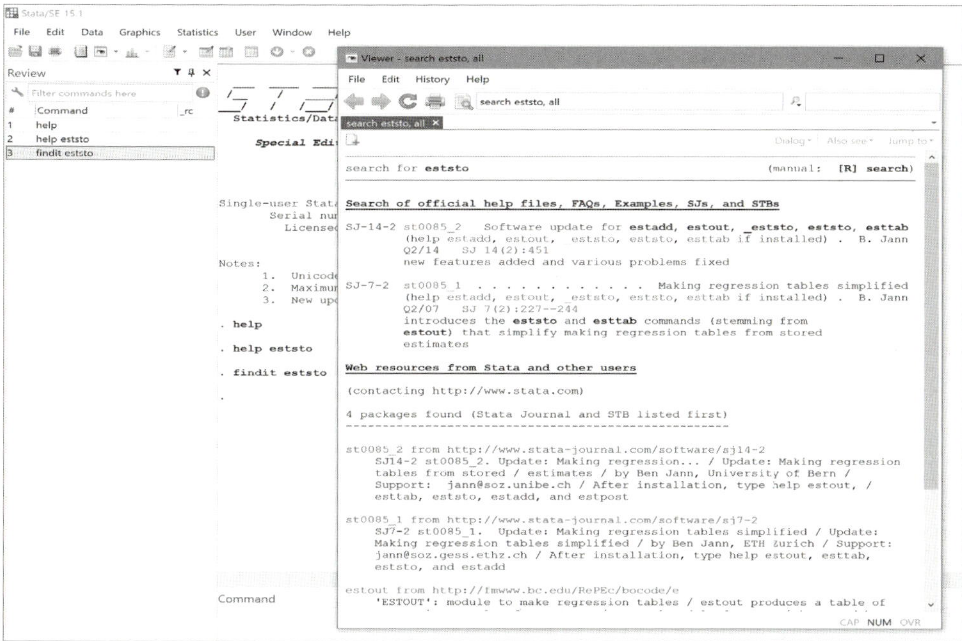

[그림 3-3]

[그림 3-3]은 eststo에 관한 자료화면을 보여주고 있다. 또한 여러 개발자들에 의해 제시된 정보 및 관련 자료가 업로드 되어 있다. 이에 표시된 글씨 아래 적혀 있는 내용(검은 글씨)을 확인해 보고 필요에 맞는 항목을 클릭하여 선택/사용하면 된다. 클릭하게 될 경우 [그림 3-4]와 같은 창이 열리게 된다.

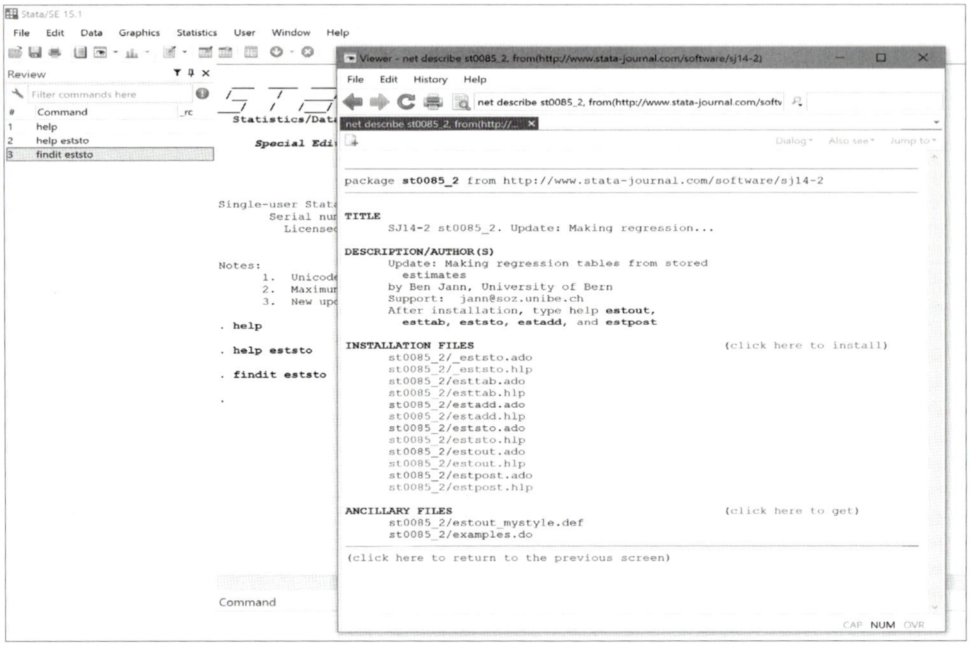

[그림 3-4]

[그림 3-4]에 나와 있는 바와 같이"(click here to install)"를 클릭하여 쉽게 설치 할 수 있다. 클릭하게 되면 [그림 3-5]와 같은 화면으로 전환된다. 설치가 완료되면 완료화면이 열리는데, 본 저자의 STATA 프로그램에는 eststo가 이미 설치되어 있어 [그림 3-5]와 같은 창이 뜨는 것이므로 착오가 없길 바란다.

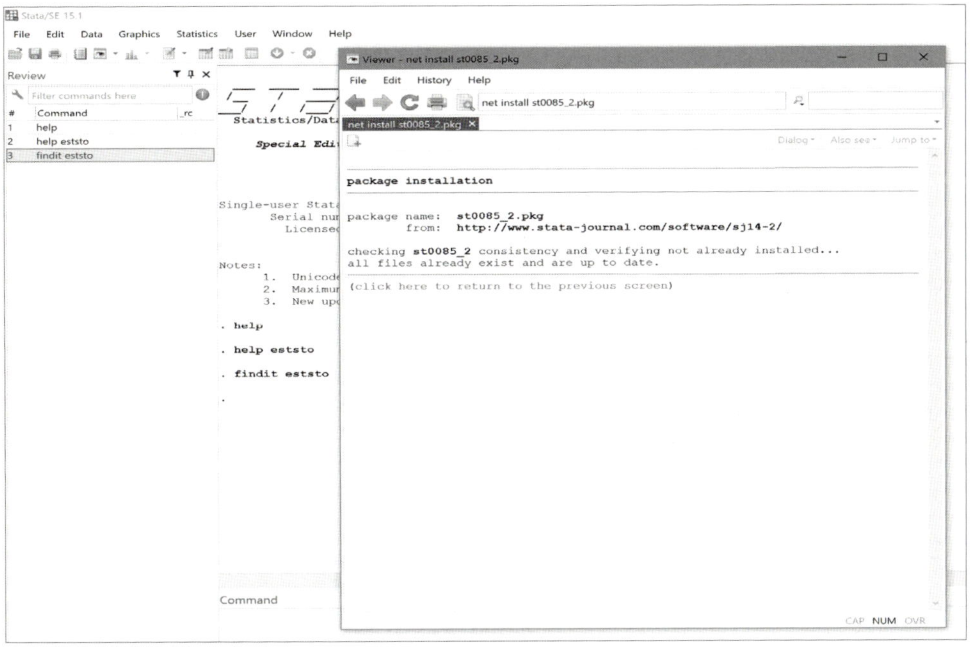

[그림 3-5]

(3) search

질문 내가 갖고 있는 STATA 프로그램에는 어떤 기능이 설치되어 있을까요?

'findit'이 설치를 위해 필요한 프로그램 명령어를 검색하는 것이라면, 본인의 STATA 프로그램에 이미 설치되어 있는 프로그램을 확인하기 위해 쓰이는 기능은 'search'이다. Command 창에 'search eststo'를 입력하면 다음과 같이 앞서 설치하였던 'eststo'프로그램 1개가 이미 설치되어 있다는 사실을 확인할 수 있다.

```
. search eststo

Keyword search

       Keywords:  eststo
         Search:  (1) Official help files, FAQs, Examples, SJs, and STBs

Search of official help files, FAQs, Examples, SJs, and STBs


SJ-7-2  st0085_1  . . . . . . . . . . . . .  Making regression tables simplified
        (help estadd, estout, _eststo, eststo, esttab if installed) .  B. Jann
        Q2/07   SJ 7(2):227--244
        introduces the eststo and esttab commands (stemming from
        estout) that simplify making regression tables from stored
        estimates


(end of search)
```

(4) save와 replace

질문 저장 버튼을 눌렀는데 오류가 발생했어요. 어떻게 해야 하나요?

STATA는 별도의 아이콘을 누르지 않고도, 'save 파일명, replace'라는 명령어를 활용하여 간편하게 저장이 가능하다. 새 파일 또는 기존 파일을 'save_1_4'이라는 파일명으로, 그리고 확장자 '.dta'라는 파일로 저장하기 위해서는 다음과 같이 입력해주면 된다.

```
. save start_1_4, replace
file start_1_4.dta saved
```

이때 저장한 파일은 일반적으로 '내문서' 또는 '문서' 폴더에 저장된다. 뒤에 'replace'를 붙여주는 것은 저장할 때 동일한 파일명이 있는 경우, 덮어쓰기를 하도록 설정해주기 위함이다. STATA는 동일한 파일명이 있음에도 불구하고 'replace'를 입력하지 않으면,

아래처럼 에러가 발생하게 되므로 항상 함께 사용하여야 한다.

```
. save start_1_4
file start_1_4.dta already exists
r(602);
```

(5) use

질문 파일을 저장했는데 어디에 저장되었는지 모르겠어요?!

저장하기뿐 아니라 '문서'폴더에 저장되어 있는 파일을 불러오는 작업 역시 STATA 명령어로 가능하다. 이때 사용하는 것이 'use 파일명'이다. 연습예제파일(save_1_5.dta)을 내문서에 저장한 후 불러오기를 해보자.

```
. use start_1_5
```

(6) clear

질문 기존 작업하던 파일을 삭제하고, 새로운 파일을 불러오고 싶어요?!

STATA는 데이터를 RAM에 저장해둔다. 따라서 프로그램을 마감하지 않고도 이미 작업하던 파일을 버리고 새로운 파일을 손쉽게 불러올 수 있다. 기존에 불러온 데이터를 삭제하는 기능이 'clear'이다. 앞서 불러왔던 save_1_5.dta 파일을 실행한 후에 'clear'를 입력해 보자.

```
. use start_1_5

. clear
```

'clear'는 간편하게 '불러오기'와 함께 사용할 수 있는데 명령어는 'use 파일명, clear'이다.

```
. use start_1_4

. clear

. use start_1_5, clear
```

앞서 설명하였듯이, STATA는 파일을 RAM에 임시로 저장하므로, 기존 파일과 불러올 파일의 용량이 램을 초과하게 될 경우, 불러오기에 실패할 수 있다(아래 불러오기 실패 사례 참조).

```
. use start_1_4

. use start_1_5
no; data in memory would be lost
r(4);
```

그러므로 RAM의 여유공간을 확보하기 위해 '불러오기' 명령어를 사용할 경우, 항상 옵션으로 'clear'를 붙여주는 것을 습관화하자.

(7) gen(erate)

질문 **변수를 변환시켜 새로운 변수를 만들고 싶은데 어떻게 해야 하나요?**

새로운 변수를 만들고자 할 때에는 명령어 'gen'이 사용된다. 이 외에도 자연로그(ln)

와 제곱근(sqrt), 반올림(round)한 변수 등을 생성하기 위해서도 'gen' 명령어가 사용된다. 계속해서 응용하여 사용할 명령어이므로 반드시 기억해 두자.

❶ 자연로그(log) 변수생성

기존 변수에 log를 취한 변수 값을 생성하기 위해서는 'gen 변환변수명=ln(기존변수)'을 입력하면 된다.

```
. use start_1_7, clear

. gen Ln_totalassets = ln(totalassets)
```

변수 목록에 'Ln_totalassets'이라는 변수가 새로 생성된 것을 확인할 수 있다.

id	year	totalassets	Ln_totalassets
1	2002	207.8	5.336576
1	2003	254.3	5.538515
1	2004	356.6	5.876615
1	2005	456.1	6.122712
1	2006	551.1	6.311916
1	2007	689.5	6.535967
2	2002	98.13	4.586293
2	2003	117.7	4.768139
2	2004	135.6	4.909709

❷ 제곱근(sqrt) 변수 생성

기존 변수에 제곱근을 취한 변수를 생성하기 위해서는 'gen 변환변수명=sqrt(기존변수)'를 입력하면 된다.

```
. use start_1_7, clear

. gen SQ_totalassets = sqrt(totalassets)
```

데이터에 'SQ_totalassets'이라는 변수가 새로 생성된 것을 확인할 수 있다.

id	year	totalassets	SQ_totalassets
1	2002	207.8	14.41527
1	2003	254.3	15.94679
1	2004	356.6	18.88386
1	2005	456.1	21.3565
1	2006	551.1	23.47552
1	2007	689.5	26.25833
2	2002	98.13	9.906058
2	2003	117.7	10.84896
2	2004	135.6	11.64474

❸ 반올림(round) 변수 생성

기존 변수에 반올림을 한 변수를 생성하기 위해서는 'gen 변환변수명=round(기존변수)'을 입력하면 된다.

```
. use start_1_7

. gen RD_totalassets = round(totalassets)
```

데이터에 'RD_totalassets'이라는 변수가 새로 생성된 것을 확인할 수 있다.

id	year	totalassets	RD_totalassets
1	2002	207.8	208
1	2003	254.3	254
1	2004	356.6	357
1	2005	456.1	456
1	2006	551.1	551
1	2007	689.5	690
2	2002	98.13	98
2	2003	117.7	118
2	2004	135.6	136

❹ 더미(dummy)변수 생성

질문 봄, 여름, 가을, 겨울은 변수 처리를 어떻게 하나요?

예를 들어 반팔티셔츠의 판매량이 계절마다 달라지는 현상이 궁금할 때, 봄·여름·가을·겨울을 변수로 투입해야 한다. 이때 사계절을 변수로 처리하기 위해서는 더미변수를 생성해야 한다. 더미변수는 수치화되지 않은 유형별 변수로, 상이한 유형을 구분하기 위해 수치를 임의로 배정한 것이다. 봄·여름·가을·겨울의 경우, 각각 1, 2, 3, 4 또는 0, 1, 2, 3 등 사용자가 구분하고자 하는 임의의 숫자를 부여할 수 있다. 0000(봄), 0010(여름), 0100(가을), 1000(겨울) 등의 방법으로 더미변수를 처리하기도 한다. 여기서는 편의상 0과 1(두 가지 유형으로만 분류하는 경우에 해당)로 나누는 사례만 소개하고자 한다.

명령어는 'gen 더미변수명 = (기존변수명 부호 수치)'이다. 예를 들어 'pm10' 변수의 관측치에서 '50' 이하의 값은 '1', 그 이상의 값은 '0'이라는 관측값을 갖는 'dumpm10' 변수를 만들어 보자.

```
. use start_1_7, clear
. gen dumpm10 = ( pm10 <= 50)
```

'dumpm10'이라는 변수가 새로 생성되면서 그 수치는 '0'과 '1'로 표기되는 것을 확인할 수 있다. 그러나 주의할 것은 이때의 0과 1은 일반 숫자가 아니라 명목의 0과 1임을 명심해야 한다. 즉, 프로그램이 'No(0)'와 'Yes(1)'로 인식하는 것이지 척도로 인식하지는 않는다.

countryname	countrycode	year	yearcode	pm10	dumpm10
Afghanistan	AFG	2005	YR2005	43.7529	1
Afghanistan	AFG	2004	YR2004	46.8077	1
Afghanistan	AFG	2003	YR2003	50.3693	0
Afghanistan	AFG	2002	YR2002	51.3042	0
Afghanistan	AFG	2001	YR2001	60.2812	0
Afghanistan	AFG	2000	YR2000	46.042	1

(8) egen

질문 어떤 함수는 gen으로 변수를 생성하려고 해도 오류가 발생해요!?!?

합계(sum)함수를 'gen' 명령어에 사용한다면 누적 합계치가 제시된다. 뿐만 아니라, 변수들의 평균(mean)을 구할 때 'gen' 명령어를 사용하면 오류가 발생한다. 그러므로 이러한 함수를 사용할 때에는 'egen'이라는 확장명령어를 사용해야 한다. 'year' 변수의 평균값으로 이루어진 변수를 만들고 싶을 때는 'egen MNyear = mean(year)'를 입력하면 된다.

```
. use start_1_8, clear

. egen MNyear = mean(year)
```

다음은 그 결과를 보여준다. 이 기능은 뒤에서 설명하는 'bysort'와 접목시켜 사용할 때 용이하다.

countryname	countrycode	year	yearcode	MNyear
Afghanistan	AFG	2012	YR2012	2001
Afghanistan	AFG	2011	YR2011	2001
Afghanistan	AFG	2010	YR2010	2001
Afghanistan	AFG	2009	YR2009	2001
Afghanistan	AFG	2008	YR2008	2001
...	...	...	...	...
Zimbabwe	ZWE	1992	YR1992	2001
Zimbabwe	ZWE	1991	YR1991	2001
Zimbabwe	ZWE	1990	YR1990	2001

(9) replace

질문 일부 관측치를 바꾸고 싶어요.

변수의 값을 바꾸기 위해서는 'replace' 기능을 사용하면 된다.

```
. use start_1_8, clear

. gen NewCountryName = 1 if CountryName == "Korea, Rep."
(2130 missing values generated)

. replace NewCountryName = 0 if  NewCountryName == .
(2130 real changes made)
```

첫 번째 명령어인 gen을 입력하면, 기존 변수 'CountryName'의 'Korea, Rep.'는 모두 1로 표기되는 'NewCountryName' 변수가 생성된다. 두 번째 명령어인 replace를 입력하게 되면, 'NewCountryName'에 표기되어 있는 '.' 값(STATA에서는 공백을 '.'으로 표기한다)이 '0' 값으로 전환된다. 아래 그림에서 수치가 변환된 것을 확인할 수 있다. 이처럼 replace 명령어는 더미변수를 생성하는 데에도 응용될 수 있다.

CountryName	CountryCode	Year	YearCode	NewCountryName
Korea, Dem. Rep.	PRK	2011	YR2011	0
Korea, Dem. Rep.	PRK	2012	YR2012	0
Korea, Rep.	KOR	2003	YR2003	1
Korea, Rep.	KOR	2004	YR2004	1
Korea, Rep.	KOR	2005	YR2005	1
Korea, Rep.	KOR	2006	YR2006	1
Korea, Rep.	KOR	2007	YR2007	1
Korea, Rep.	KOR	2008	YR2008	1
Korea, Rep.	KOR	2009	YR2009	1
Korea, Rep.	KOR	2010	YR2010	1
Korea, Rep.	KOR	2011	YR2011	1
Korea, Rep.	KOR	2012	YR2012	1

Kosovo	KSV	2003	YR2003	0
Kosovo	KSV	2004	YR2004	0
Kosovo	KSV	2005	YR2005	0
Kosovo	KSV	2006	YR2006	0

(10) tab(ulate)

질문 더미변수는 어떻게 만드나요?

'tab' 기능은 변수의 정보를 표로 제시한다. 명령어는 'tab 변수명'이고, year 변수의 정보를 표기해보면 다음과 같다.

```
. use start_1_10, clear

. tab year

       Year |      Freq.     Percent        Cum.
------------+-----------------------------------
       1990 |        214        4.35        4.35
       1991 |        214        4.35        8.70
       1992 |        214        4.35       13.04
       1993 |        214        4.35       17.39
       1994 |        214        4.35       21.74
       1995 |        214        4.35       26.09
       1996 |        214        4.35       30.43
       1997 |        214        4.35       34.78
       1998 |        214        4.35       39.13
       1999 |        214        4.35       43.48
       2000 |        214        4.35       47.83
       2001 |        214        4.35       52.17
       2002 |        214        4.35       56.52
       2003 |        214        4.35       60.87
       2004 |        214        4.35       65.22
       2005 |        214        4.35       69.57
       2006 |        214        4.35       73.91
       2007 |        214        4.35       78.26
       2008 |        214        4.35       82.61
       2009 |        214        4.35       86.96
       2010 |        214        4.35       91.30
```

```
     2011 |        214        4.35       95.65
     2012 |        214        4.35      100.00
------------+-----------------------------------
    Total |      4,922      100.00
```

결과에서 보여주듯이 year 변수의 빈도수(Freq.)와 백분율(Percent), 누적백분율(Cum.) 등이 표기된다. tab에 표기되는 내용을 기반으로 더미변수를 생성할 수도 있는데, 명령어는 'tab 변수명, gen(더미변수명)'이다. year 변수를 더미변수로 표기하면 다음과 같다.

```
. use start_1_10, clear

. tab year, gen(DUMyear)

     Year |      Freq.     Percent        Cum.
------------+-----------------------------------
     1990 |        214        4.35        4.35
     1991 |        214        4.35        8.70
     1992 |        214        4.35       13.04
     1993 |        214        4.35       17.39
     1994 |        214        4.35       21.74
     1995 |        214        4.35       26.09
     1996 |        214        4.35       30.43
     1997 |        214        4.35       34.78
     1998 |        214        4.35       39.13
     1999 |        214        4.35       43.48
     2000 |        214        4.35       47.83
     2001 |        214        4.35       52.17
     2002 |        214        4.35       56.52
     2003 |        214        4.35       60.87
     2004 |        214        4.35       65.22
     2005 |        214        4.35       69.57
     2006 |        214        4.35       73.91
     2007 |        214        4.35       78.26
     2008 |        214        4.35       82.61
     2009 |        214        4.35       86.96
     2010 |        214        4.35       91.30
     2011 |        214        4.35       95.65
     2012 |        214        4.35      100.00
------------+-----------------------------------
    Total |      4,922      100.00
```

변수목록에 ‘dumyear1’ ~ ‘dumyear23’까지 더미변수가 생성된 것을 볼 수 있다.

Name	Label	Type	Format
Countryname	CountryName	str30	%30s
Countrycode	CountryCode	str3	%9s
Year	Year	int	%8.0g
Yearcode	YearCode	str6	%9s
pm10	PM10	float	%8.0g
DUMyear1	year==1990	byte	%8.0g
DUMyear2	year==1991	byte	%8.0g
DUMyear3	year==1992	byte	%8.0g
DUMyear4	year==1993	byte	%8.0g
DUMyear5	year==1994	byte	%8.0g
DUMyear6	year==1995	byte	%8.0g
DUMyear7	year==1996	byte	%8.0g
DUMyear8	year==1997	byte	%8.0g
DUMyear9	year==1998	byte	%8.0g
DUMyear10	year==1999	byte	%8.0g
DUMyear11	year==2000	byte	%8.0g
DUMyear12	year==2001	byte	%8.0g
DUMyear13	year==2002	byte	%8.0g
DUMyear14	year==2003	byte	%8.0g
DUMyear15	year==2004	byte	%8.0g
DUMyear16	year==2005	byte	%8.0g
DUMyear17	year==2006	byte	%8.0g
DUMyear18	year==2007	byte	%8.0g
DUMyear19	year==2008	byte	%8.0g
DUMyear20	year==2009	byte	%8.0g
DUMyear21	year==2010	byte	%8.0g
DUMyear22	year==2011	byte	%8.0g
DUMyear23	year==2012	byte	%8.0g

위에서는 연도에 따른 더미변수 생성이었고, 아래에는 기업분석에서 흔히 사용하는 산업분류 더미변수를 예시하였다.

```
. use start_1_10_2, clear

. tab Alpha_Industry

Alpha_Indus |
try |      Freq.     Percent        Cum.
------------+-----------------------------------
          C |         72       66.67       66.67
          D |         12       11.11       77.78
          F |         12       11.11       88.89
          M |         12       11.11      100.00
------------+-----------------------------------
      Total |        108      100.00

. tab Alpha_Industry, gen(dum_Alpha_Industry)

Alpha_Indus |
try |      Freq.     Percent        Cum.
------------+-----------------------------------
          C |         72       66.67       66.67
          D |         12       11.11       77.78
          F |         12       11.11       88.89
          M |         12       11.11      100.00
------------+-----------------------------------
      Total |        108      100.00.
```

결과에 따르면 12년간 10개의 회사(총 관측치: 108개)를 산업분류 변수 값에 따라 더미변수를 생성한 것이다. 변수목록 창에서 네 개의 더미변수가 생성되는 것을 확인할 수 있다.

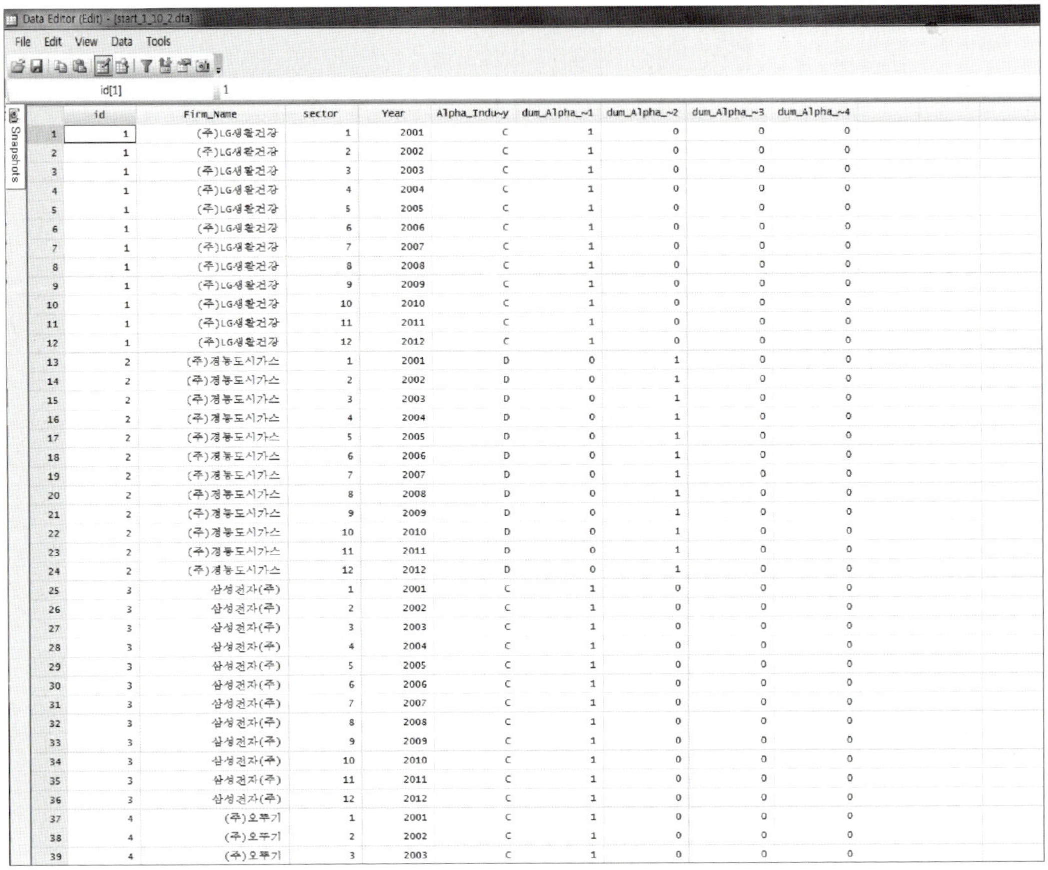

Data Editor (Edit) - [start_1_10_2.dta]

File Edit View Data Tools

id[1] 1

	id	Firm_Name	sector	Year	Alpha_Indu~y	dum_Alpha_~1	dum_Alpha_~2	dum_Alpha_~3	dum_Alpha_~4
1	1	(주)LG생활건강	1	2001	C	1	0	0	0
2	1	(주)LG생활건강	2	2002	C	1	0	0	0
3	1	(주)LG생활건강	3	2003	C	1	0	0	0
4	1	(주)LG생활건강	4	2004	C	1	0	0	0
5	1	(주)LG생활건강	5	2005	C	1	0	0	0
6	1	(주)LG생활건강	6	2006	C	1	0	0	0
7	1	(주)LG생활건강	7	2007	C	1	0	0	0
8	1	(주)LG생활건강	8	2008	C	1	0	0	0
9	1	(주)LG생활건강	9	2009	C	1	0	0	0
10	1	(주)LG생활건강	10	2010	C	1	0	0	0
11	1	(주)LG생활건강	11	2011	C	1	0	0	0
12	1	(주)LG생활건강	12	2012	C	1	0	0	0
13	2	(주)경동도시가스	1	2001	D	0	1	0	0
14	2	(주)경동도시가스	2	2002	D	0	1	0	0
15	2	(주)경동도시가스	3	2003	D	0	1	0	0
16	2	(주)경동도시가스	4	2004	D	0	1	0	0
17	2	(주)경동도시가스	5	2005	D	0	1	0	0
18	2	(주)경동도시가스	6	2006	D	0	1	0	0
19	2	(주)경동도시가스	7	2007	D	0	1	0	0
20	2	(주)경동도시가스	8	2008	D	0	1	0	0
21	2	(주)경동도시가스	9	2009	D	0	1	0	0
22	2	(주)경동도시가스	10	2010	D	0	1	0	0
23	2	(주)경동도시가스	11	2011	D	0	1	0	0
24	2	(주)경동도시가스	12	2012	D	0	1	0	0
25	3	삼성전자(주)	1	2001	C	1	0	0	0
26	3	삼성전자(주)	2	2002	C	1	0	0	0
27	3	삼성전자(주)	3	2003	C	1	0	0	0
28	3	삼성전자(주)	4	2004	C	1	0	0	0
29	3	삼성전자(주)	5	2005	C	1	0	0	0
30	3	삼성전자(주)	6	2006	C	1	0	0	0
31	3	삼성전자(주)	7	2007	C	1	0	0	0
32	3	삼성전자(주)	8	2008	C	1	0	0	0
33	3	삼성전자(주)	9	2009	C	1	0	0	0
34	3	삼성전자(주)	10	2010	C	1	0	0	0
35	3	삼성전자(주)	11	2011	C	1	0	0	0
36	3	삼성전자(주)	12	2012	C	1	0	0	0
37	4	(주)오뚜기	1	2001	C	1	0	0	0
38	4	(주)오뚜기	2	2002	C	1	0	0	0
39	4	(주)오뚜기	3	2003	C	1	0	0	0

[그림 3-6]

(11) xi

질문 **더미변수를 좀 더 쉽게 만드는 방법은 없나요?**

더미변수를 생성하는 또 다른 방법으로는 'db xi' 명령어를 들 수 있다.

```
. use start_1_11, clear

. db xi
```

'db xi' 명령어를 실행시키면 다음과 같은 창이 열린다.

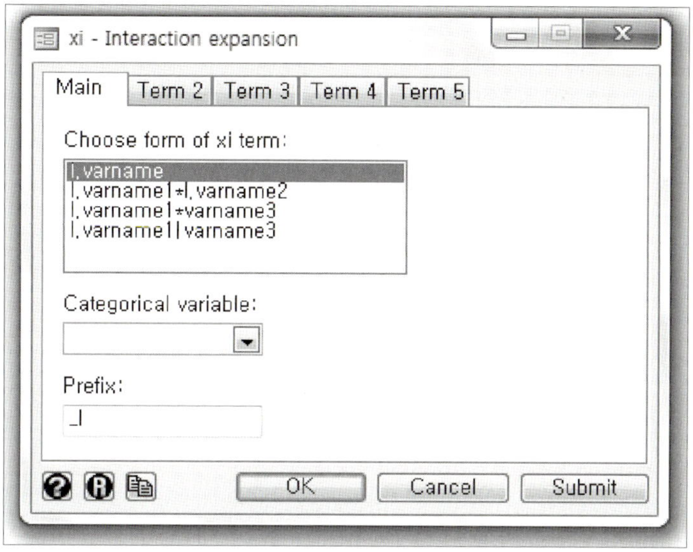

더미변수를 만들고자 하는 변수를 선택하고, 수식어(Prefix)를 입력하면 다음과 같이 변수목록 창에 22개의 더미변수가 생성되는 것을 볼 수 있다.

Name	Label	Type	Format
countryname	CountryName	str30	%30s
countrycode	CountryCode	str3	%9s
year	Year	int	%8.0g
yearcode	YearCode	str6	%9s
pm10	PM10	float	%8.0g
DUMyear2	year==1991	byte	%8.0g
DUMyear3	year==1992	byte	%8.0g
DUMyear4	year==1993	byte	%8.0g
DUMyear5	year==1994	byte	%8.0g
DUMyear6	year==1995	byte	%8.0g
DUMyear7	year==1996	byte	%8.0g
DUMyear8	year==1997	byte	%8.0g
DUMyear9	year==1998	byte	%8.0g
DUMyear10	year==1999	byte	%8.0g

DUMyear11	year==2000	byte	%8.0g
DUMyear12	year==2001	byte	%8.0g
DUMyear13	year==2002	byte	%8.0g
DUMyear14	year==2003	byte	%8.0g
DUMyear15	year==2004	byte	%8.0g
DUMyear16	year==2005	byte	%8.0g
DUMyear17	year==2006	byte	%8.0g
DUMyear18	year==2007	byte	%8.0g
DUMyear19	year==2008	byte	%8.0g
DUMyear20	year==2009	byte	%8.0g
DUMyear21	year==2010	byte	%8.0g
DUMyear22	year==2011	byte	%8.0g
DUMyear23	year==2012	byte	%8.0g

'tab'기능과 달리 'xi'에서는 첫 번째 더미변수인 'dumyear_1990'는 생성되지 않는데, 이는 회귀분석모형을 위함이다. 굳이 만들고자 한다면, 'noomit'를 추가하여 명령어 "xi I.변수명, prefix(수식어) noomit"를 Command 창에 입력하면 된다.

(12) drop

질문 변수 삭제는 어떻게 하나요?

❶ 열 삭제

변수를 삭제하기 위해서는 'drop 변수명'을 입력해주면 된다. 연습데이터 start_1_12.dta를 사용하여 실습해보자.

```
. use start_1_12, clear

. drop pm10
```

변수 목록을 보면 'pm10' 변수가 지워졌음을 알 수 있다(다음 그림 참조). 이는 열 전체를 삭제하고자 할 때 사용된다.

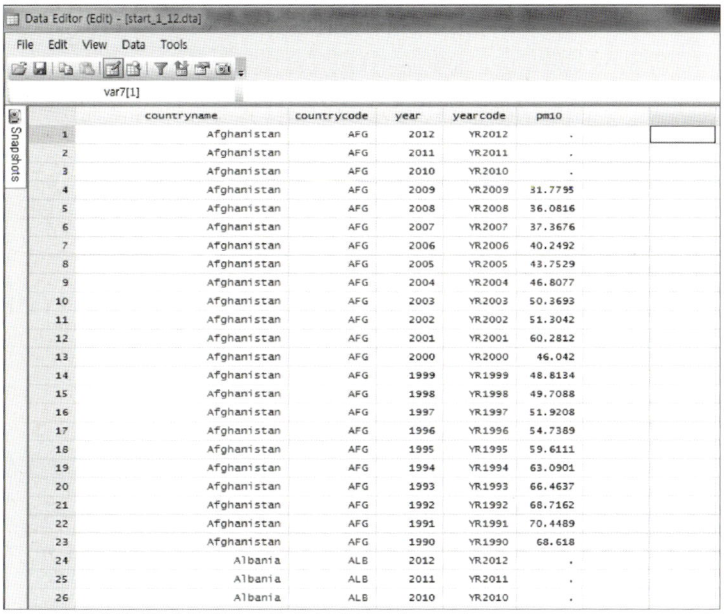

	countryname	countrycode	year	yearcode	pm10
1	Afghanistan	AFG	2012	YR2012	.
2	Afghanistan	AFG	2011	YR2011	.
3	Afghanistan	AFG	2010	YR2010	.
4	Afghanistan	AFG	2009	YR2009	31.7795
5	Afghanistan	AFG	2008	YR2008	36.0816
6	Afghanistan	AFG	2007	YR2007	37.3676
7	Afghanistan	AFG	2006	YR2006	40.2492
8	Afghanistan	AFG	2005	YR2005	43.7529
9	Afghanistan	AFG	2004	YR2004	46.8077
10	Afghanistan	AFG	2003	YR2003	50.3693
11	Afghanistan	AFG	2002	YR2002	51.3042
12	Afghanistan	AFG	2001	YR2001	60.2812
13	Afghanistan	AFG	2000	YR2000	46.042
14	Afghanistan	AFG	1999	YR1999	48.8134
15	Afghanistan	AFG	1998	YR1998	49.7088
16	Afghanistan	AFG	1997	YR1997	51.9208
17	Afghanistan	AFG	1996	YR1996	54.7389
18	Afghanistan	AFG	1995	YR1995	59.6111
19	Afghanistan	AFG	1994	YR1994	63.0901
20	Afghanistan	AFG	1993	YR1993	66.4637
21	Afghanistan	AFG	1992	YR1992	68.7162
22	Afghanistan	AFG	1991	YR1991	70.4489
23	Afghanistan	AFG	1990	YR1990	68.618
24	Albania	ALB	2012	YR2012	.
25	Albania	ALB	2011	YR2011	.
26	Albania	ALB	2010	YR2010	.

〈drop 전〉

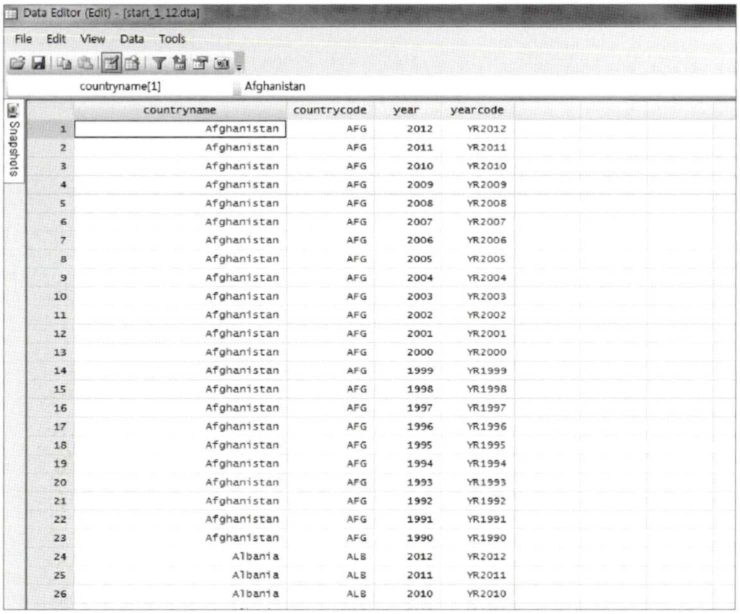

	countryname	countrycode	year	yearcode
1	Afghanistan	AFG	2012	YR2012
2	Afghanistan	AFG	2011	YR2011
3	Afghanistan	AFG	2010	YR2010
4	Afghanistan	AFG	2009	YR2009
5	Afghanistan	AFG	2008	YR2008
6	Afghanistan	AFG	2007	YR2007
7	Afghanistan	AFG	2006	YR2006
8	Afghanistan	AFG	2005	YR2005
9	Afghanistan	AFG	2004	YR2004
10	Afghanistan	AFG	2003	YR2003
11	Afghanistan	AFG	2002	YR2002
12	Afghanistan	AFG	2001	YR2001
13	Afghanistan	AFG	2000	YR2000
14	Afghanistan	AFG	1999	YR1999
15	Afghanistan	AFG	1998	YR1998
16	Afghanistan	AFG	1997	YR1997
17	Afghanistan	AFG	1996	YR1996
18	Afghanistan	AFG	1995	YR1995
19	Afghanistan	AFG	1994	YR1994
20	Afghanistan	AFG	1993	YR1993
21	Afghanistan	AFG	1992	YR1992
22	Afghanistan	AFG	1991	YR1991
23	Afghanistan	AFG	1990	YR1990
24	Albania	ALB	2012	YR2012
25	Albania	ALB	2011	YR2011
26	Albania	ALB	2010	YR2010

〈drop 후〉

❷ 행 삭제

또한 특정한 행에 위치한 관측치만을 삭제할 수도 있다. 9번 행부터 11번 행까지의 관측치를 삭제하기 위해서는 'drop in 9/11'을 입력해주면 된다.

```
. use start_1_12, clear

. drop in 9/11
(3 observations deleted)
```

결과를 살펴보면 Afghanitan 자료 가운데 9번 행에서 11번 행에 위치했던 2004년, 2003년, 2002년 데이터가 삭제되었음을 알 수 있다.

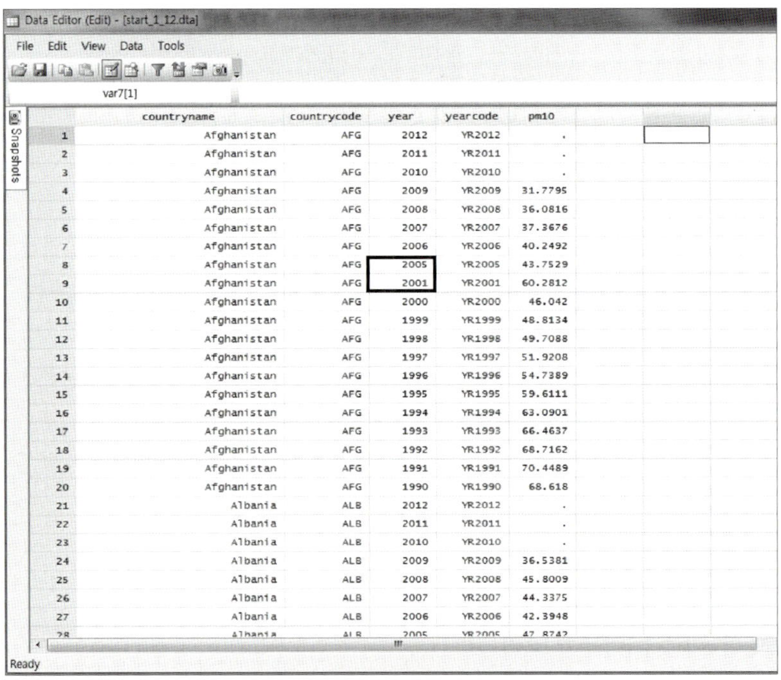

〈drop 후〉

❸ 특정 연도 값 모두 삭제

위에서는 특정 행의 값만을 삭제하였지만 각 개체의 특정 행을 모두 삭제하고 싶을 때 사용할 수 있는 명령어가 있다. 특히 모든 개체의 특정 연도 값을 모두 삭제하고 싶을 때 이 명령어를 사용하면 된다. 명령어는'drop if 변수명==제거값'이다. 예를 들어 'year' 변수의 모든 2002년 값을 제거하려면 다음과 같다.

```
. use start_1_12, clear

. drop if year==2002
(214 observations deleted)
```

(13) keep

질문 필요한 관측치만 남기고 싶어요.

관측치를 삭제하는 것과 반대로 특정 관측치만 남기고 싶을 때도 있다. 이때 사용하는 것이 'keep' 명령어이다. 'keep'은 'drop'의 반대기능으로 남기고 싶은 수치를 제외하고는 모두 삭제해 준다. 명령어는 'drop' 방식과 동일하다.

(14) rename

질문 변수 이름을 바꾸고 싶어요.

변수들을 새로 생성하면 보통 'var'를 수식어로 붙이고 생성되는데, 각 변수들을 혼동하지 않기 위해서는 정확한 이름을 붙여주는 것이 좋다. STATA에서는 사용자 임의대로 변수명 수정이 가능하다. 이때 사용하는 명령어가 'rename'이다. Command 창에 'rename 기존변수 새로운변수명'을 입력해주면 변수의 이름이 변경된다. 변수 pm10을 pm으로 약식 표기하고자 하면 다음과 같이 변경할 수 있다 (연습데이터 start_1_14.dta)

```
. use start_1_14, clear

. rename pm10pm
```

(15) label

질문 **변수가 너무 많아서 혼란스러워요.**

앞서 변수명을 'pm'으로 줄여서 표기할 경우, 시간이 흐름에 따라 무엇을 의미했는지 잊을 수도 있다. 이를 위해 사용하는 기능이 'label'이며, 변수에 대한 메모 기능이다. 'pm'변수에 'PM10_먼지농도'라는 설명을 붙이고자 한다면, 'label var pm "PM10_먼지농도"'라고 Command 창에 입력하면 된다.

```
. use start_1_15, clear

. label var pm "PM10_먼지농도"
```

한편 label 기능은 명령어를 직접 입력하는 방식보다 더 간편한 방법이 있다. STATA 프로그램 화면에서 상단을 살펴보면 다음 그림에서 원으로 표시한 것과 같은 'Variables manager' 아이콘이 있다.

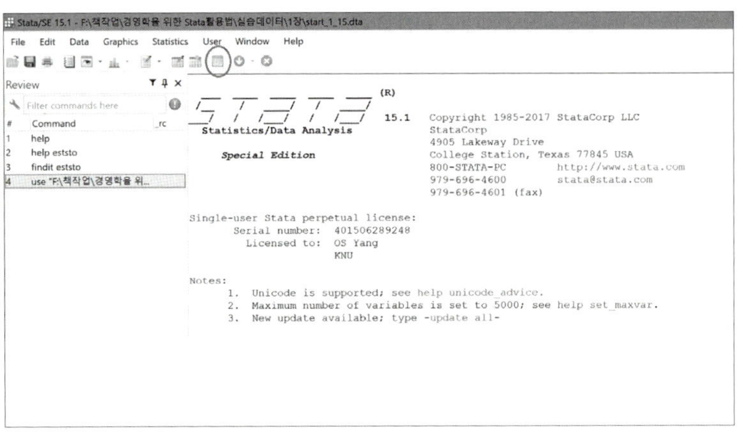

이를 클릭하면 다음과 같은 창이 열리고, 이 창에서 연구자가 변경하고 싶은 변수명 변경이나 Label 내용을 직접 입력할 수 있다.

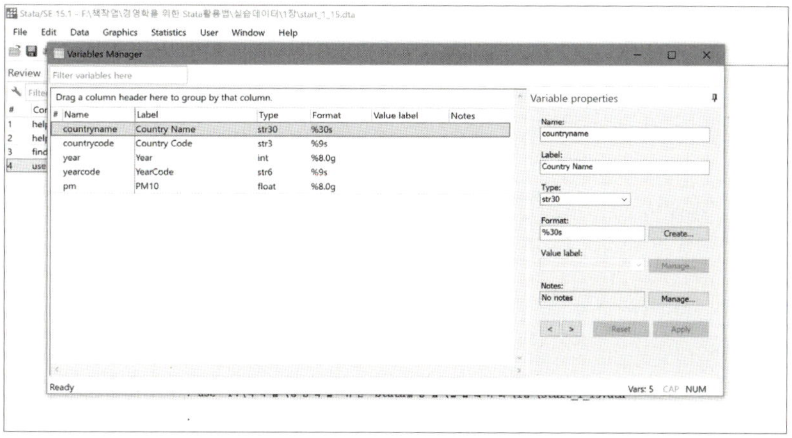

(16) preserve와 restore

질문 데이터 작업을 하다가 실수로 삭제한 것들은 어떻게 되살릴 수 있나요?

앞서 'clear' 기능을 설명하면서 STATA는 RAM에 데이터를 임시 저장하여 사용한다고 언급하였다. 따라서 RAM의 특성 상 삭제한 자료도 RAM에 아직 남아 있게 된다. 자료를 삭제하였다가도 다시 불러오고자 할 때 사용하는 기능이 'preserve'와 'restore'이다. 'preserve'는 자료를 임시 저장하는 기능이고, 'restore'는 삭제된 자료를 다시 불러오는 기능이다.

```
. use start_1_16, clear

. preserve

. clear

. restore
```

(17) 래그(lag)와 리드(lead)

질문 특정 데이터의 과거값과 미래값을 현재 시점에서 고려하고 싶을 때는 어떻게 하는 건가요?

일반적으로 경영학 논문은 시간에 따른 변화를 관측한다. 이 과정에서 과거-현재-미래 시점의 데이터를 동시에 고려하고 싶을 때가 있다. 특히 과거값을 현재상태로 가져오는 것을 래그(lag)라고 하고, 미래값을 현재상태로 당겨오는 것을 리드(lead)라고 한다. 예를 들어 2013년 담배소비량을 결정하는 요인들을 살펴보고 싶을 때, 담배소비량은 원래 담배를 피우던 사람들이 주요 소비자인 만큼 사람들의 과거 소비량이 중요한 의미를 지니기 쉽다. 이런 경우 담배소비량의 과거 값(2010년, 2011년, 2012년 등)을 올해(2013년) 담배소비량을 결정하는 요인 중 하나로 고려해볼 수 있다.

래그와 리드 값은 시간에 따라 자리를 재배열하는 기능인 만큼 패널데이터 분석에서 사용되는 'tsset' 명령어를 통해 시간개념을 부여하는 작업이 선행되어야 한다. 그래야 프로그램이 집단 또는 시간개념을 인식하게 되고, 래그와 리드 연산자에 따라 관측치들을 재배열 할 수 있다.

❶ 래그변수(L : Lag)

기본형태의 래그변수를 형성하기 위해서는 'gen 래그변수명=L.변수명'을 입력하면 된다. 이외에도 'by 집단변수, sort: gen 래그변수명=변수명[_n−숫자]'를 사용하면 숫자(몇 년 전 과거값인지를 지적)만큼 조정된 래그변수를 형성할 수 있다. 먼저 래그 & 리드변수 실습예제 파일인 start_1_17.dta를 불러와서(use), 시간개념을 설정(tsset)하고, 위에서 언급한 두 가지 방법으로 래그변수를 만들어보자.

```
. use start_1_17, clear

. tsset id Year
       panel variable:  id (unbalanced)
        time variable:  Year, 2001 to 2012
                delta:  1 unit
```

```
. gen L_LN_Sales=L.LN_Sales
(9 missing values generated)

. by id, sort: gen L2_LN_Sales=LN_Sales[_n-1]
(9 missing values generated)

.
```

다음은 그 결과를 보여준다.

id	Firm_Name	Year	LN_Sales	L_LN_Sales	L2_LN_Sales
1	(주)LG생활건강	2001	27.45	.	.
1	(주)LG생활건강	2002	27.72	27.45	27.45
1	(주)LG생활건강	2003	27.69	27.72	27.72
1	(주)LG생활건강	2004	27.6	27.69	27.69
1	(주)LG생활건강	2005	27.6	27.6	27.6
1	(주)LG생활건강	2006	27.66	27.6	27.6
1	(주)LG생활건강	2007	27.79	27.66	27.66
1	(주)LG생활건강	2008	27.93	27.79	27.79
1	(주)LG생활건강	2009	28.05	27.93	27.93
1	(주)LG생활건강	2010	28.19	28.05	28.05
1	(주)LG생활건강	2011	28.32	28.19	28.19
1	(주)LG생활건강	2012	28.39	28.32	28.32
2	(주)경동도시가스	2001	26.44	.	.
2	(주)경동도시가스	2002	26.49	26.44	26.44
2	(주)경동도시가스	2003	26.62	26.49	26.49
2	(주)경동도시가스	2004	26.71	26.62	26.62

'gen' 명령어를 사용해서 만든 L_LN_Sales 변수①와 'by id, sort: gen L2_LN_Sales=LN_Sales[_n−1]' 명령어를 사용해서 만든 L2_LN_Sales 변수②의 결과는 동일하다. 그러나 앞서 보여주었던 1년차 래그 및 리드 값을 형성하고자 할 때에는 동일한 결과가 제시되지만, gen 명령어로는 2년차 이상의 래그 및 리드 값을 만들 수 없다.

혹여 일부 연구자들은 'by id, sort:'를 제외하고gen 래그변수명=변수명[_n−숫자]를 입력하게 될 경우에도 변수가 만들어지므로 이를 통해 래그변수 생성이 가능하다고 주장하는 이가 있을 수 있다. 그러나 이렇게 만들어진 변수는 래그변수가 아님을 유념해야 한다. 실습을 통해 확인해 보자.

```
. use start_1_17, clear

. tsset id Year
       panel variable:  id (unbalanced)
        time variable:  Year, 2001 to 2012
                delta:  1 unit

. gen L_LN_Sales=L.LN_Sales
(9 missing values generated)

. by id, sort: gen L2_LN_Sales=LN_Sales[_n-1]
(9 missing values generated)

. gen L3_LN_Sales=LN_Sales[_n-1]
(1 missing values generated)
```

id	Firm_Name	Year	LN_Sales	L_LN_Sales	L2_LN_Sales	L3_LN_Sales
1	(주)LG생활건강	2001	27.45	.	.	.
1	(주)LG생활건강	2002	27.72	27.45	27.45	27.45
1	(주)LG생활건강	2003	27.69	27.72	27.72	27.72
1	(주)LG생활건강	2004	27.6	27.69	27.69	27.69
1	(주)LG생활건강	2005	27.6	27.6	27.6	27.6
1	(주)LG생활건강	2006	27.66	27.6	27.6	27.6
1	(주)LG생활건강	2007	27.79	27.66	27.66	27.66
1	(주)LG생활건강	2008	27.93	27.79	27.79	27.79
1	(주)LG생활건강	2009	28.05	27.93	27.93	27.93
1	(주)LG생활건강	2010	28.19	28.05	28.05	28.05
1	(주)LG생활건강	2011	28.32	28.19	28.19	28.19
1	(주)LG생활건강	2012	28.39	28.32	28.32	28.32
2	(주)경동도시가스	2001	26.44	.	.	28.39
2	(주)경동도시가스	2002	26.49	26.44	26.44	26.44
2	(주)경동도시가스	2003	26.62	26.49	26.49	26.49
2	(주)경동도시가스	2004	26.71	26.62	26.62	26.62

이처럼 'gen L3_LN_Sales=LN_Sales[_n−1]' 명령어를 사용하게 될 경우, '(주)LG생활건강'의 '2012'에 해당하는 관측치가 '(주)경동도시가스'의 '2001'에 해당하는 관측치로 둔갑하는 오류가 발생하므로 반드시 'by'와 'sort' 명령어를 사용해서 변수를 만들 것을 권장한다.

❷ 리드변수 (F: Future)

리드변수의 명령어는 'F'이고, 래그변수의 'L' 부분만 바꾸어 입력하면 된다. 리드변수를 생성하기 위해서는 'gen 리드변수명=F.변수명'을 입력하면 된다. 마찬가지로 'by id, sort: gen 리드변수=LN_Sales[_n+숫자]' 명령어를 통해서 변수 생성이 가능하다. 실습을 통해 확인해 보자. 래그변수에서와 같이 리드변수를 세 가지 방법으로 만들어 보자.

- ▶ F_LN_Sales ← gen F_LN_Sales=F.LN_Sales
- ▶ F2_LN_Sales ← by id, sort: gen F2_LN_Sales=LN_Sales[_n+1]
- ▶ F3_LN_Sales ← gen F3_LN_Sales=LN_Sales[_n+1]

```
. use start_1_17, clear

. tsset id Year
       panel variable:  id (unbalanced)
        time variable:  Year, 2001 to 2012
                delta:  1 unit

. gen F_LN_Sales=F.LN_Sales
(9 missing values generated)

. by id, sort: gen F2_LN_Sales=LN_Sales[_n+1]
(9 missing values generated)

. gen F3_LN_Sales=LN_Sales[_n+1]
(1 missing value generated)
```

리드변수 역시 래그변수를 만들 때와 같이 세 가지 방법으로 변수가 만들어지지만, 'F3_LN_Sales'는 리드변수가 아니라는 것을 명심해야 한다.

id	Firm_Name	Year	LN_Sales	F_LN_Sales	F2_LN_Sales	F3_LN_Sales
1	(주)LG생활건강	2001	27.45	27.72	27.72	27.72
1	(주)LG생활건강	2002	27.72	27.69	27.69	27.69
1	(주)LG생활건강	2003	27.69	27.6	27.6	27.6
1	(주)LG생활건강	2004	27.6	27.6	27.6	27.6
1	(주)LG생활건강	2005	27.6	27.66	27.66	27.66
1	(주)LG생활건강	2006	27.66	27.79	27.79	27.79
1	(주)LG생활건강	2007	27.79	27.93	27.93	27.93
1	(주)LG생활건강	2008	27.93	28.05	28.05	28.05
1	(주)LG생활건강	2009	28.05	28.19	28.19	28.19
1	(주)LG생활건강	2010	28.19	28.32	28.32	28.32
1	(주)LG생활건강	2011	28.32	28.39	28.39	28.39
1	(주)LG생활건강	2012	28.39	.	.	26.44
2	(주)경동도시가스	2001	26.44	26.49	26.49	26.49
2	(주)경동도시가스	2002	26.49	26.62	26.62	26.62
2	(주)경동도시가스	2003	26.62	26.71	26.71	26.71
2	(주)경동도시가스	2004	26.71	26.84	26.84	26.84

2) 데이터 들여다보기 명령어

(1) Count

질문 데이터의 모든 관측치를 알고 싶어요.

STATA 파일을 불러왔다면 “count” 명령어를 통해 관측치를 구할 수 있다. 명령어를 입력하면 관측치가 표시되는 것을 확인할 수 있다.

```
. use start_2_1, clear

. count
 2140
```

결과에서 알 수 있듯이 “count” 명령어는 관측치만을 보여준다. 자료의 상태에 대하여 자세한 내용을 확인하고자 하면 다른 명령어를 입력해야 한다. 이를 살펴보자.

(2) des(cribe)

질문 내가 갖고 있는 데이터는 어떤 모습일까?

“des” 또는 “describe”를 Command 창에 입력하게 되면 STATA는 변수들의 모습을 간략하게 보여준다.

```
. use start_2_2, clear

. des

Contains data from second.dta
  obs:         2,140
 vars:            11                          25 Jul 2013 14:37
 size:       160,500 (98.5% of memory free)
-------------------------------------------------------------------------------------
              storage  display     value
variable name   type   format      label      variable label
-------------------------------------------------------------------------------------
CountryName     str30  %30s                   Country Name
CountryCode     str3   %3s                    Country Code
Year            str4   %4s
YearCode        str6   %6s
LnMortality     float  %9.0g
Lnhealth        float  %9.0g
LnScientific    float  %9.0g
LnBirth         float  %9.0g
LnForeign       float  %9.0g
LnImmunization  float  %9.0g
LnPM10          float  %9.0g
-------------------------------------------------------------------------------------
Sorted by:
```

Obs는 데이터의 관측치, Vars는 변수의 개수, Size는 전체 개수를 말한다. ‘storage

type'은 각 변수가 숫자형태로 되어있는지 또는 문자변수로 되어 있는 지를 표시해준다. 'str(string variable)'은 변수가 문자형태로 존재한다는 것을 의미하고, 숫자변수(numeric variables)는 'int', 'byte', 'long', 'float', 'double'로 표기 되며, 각각 변수의 정보 형태에 따라 분류된다.

STATA는 문자변수를 인식하지 못하므로, 숫자변수로 변환이 요구된다. 이때 사용하는 명령어가 'encode'이다.

❶ Encode

'encode'를 사용해서 문자변수를 숫자변수로 변환할 수 있다. 상위 메뉴에 있는 Data Editor 아이콘을 클릭해 데이터(실습데이터 start_2_2.dta)를 살펴보면, 'start_2_2.dta'의 'Year' 변수가 숫자이지만 문자 형태로 인식(명목)하고 있음을 알 수 있다. "encode Year, gen(Year_numeric)"을 입력하면 'Year_numeric'이라는 숫자변수가 새로 생성된다.

```
. use start_2_2, clear

. encode Year, gen(Year_numeric)
```

Data Editor에서 'Year_numeric' 변수가 새로 생성된 것을 확인할 수 있다.

CountryName	CountryCode	Year	YearCode	Year_numeric
Afghanistan	AFG	2003	YR2003	2003
Afghanistan	AFG	2004	YR2004	2004
Afghanistan	AFG	2005	YR2005	2005
Afghanistan	AFG	2006	YR2006	2006
Afghanistan	AFG	2007	YR2007	2007
Afghanistan	AFG	2008	YR2008	2008
Afghanistan	AFG	2009	YR2009	2009
Afghanistan	AFG	2010	YR2010	2010
Afghanistan	AFG	2011	YR2011	2011
Afghanistan	AFG	2012	YR2012	2012

이때, 'Year_numeric' 변환변수에 대한 'tab'기능 사용시, 'nolabel' 입력여부에 따라

Label의 표기 방식이 달라진다. "tab Year_numeric, nolabel"을 입력해보면, 변환변수인 'Year_numeric'의 목록이 1~10으로 표기되는 것을 확인할 수 있다.

```
. use start_2_2, clear

. encode Year, gen(Year_numeric)

. tab Year_numeric, nolabel

Year_numeri |
c |      Freq.     Percent        Cum.
------------+-----------------------------------
          1 |        214       10.00       10.00
          2 |        214       10.00       20.00
          3 |        214       10.00       30.00
          4 |        214       10.00       40.00
          5 |        214       10.00       50.00
          6 |        214       10.00       60.00
          7 |        214       10.00       70.00
          8 |        214       10.00       80.00
          9 |        214       10.00       90.00
         10 |        214       10.00      100.00
------------+-----------------------------------
      Total |      2,140      100.00
```

(3) su(mmarize) 혹은 sum(marize)

질문 변수들의 신상명세를 상세히 알고 싶어요.

데이터에 대한 간략한 정보를 얻고자 할 때에는 "su" 또는 "sum", "summarize"를 입력한다. 세개의 명령어는 모두 동일한 것이며, Command 창에 입력 시 숫자변수의 관측치(Obs)와 평균값(Mean), 표준편차(Std. Dev.), 최소값(Min), 최대값(Max)을 표기해준다. 실습데이터(start_2_3.dta)를 열어 명령어를 입력해 보자.

```
. use start_2_3, clear

. sum

    Variable |        Obs        Mean    Std. Dev.       Min        Max
-------------+---------------------------------------------------------
 CountryName |          0
 CountryCode |          0
        Year |          0
    YearCode |          0
 LnMortality |       1737    3.186079    1.185484   .5877867   5.417433
-------------+---------------------------------------------------------
    Lnhealth |       1496    5.371662    1.739266   1.345407   9.031421
LnScientific |       1282    4.481705    3.076263  -2.302585    12.2685
     LnBirth |        472    4.384917    .4137843   1.740466    4.60517
   LnForeign |       1669    20.25293    2.608345   8.437809    26.5524
LnImmuniza~n |       1708    4.444174    .2229223   2.944439    4.59512
-------------+---------------------------------------------------------
      LnPM10 |       1253     3.55078    .6804333   1.652395   5.343611
```

"describe"를 통해 얻은 전체 관측치와 "summarize"를 통해 얻은 각 변수들의 관측치를 비교하여 결측치(missing variable)를 구할 수 있다. 결측치란 데이터를 구하지 못해 공백으로 남겨져 있는 있는 경우를 말한다. 'Year' 변수는 문자형태로 존재하므로 표기되지 않는다. 앞서 설명한 바와 같이 'Year_numeric' 변수는 숫자형태로 존재하기 때문에 관측이 가능하다. "encode Year, gen(Year_numeric)"로 변환하여 이를 확인해보자.

```
. encode Year, gen(Year_numeric)

. sum

    Variable |        Obs        Mean    Std. Dev.       Min        Max
-------------+---------------------------------------------------------
 CountryName |          0
 CountryCode |          0
        Year |          0
    YearCode |          0
 LnMortality |       1737    3.186079    1.185484   .5877867   5.417433
-------------+---------------------------------------------------------
```

```
     Lnhealth |      1496    5.371662    1.739266   1.345407   9.031421
LnScientific |      1282    4.481705    3.076263  -2.302585    12.2685
      LnBirth |       472    4.384917    .4137843   1.740466    4.60517
    LnForeign |      1669    20.25293    2.608345   8.437809    26.5524
LnImmuniza~n |      1708    4.444174    .2229223   2.944439    4.59512
-------------+---------------------------------------------------------
       LnPM10 |      1253     3.55078    .6804333   1.652395   5.343611
Year_numeric |      2140         5.5    2.872953          1         10
```

❶ sum '변수', detail

각 변수의 보다 세부적인 정보를 얻고자 할 때에는 "sum 변수, detail"을 입력해야 한다. 변수 'LnMortality'의 세부적인 정보를 얻기 위해서는 "sum LnMortality, detail"을 Command 창에 입력해 준다.

```
. use start_2_3, clear

. sum LnMortality, detail

                         LnMortality
-------------------------------------------------------------
      Percentiles      Smallest
 1%     1.029619       .5877867
 5%     1.360977       .6418539
10%     1.526056       .7419373       Obs                1737
25%     2.230014       .7419373       Sum of Wgt.        1737

50%     3.113515                      Mean           3.186079
                        Largest       Std. Dev.      1.185484
75%     4.271095       5.343769
90%     4.802381       5.367844       Variance       1.405371
95%     5.049856       5.391352       Skewness      -.0147631
99%     5.212214       5.417433       Kurtosis       1.913436
```

'detail'에서는 추가적으로 지정한 변수의 누적백분율에 따른 수치와, 변수의 분산(Variance), 왜도(Skewness), 첨도(Kurtosis)가 제시된다.

❷ sort(내림차순)와 gsort(올림차순)

변수의 값을 숫자 또는 알파벳 순으로 재정렬하기 위해서는 'sort'와 'gsort'기능을 사용하면 된다. 예를 들어 'Year' 순으로 정렬한 후, 'CountryName' 순으로 정렬하고자 한다면 "sort Year CountryName"을 Command 창에 입력해주면 된다.

```
. use start_2_3, clear

. sort Year CountryName
```

위 명령어에 따른 결과는 다음과 같이 나타난다.

CountryName	CountryCode	Year	YearCode	LnMortality	Lnhealth
Afghanistan	AFG	2003	YR2003	4.835488	3.238072
Albania	ALB	2003	YR2003	3.100092	4.733882
Algeria	DZA	2003	YR2003	3.706228	4.348405

'Year' 변수의 가장 작은 값인 '2003'부터 정렬한 후, 'CountryName'의 알파벳 순으로 정렬된 것을 확인할 수 있다.

❸ by

앞서 변수에 대한 상세 설명을 살펴보기 위한 명령어로 'sum'을 배웠고, 정렬하는 명령어인 'sort'를 배웠으므로, 이제는 묶음 별 결과치를 구할 수 있다. 앞서 'Year' 변수대로 정렬하였으므로, 'Year(연도별)' 변수 값마다 'LnMortality'의 수치를 알고자 한다면, 'by' 기능을 사용하면 된다. Command 창에 "by Year: sum LnMortality"를 입력하면 된다.

```
. use start_2_3, clear

. sort Year

. by Year: sum  LnMortality

----------------------------------------------------------------------------
-> Year = 2003
```

```
    Variable |       Obs        Mean    Std. Dev.       Min        Max
-------------+--------------------------------------------------------
 LnMortality |       193    3.343353    1.166357   1.163151   5.417433

-----------------------------------------------------------------------------------
-> Year = 2004

    Variable |       Obs        Mean    Std. Dev.       Min        Max
-------------+--------------------------------------------------------
 LnMortality |       193    3.304818    1.170061   1.131402   5.391352

-----------------------------------------------------------------------------------
-> Year = 2005

    Variable |       Obs        Mean    Std. Dev.       Min        Max
-------------+--------------------------------------------------------
 LnMortality |       193    3.265653     1.17415   1.098612   5.367844

-----------------------------------------------------------------------------------
-> Year = 2006

    Variable |       Obs        Mean    Std. Dev.       Min        Max
-------------+--------------------------------------------------------
 LnMortality |       193    3.225919    1.178735   1.064711   5.343769

-----------------------------------------------------------------------------------
-> Year = 2007

    Variable |       Obs        Mean    Std. Dev.       Min        Max
-------------+--------------------------------------------------------
 LnMortality |       193    3.186136    1.183119   .9162908    5.31812

-----------------------------------------------------------------------------------
-> Year = 2008

    Variable |       Obs        Mean    Std. Dev.       Min        Max
-------------+--------------------------------------------------------
 LnMortality |       193    3.145544    1.188062   .7419373   5.296816

-----------------------------------------------------------------------------------
-> Year = 2009

    Variable |       Obs        Mean    Std. Dev.       Min        Max
-------------+--------------------------------------------------------
 LnMortality |       193     3.10631     1.19181   .7419373   5.267343
```

```
--------------------------------------------------------------------------------
-> Year = 2010

    Variable |       Obs        Mean    Std. Dev.       Min        Max
-------------+--------------------------------------------------------
 LnMortality |       193    3.070251    1.202165   .6418539   5.240688

--------------------------------------------------------------------------------
-> Year = 2011

    Variable |       Obs        Mean    Std. Dev.       Min        Max
-------------+--------------------------------------------------------
 LnMortality |       193    3.026725    1.199374   .5877867   5.221976

--------------------------------------------------------------------------------
-> Year = 2012

    Variable |       Obs        Mean    Std. Dev.       Min        Max
-------------+--------------------------------------------------------
 LnMortality |         0
```

❹ bysort

'sort' 기능과 'by' 기능을 접목시켜 간편하게 사용할 수도 있는데, '정렬한 후에 변수마다'라는 의미라고 쉽게 이해하면 된다. 위와 동일한 결과치를 얻기 위해서는 "bysort Year: sum LnMortality"라고 입력하면 된다.

```
. use start_2_3, clear

. bysort Year : sum LnMortality

--------------------------------------------------------------------------------
-> Year = 2003

    Variable |       Obs        Mean    Std. Dev.       Min        Max
-------------+--------------------------------------------------------
 LnMortality |       193    3.343353    1.166357   1.163151   5.417433
```

```
--------------------------------------------------------------------------------
-> Year = 2004

    Variable |       Obs        Mean    Std. Dev.       Min        Max
-------------+--------------------------------------------------------
 LnMortality |       193    3.304818    1.170061   1.131402   5.391352

--------------------------------------------------------------------------------
-> Year = 2005

    Variable |       Obs        Mean    Std. Dev.       Min        Max
-------------+--------------------------------------------------------
 LnMortality |       193    3.265653     1.17415   1.098612   5.367844

--------------------------------------------------------------------------------
-> Year = 2006

    Variable |       Obs        Mean    Std. Dev.       Min        Max
-------------+--------------------------------------------------------
 LnMortality |       193    3.225919    1.178735   1.064711   5.343769

--------------------------------------------------------------------------------
-> Year = 2007

    Variable |       Obs        Mean    Std. Dev.       Min        Max
-------------+--------------------------------------------------------
 LnMortality |       193    3.186136    1.183119   .9162908    5.31812

--------------------------------------------------------------------------------
-> Year = 2008

    Variable |       Obs        Mean    Std. Dev.       Min        Max
-------------+--------------------------------------------------------
 LnMortality |       193    3.145544    1.188062   .7419373   5.296816

--------------------------------------------------------------------------------
-> Year = 2009

    Variable |       Obs        Mean    Std. Dev.       Min        Max
-------------+--------------------------------------------------------
 LnMortality |       193     3.10631     1.19181   .7419373   5.267343
```

```
--------------------------------------------------------------------------------
-> Year = 2010

    Variable |       Obs        Mean    Std. Dev.       Min        Max
-------------+--------------------------------------------------------
 LnMortality |       193    3.070251    1.202165   .6418539   5.240688

--------------------------------------------------------------------------------
-> Year = 2011

    Variable |       Obs        Mean    Std. Dev.       Min        Max
-------------+--------------------------------------------------------
 LnMortality |       193    3.026725    1.199374   .5877867   5.221976

--------------------------------------------------------------------------------
-----------
-> Year = 2012

    Variable |       Obs        Mean    Std. Dev.       Min        Max
-------------+--------------------------------------------------------
 LnMortality |         0
```

'bysort'는 'sort'와 'by'를 각각 입력하지 않아도 동일한 결과가 나오는 것을 확인할 수 있다. 앞서 언급한 'egen' 기능과 함께 사용할 경우에, 변수 값의 집단별 함수식으로 이루어진 변수를 생성할 수 있다. 예를 들어 연도별 'pm10' 평균값을 구하고자 할 때에는 "bysort Year: egen MnLnPM10 = mean(LnPM10)"을 입력하면 된다. 결과를 살펴보면 다음과 같이 연도별 평균치로 이루어진 'MnLnPM10' 변수가 생성된 것을 확인할 수 있다.

CountryName	CountryCode	Year	YearCode	LnPM10	MnLnPM10
Yemen, Rep.	YEM	2003	YR2003	4.462996	3.702965
Mauritania	MRT	2003	YR2003	4.684406	3.702965
Bolivia	BOL	2003	YR2003	4.528518	3.702965
Czech Republic	CZE	2003	YR2003	3.138239	3.702965
Panama	PAN	2003	YR2003	3.683975	3.702965
Bangladesh	BGD	2003	YR2003	5.016566	3.702965

(4) collapse와 list

질문 엑셀함수를 사용해서 수치계산을 할 수 있듯이 STATA에서도 그런 기능이 있나요?

기존에 사용하고 있는 변수의 값을, 함수에 투과하여 새로운 데이터 형태를 만드는 데 사용하는 명령어가 collapse이다. "collapse (함수명령어) 변수"를 입력하면, 변수는 함수식에 투과되어 새로운 값으로 이루어진 변수가 생성된다. 이를 확인할 때는 'list' 명령어를 입력하면 된다. 실습데이터(start_2_4.dta)를 열어, 두 변수(LnMortality, Lnhealth)는 평균(mean)함수를, 세 개의 변수(LnScientific, LnBirth, LnForeign)는 중위수(median)를 생성하도록 명령어를 실습해 보자.

```
. use start_2_4, clear

. collapse (mean)  LnMortality Lnhealth (median) LnScientific LnBirth LnForeign,
by(Year)

. list

     +-------------------------------------------------------------+
     | Year   LnMort~y   Lnhealth   LnScie~c    LnBirth   LnFore~n |
     |-------------------------------------------------------------|
  1. | 2003   3.343354   4.933722   4.120127   4.593098   19.61107 |
  2. | 2004   3.304818   5.081039   4.134294   4.598145   19.70195 |
  3. | 2005   3.265653   5.190752   4.102248   4.595625   20.10708 |
  4. | 2006   3.225919   5.328674   4.051785   4.563306   20.28362 |
  5. | 2007   3.186136   5.486153   4.276666   4.591071   20.67255 |
     |-------------------------------------------------------------|
  6. | 2008   3.145544   5.633089   4.138126   4.595625   20.76802 |
  7. | 2009    3.10631   5.632625   4.187065    4.59512   20.52978 |
  8. | 2010   3.070251   5.687243          .   4.234107   20.44941 |
  9. | 2011   3.026725          .          .          .   20.65215 |
 10. | 2012          .          .          .          .          . |
     +-------------------------------------------------------------+
```

두 개의 변수(LnMortality, Lnhealth)는 평균(mean)함수를, 세 개의 변수(LnScientific, LnBirth, LnForeign)는 중위수(median)를 따르는 것을 'list' 명령어를 통해 확인할 수 있다.

PART

II 저울질

1. 그래프로 살펴본 데이터의 성격

질문 너의 모습을 보여줘.

분포에 대한 정보가 필요하다면 그래프를 통해 시각적으로 확인하는 방법이 있다. 앞서 배운 'sum(marize)'을 사용하여 변수의 값을 요약하고 표로 볼 수 있었다면, 이번에는 표를 그래프로 표현하는 방법을 알아보자. 이 방법에는 한 개의 변수 분포만을 제시하는 히스토그램(histogram)과, 두 변수의 상관관계를 나타내는 산포도(scatter)가 있다.

1) 살펴볼 변수가 1개일 때 (histogram)

(1) 막대그래프

질문 통계처리 하기 전에 내가 수집한 데이터의 분포상황이 궁금해요.

막대그래프로 표현하고자 한다면 명령어 'hist'와 변수명을 입력하면 된다(연습용 데이터 graph_1.dta 사용).

명령어

hist 독립변수1

```
. use graph_1, clear

. hist  HighTechExport
(bin=34, start=1.3862944, width=.78985088)
```

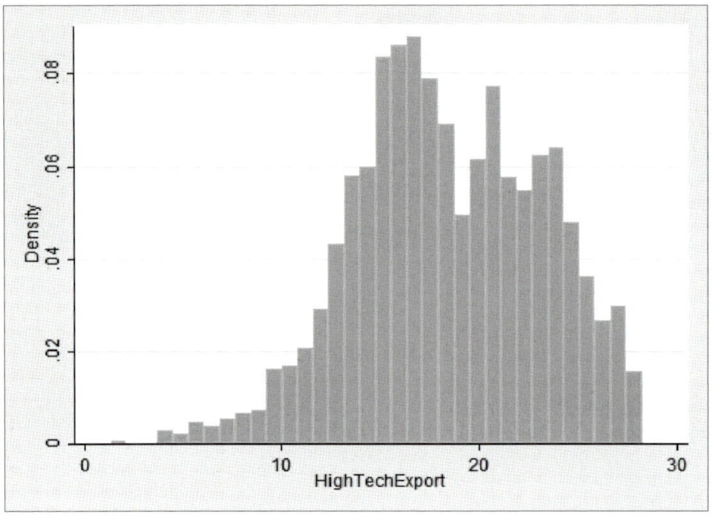

(2) 곡선형

막대그래프를 하나의 곡선으로 표현하는 곡선형 히스토그램을 표시하기 위해서는 'kdensity'를 사용하면 된다.

명령어

kdensity 독립변수1

```
. use graph_1, clear

. kdensity HighTechExport
```

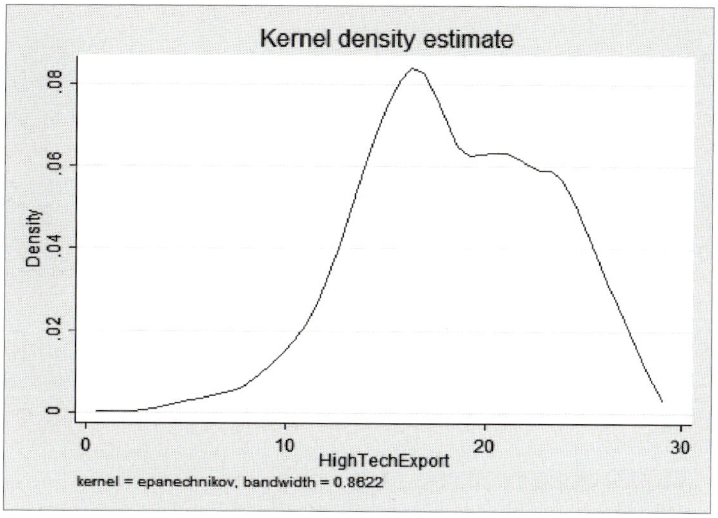

(3) 복합형

위에서 제시한 막대형과 곡선형을 동시에 보여주고자 한다면 "twoway (hist 변수명) (kdensity 변수명)"을 입력하면 된다.

명령어

twoway (hist 독립변수1) (kdensity 독립변수1)

```
. use graph_1, clear

. twoway (hist  HighTechExport) (kdensity  HighTechExport)
```

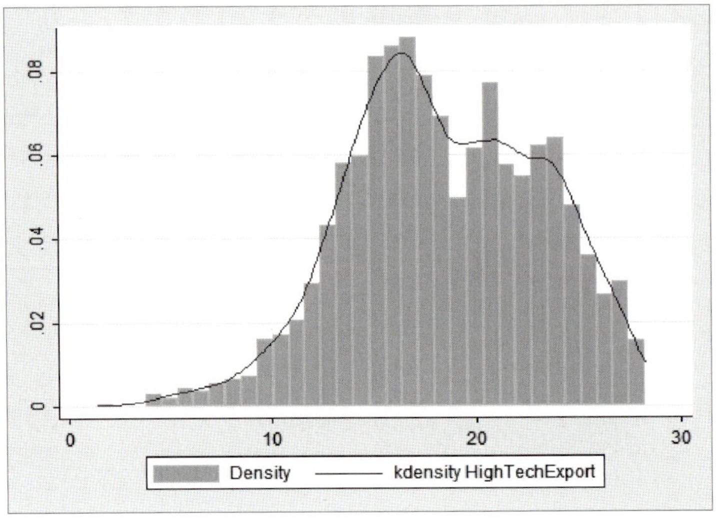

(4) 그래프 편집

그래프 창에서 'Start Graph Editor' 아이콘을 클릭하면 자체적으로 그림을 편집할 수 있는데, 그래프 위에 글자를 넣거나, 선을 그려 넣을 수가 있다.

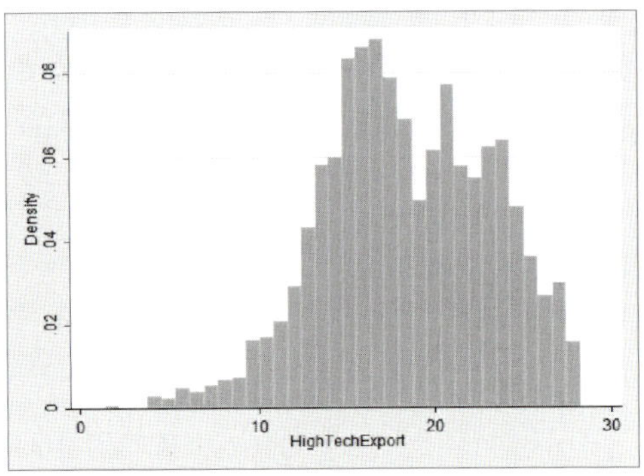

⟨편집 전⟩

⇒

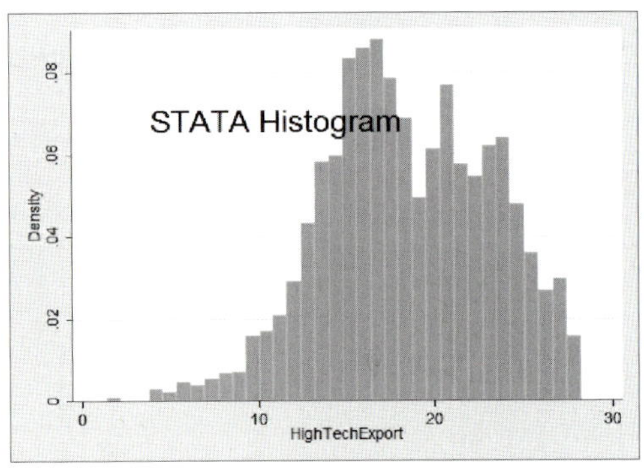

⟨편집 후⟩

(5) 히스토그램 그래픽 조정

엑셀과는 달리 히스토그램의 그래픽을 조정함에 있어서도 명령어를 입력해 주어야 한다. 막대의 수, 폭, 색깔, 간격, Y축 표기형태 등이 있다.

❶ 막대의 수

막대의 수를 변경하기 위해서는 'bin(개수)' 명령어를 사용한다. 히스토그램에서 막대의 수를 10개로 줄이려면 "hist '변수', bin(10)"을 입력해주면 된다.

명령어

hist 독립변수1, bin(막대수)

```
. use graph_1, clear

. hist HighTechExport, bin(10)
(bin=10, start=1.3862944, width=2.685493)
```

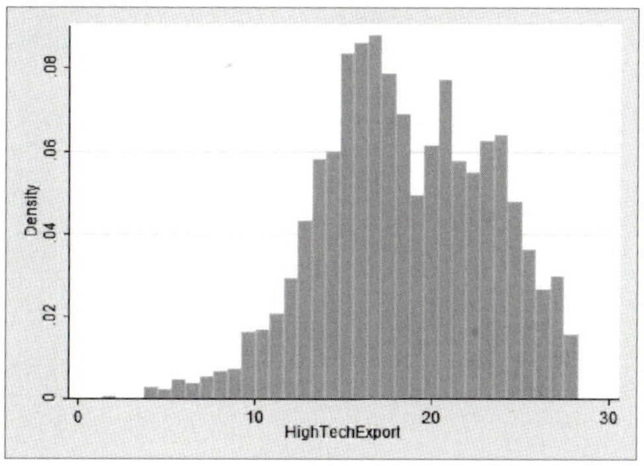

⇒

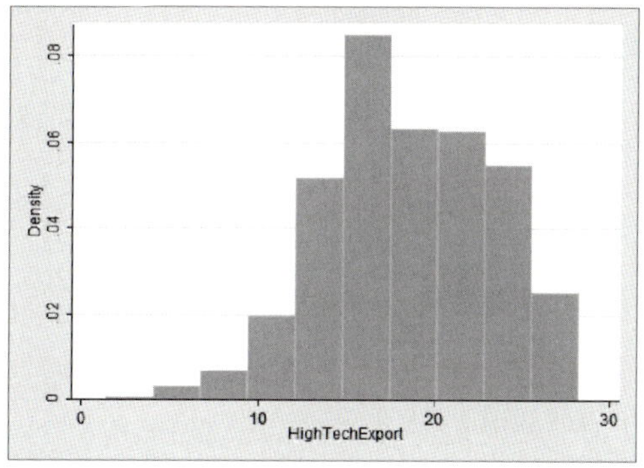

〈편집 전〉 〈편집 후〉

❷ 막대의 폭

막대 사이의 폭을 넓히거나 줄이기 위해서는 'gap(간격)' 명령어를 사용한다. 히스토그램에서 막대 사이의 폭을 50만큼 넓히려면 "hist 변수명, gap(50)"을 입력해주면 된다.

명령어

hist 독립변수1, gap(막대폭)

```
. use graph_1, clear

. hist  HighTechExport, gap(50)
(bin=34, start=1.3862944, width=.78985088)
```

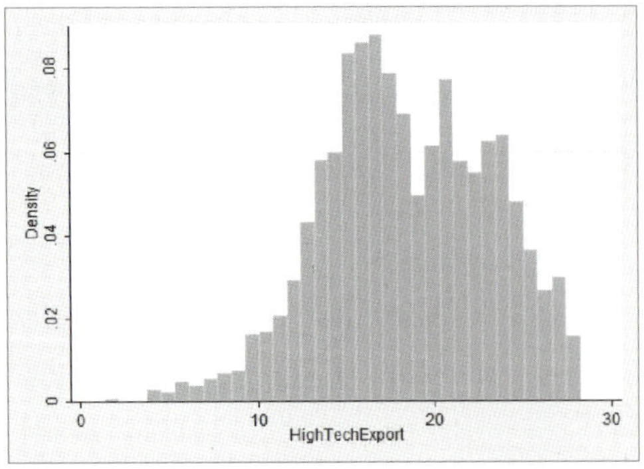

〈편집 전〉

⇒

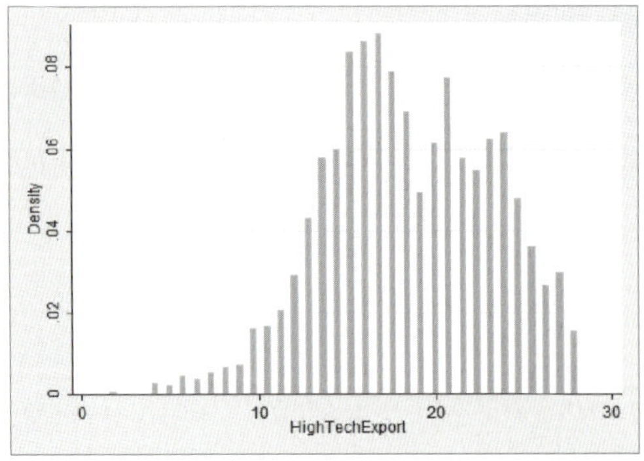

〈편집 후〉

❸ 막대의 색깔

막대의 색깔을 바꾸기 위해서는 “hist 변수명, fcolor(색깔)”을 입력해주면 된다. 색깔(color) 종류는 ‘Graph Editor’에서 추가적으로 확인할 수 있다.

명령어

hist 독립변수1, fcolor(색깔)

```
. use graph_1, clear

. hist  HighTechExport, fcolor(black)
(bin=34, start=1.3862944, width=.78985088)
```

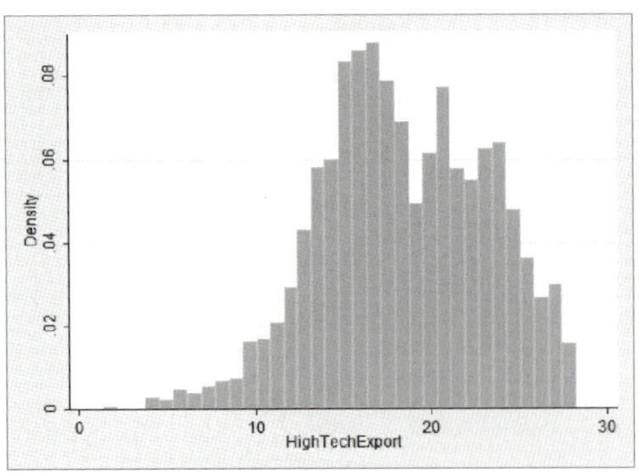

〈편집 전〉

⇒

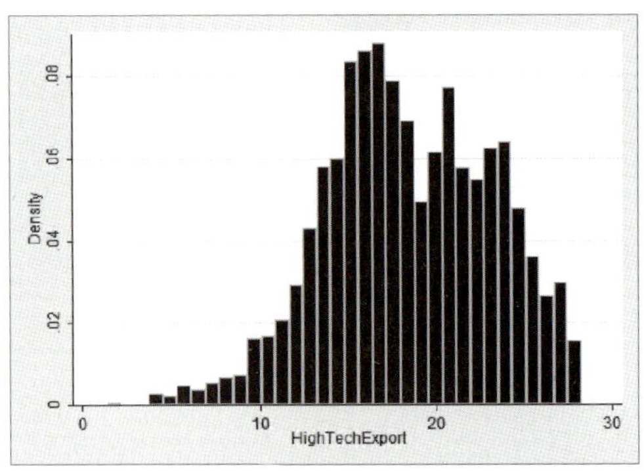

〈편집 후〉

막대 테두리의 색깔과 두께를 바꾸는 방법은 "hist 변수명, lcolor(색깔) lwidth(두께옵션)"를 입력해주면 된다. 색깔 또는 두께에 대한 명령어는 'Graph Editor'에서 추가적으로 확인할 수 있다. 두께옵션으로는 "vvv. Thin,""vv. Thin,""v. Thin,""Thin,""Medium thin," "Medium,""Medium thick,""Thick,""v. Thich,""vv. Thick,""vvv. Thick" 등이 있다.

명령어

hist 독립변수1, lcolor(색깔) lwidth(두께옵션)

```
. use graph_1, clear

. hist  HighTechExport, lcolor(black) lwidth(thick)
(bin=34, start=1.3862944, width=.78985088)
```

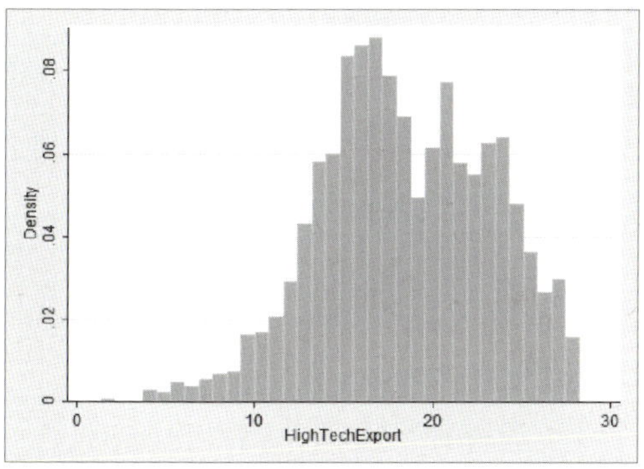

〈편집 전〉

⇒

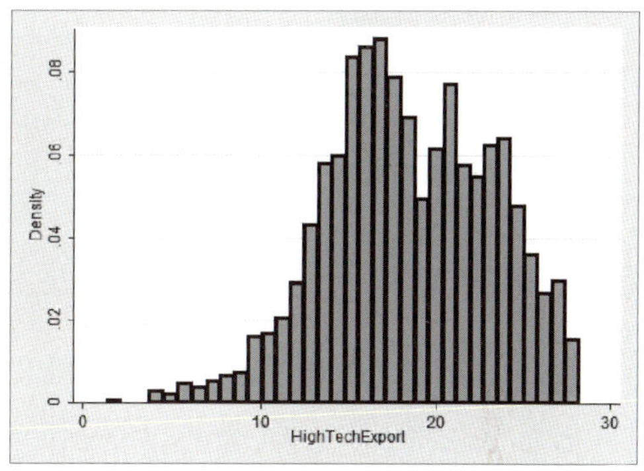

〈편집 후〉

❹ 막대의 간격, Y축 표기형태

기본적으로 STATA 프로그램에서는 Y축이 밀도(density)로 표기되는데, 이를 빈도(frequency) 또는 확률(fraction)로도 표기할 수 있다. 명령어 "hist 변수명, 표기방법"을 입력하면 원하는 표기방법에 따라 히스토그램이 제시된다.

명령어

hist 독립변수1, 표기옵션

```
. use graph_1, clear

. hist HighTechExport, frequency
(bin=34, start=1.3862944, width=.78985088)
```

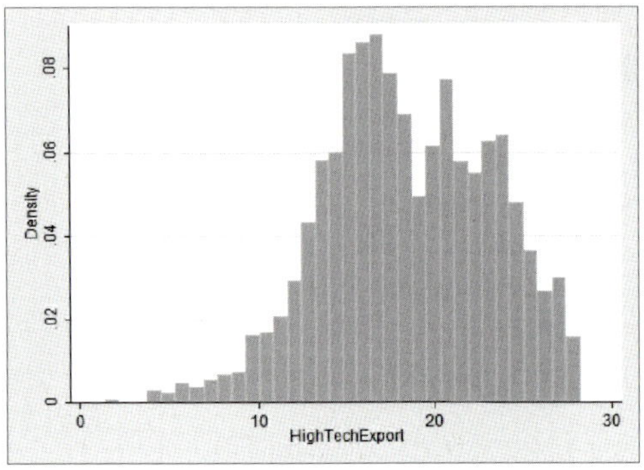

〈편집 전〉

⇒

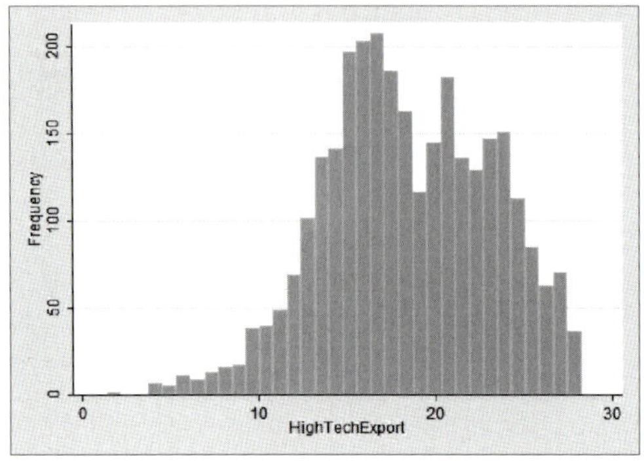

〈편집 후〉

2) 살펴볼 변수가 2개일 때 (산포도)

(1) 산포도 명령어

산포도는 통계처리를 통해 최종적으로 변수들 간 인과관계를 확인하기 이전에 인과관계의 방향을 미리 예측해 볼 수 있는 도구이다. 두 변수의 상관관계를 그래프로 보여주는 명령어는 'scatter'이다. Command 창에 "scatter Y축 변수 X축 변수"를 입력해주면 된다.

명령어

scatter 독립변수1 독립변수2

```
. use graph_1, clear

. scatter GDP HighTechExport
```

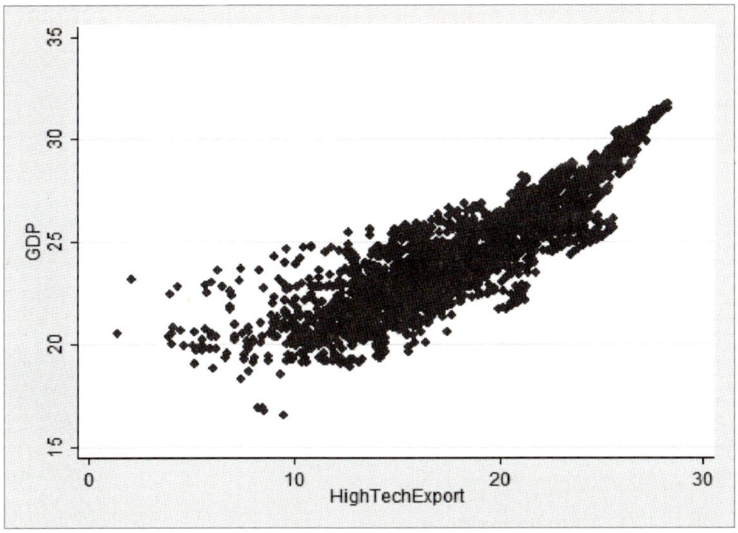

앞서 설명하였던 것처럼 산포도는 통계처리 전에 데이터의 두 변수 간의 인과관계(정(+)의 관계 또는 부(-)의 관계)를 살펴보는 방법이다. 실습데이터를 통해 예시된 X축 변수 'HighTechExport'와 Y축 변수 'GDP'는 통계처리 이전에 산포도 고찰만으로도 정(+) 선형관계가 있음을 예측할 수 있다.

(2) 산포도 그래픽 변경

히스토그램에서 그래픽을 변경한 것처럼 산포도 역시 그래픽을 원하는 데로 바꿀 수가 있다. 산포도 심볼이나 색깔, 가로축의 단위, 가로·세로 보조선, 추세선, 신뢰구간 등을 변경 또는 표시가 가능하다.

❶ 산포도 심볼 변경

산포도에 표시하는 심볼은 다양한 모양으로 변경 가능하다. "scatter Y축변수 X축변수, msymbol(모양)"을 입력해주면 된다. 모양은 'graph editor'에서 확인할 수 있다. 모양 옵션에는 point, circle, square, triangle, diamond, plus 그리고 그 외 다양한 것들이 탑재되어 있다. 여기서는 plus로 바꾸는 연습을 실시해보자.

명령어

scatter 독립변수1 독립변수2, msymbol(모양)

```
. use graph_1, clear

. scatter GDP HighTechExport, msymbol(plus)
```

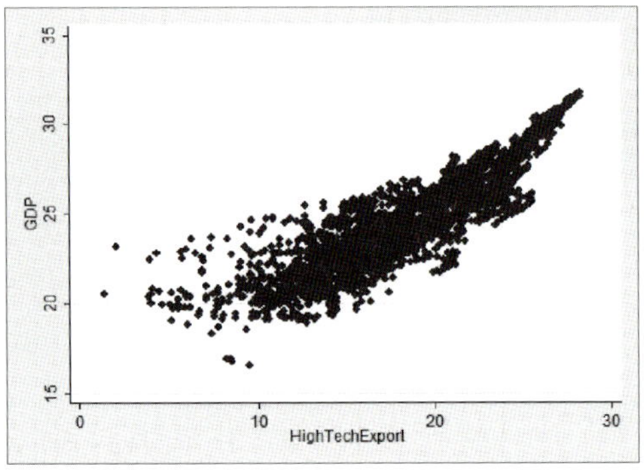

⇒

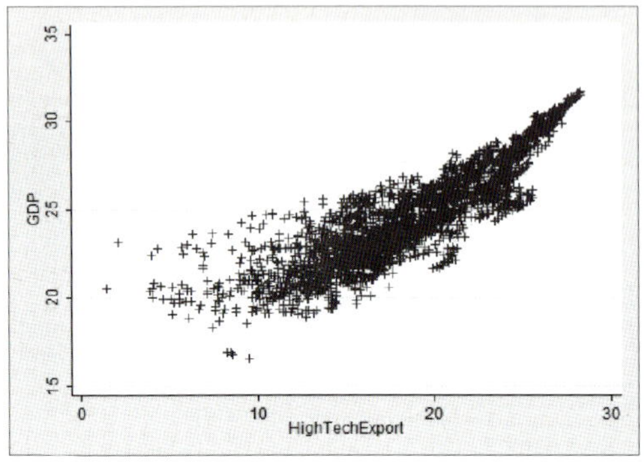

〈편집 전〉 〈편집 후〉

❷ 심볼 색깔 변경

산포도에 표시하는 심볼은 다양한 색깔로 변경이 가능하다. "scatter Y축 변수 X축 변수, mcolor(색깔)"을 입력해주면 된다. 색깔은 'Graph Editor'에서 확인할 수 있다. 색깔 옵션에는 black, none, white, yellow, gold, green, lime, medium green, mint 그리고 그 외 다양한 색깔들이 탑재되어 있다. 여기서는 대표적으로 yellow로 전환하는 실습을 실시해 보자.

명령어

scatter 독립변수1 독립변수2, mcolor(색깔)

```
. use graph_1, clear

. scatter GDP HighTechExport, mcolor(yellow)
```

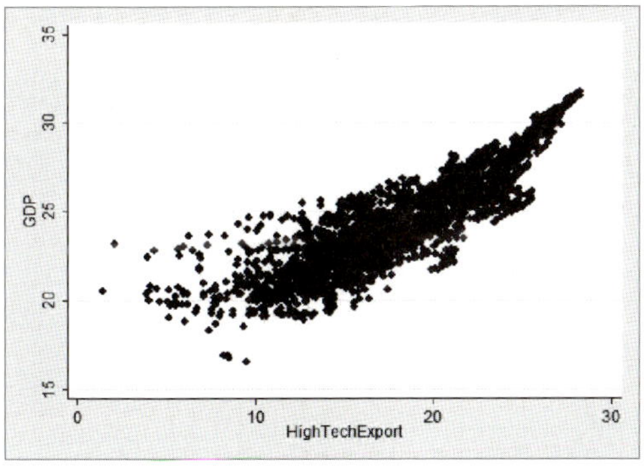

〈편집 전〉

⇒

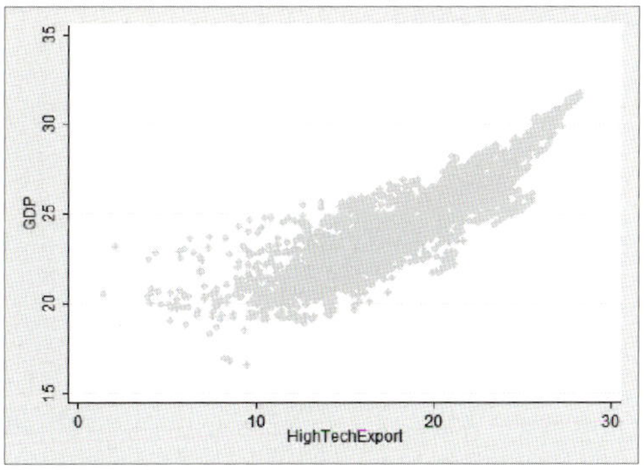

〈편집 후〉

❸ X축, Y축 크기 조정

산포도에 표시되는 X축과 Y축의 간격을 조정하기 위해서는 'xlabel(시작(간격)끝)'과 'ylabel(시작(간격)끝)'을 입력해주면 된다.

명령어

scatter 독립변수1 독립변수2, xlabel(시작(간격)끝) ylabel(시작(간격)끝)

```
. use graph_1, clear

. scatter GDP HighTechExport, xlabel(0(5)55) ylabel(10(3)45)
```

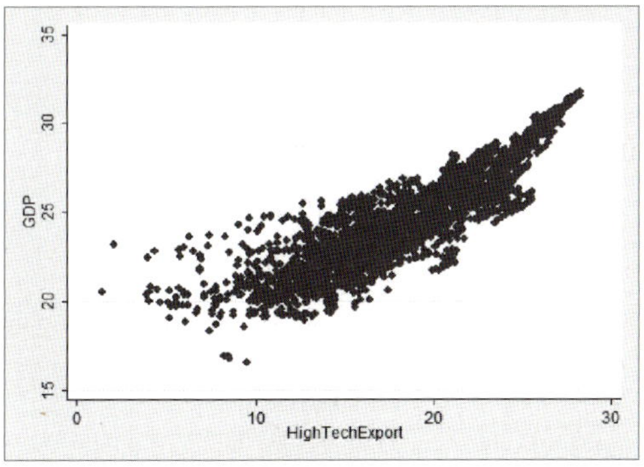

〈편집 전〉

⇒

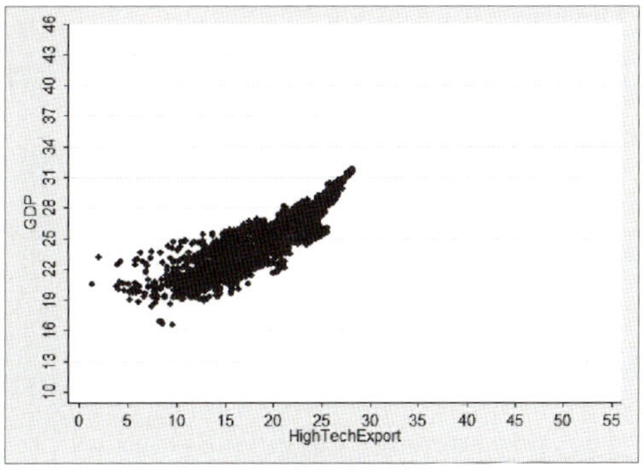

〈편집 후〉

❹ 레이블 붙이기

산포도에 표시된 관측치에 레이블을 붙이는 방법으로 'mlabel(변수)'명령어를 입력하면 된다. 예를 들어 관측치에 'CountryCode'를 붙이고자 한다면, "scatter GDP HighTechExport, mlabel(CountryCode)"를 입력하면 된다.

명령어

scatter 독립변수1 독립변수2, mlabel(레이블링 할 변수명)

```
. use graph_1, clear

. scatter GDP HighTechExport, mlabel(CountryCode)
```

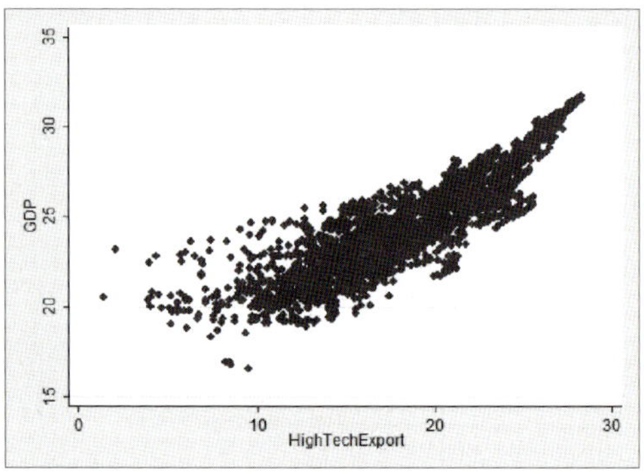

〈편집 전〉

⇒

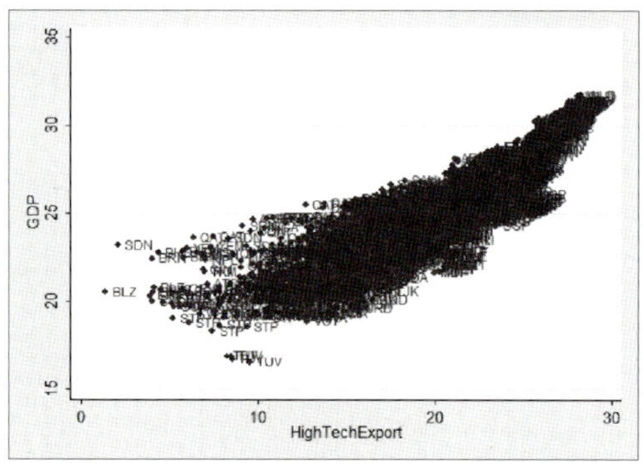

〈편집 후〉

❺ 추세선 표시

산포도는 상관관계 여부 확인에 유용한 도구라고 말했듯이, 추세선을 그려주는 기능도 있다. 선형(lfit), 2차함수(qfit) 형태로 표현이 가능하다. 추세선의 명령어는 변수들에 대해 어떻게 표시할 것인지를 별도로 설정해주어야 한다. 선형 추세선을 긋기 위해서는 "lfit 변수1 변수2, lwidth(추세선폭) lpattern(추세선모양)"을 명령어로 입력해주어야 한다. 그러나 추세선만 그려지지 않으므로, 산포도(scatter)와 접목시키기 위해 'twoway (기능1) (기능2)'를 입력해야 한다. 추세선모양 옵션은 solid, dash, dot, tight dot, long–dash 그리고 그 외 다양한 형태가 탑재되어 있다.

명령어

twoway (scatter 독립변수1 독립변수2) (추세선유형 독립변수1 독립변수2, lwidth(추세선폭) lpattern(추세선모양))

```
. use graph_1, clear

. twoway (scatter GDP HighTechExport) (lfit GDP HighTechExport, lwidth(thick)
lpattern(dash))

. twoway (scatter GDP HighTechExport) (qfit GDP HighTechExport, lwidth(thick)
lpattern(dash))
```

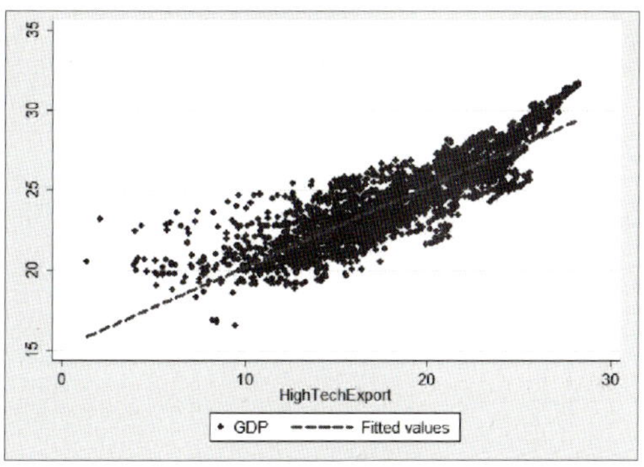

⇒

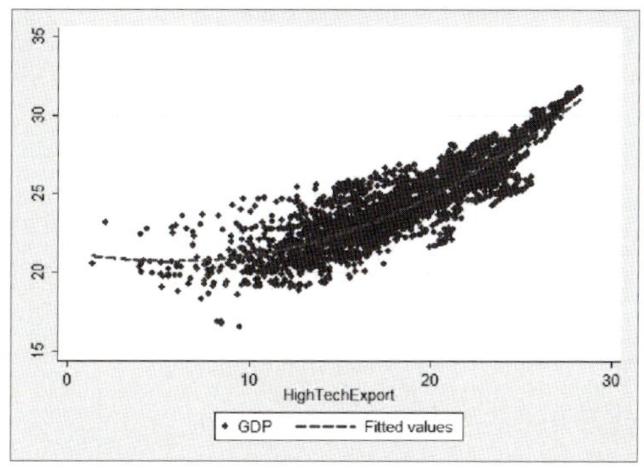

〈선형형식 추세선〉 〈2차형식 추세선〉

❻ 신뢰구간 표시

산포도는 추세선 말고도 신뢰구간 역시 표시할 수 있다. 신뢰구간을 포함시킨 추세선 명령어는 'lfitci'(선형)와 'qfitci'(2차함수)이다. 앞서 추세선 표시를 설명한 부분과 마찬가지로 명령어만 입력하면 안되고, twoway를 사용하여 산포도 명령어(scatter)와 같이 입력해주어야 한다. 신뢰구간 표시 기본틀은 다음과 같다. "twoway (scatter Y축변수 X축변수) (lfitci Y축변수 X축변수, lwidth(추세선폭) lpattern(추세선모양))"을 입력하면 된다.

명령어

twoway (scatter 독립변수1 독립변수2) (신뢰구간유형 독립변수1 독립변수2, lwidth(추세선폭) lpattern(추세선모양))

```
. use graph_1, clear

. twoway (scatter GDP HighTechExport) (lfitci GDP HighTechExport, lwidth(thick)
lpattern(dash))

. twoway (scatter GDP HighTechExport) (qfitci GDP HighTechExport, lwidth(thick)
lpattern(dash))
```

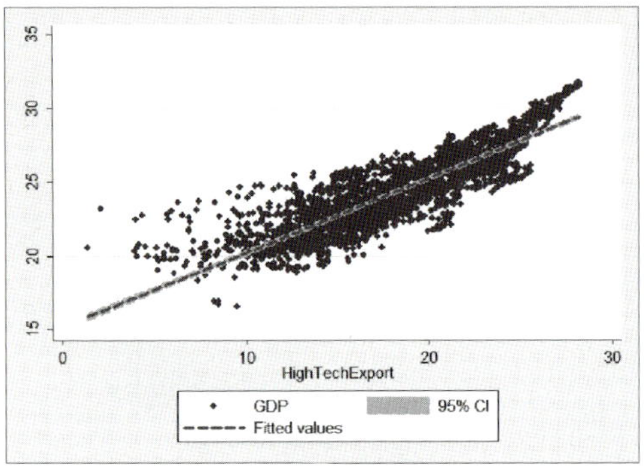

〈선형형식 추세선과 신뢰구간〉

⇒

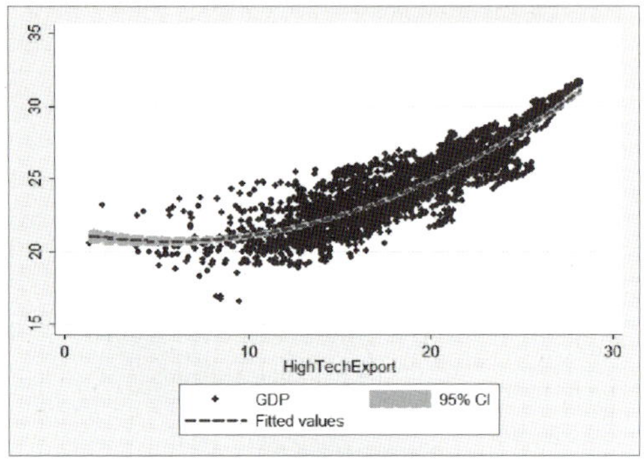

〈2차형식 추세선과 신뢰구간〉

3) 한 데이터에서 두 개의 선형관계가 동시에 나타낼 경우

질문 쌤! 이 데이터는 선형관계가 두 개로 나타나는 것 같아요.

두 변수가 하나의 상관성을 갖고 있다면, 인과관계를 쉽게 설명할 수 있겠지만, 연구자가 갖고 있는 데이터가 늘 그렇지는 않아 골치아플 때가 많다. 아래에 제시된 그래프가 재미있는 실례라고 할 수 있다. 이번 실습에 사용될 자료는 데이터 파일 형태로 제공할 수 없어 그래프 파일로만 제공한다(희귀한 데이터에 관한 지적재산권의 문제가 있어 할 수 없음을 양해하기 바란다). 그래프 파일은 'graph use'를 사용해서 불러와야 한다. 'graph use' 명령어를 사용하여 STATA 그래프 파일인 'fourth.gph'를 불러오자. 'graph_1_2.gph' STATA 그래프 파일을 열람해 보면 Y축 70선을 중심으로 상하 그룹으로 나누어 두 개의 추세선(하나는 정의 관계, 다른 하나는 부의 관계)을 그릴 수 있음을 알 수 있다. 이 그래프에 'Graph Editor'를 사용해서 선을 표시해 본다면 다음과 같다.

```
. graph use graph_1_2
```

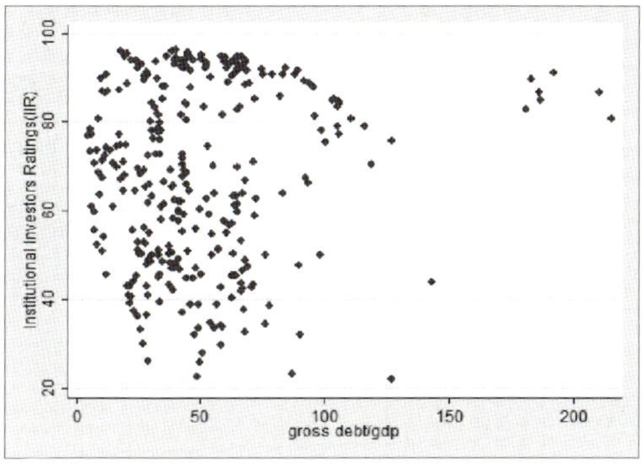

⇒

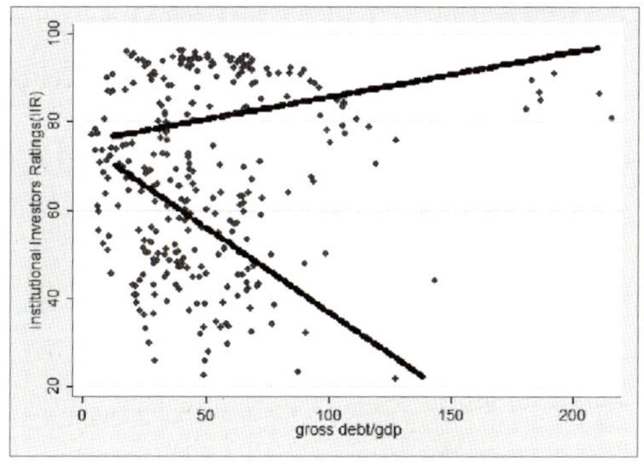

〈 'graph_1_2.gph' 파일 그래프〉 〈Graph Editor 편집 후〉

해석

위 그래프는 Y축의 70선을 기준으로 'IIR'변수의 수치가 높을 경우 정(+)의 관계를, 낮을 경우 부(-)의 관계를 보이고 있다. 이 경우, 두 집단으로 나누어 통계처리를 해야 함을 예측할 수 있다. 산포도가 정확한 데이터를 제시하는 것은 아니지만, 어느 정도 최종 분석결과를 사전에 짐작하게 한다는 점에서 유용한 도구이다. 물론 STATA의 추세선 기능은 선을 한 개만 그을 수 있으므로 2개 이상의 추세선을 발견해 내는 것은 어디까지나 연구자의 몫이다.

2. 기초통계

1) 데이터 유형(시계열, 횡단면, 패널 데이터)

(1) 시계열 데이터(time-series data)

특정한 개체에 대한 데이터로서, 해당 개체의 현상이나 특징이 여러 개의 시점을 통해 관측된 데이터를 의미한다. 시계열, 횡단면, 패널 데이터의 예시로서 제공하는 다음 그림들은 앞서 'SPSS 편집하기(구조변환)' 부분에서 사용하였던 세계은행 자료, 'Foreign direct investment' 데이터 파일을 해당 데이터 형태에 따라 재편집한 자료를 캡처한 것이다.

File Edit Data Tools

var13[17]

	id	IndicatorName	IndicatorCode	CountryName	CountryCode	year	Foreign_di~t
1	1	Foreign direct investment, net inflows (BoP, current US$)	BX.KLT.DINV.CD.WD	Afghanistan	AFG	2008	87276201
2	1	Foreign direct investment, net inflows (BoP, current US$)	BX.KLT.DINV.CD.WD	Afghanistan	AFG	2009	2.137e+08
3	1	Foreign direct investment, net inflows (BoP, current US$)	BX.KLT.DINV.CD.WD	Afghanistan	AFG	2010	75649209
4	1	Foreign direct investment, net inflows (BoP, current US$)	BX.KLT.DINV.CD.WD	Afghanistan	AFG	2011	83411455
5	1	Foreign direct investment, net inflows (BoP, current US$)	BX.KLT.DINV.CD.WD	Afghanistan	AFG	2012	.

본 그림의 자료는 하나의 개체, 즉 Afghanistan이라는 하나의 국가에 대해 여러 시점(2008~2012년도)을 통해 관측된 자료를 나타내는 시계열 데이터에 해당한다.

(2) 횡단면 데이터(cross-sectional data)

특정한 한 시점에 대한 데이터로서, 해당 시점에 다양한 관측 대상, 즉 여러 개의 관측 개체를 가지고 있는 데이터를 의미한다.

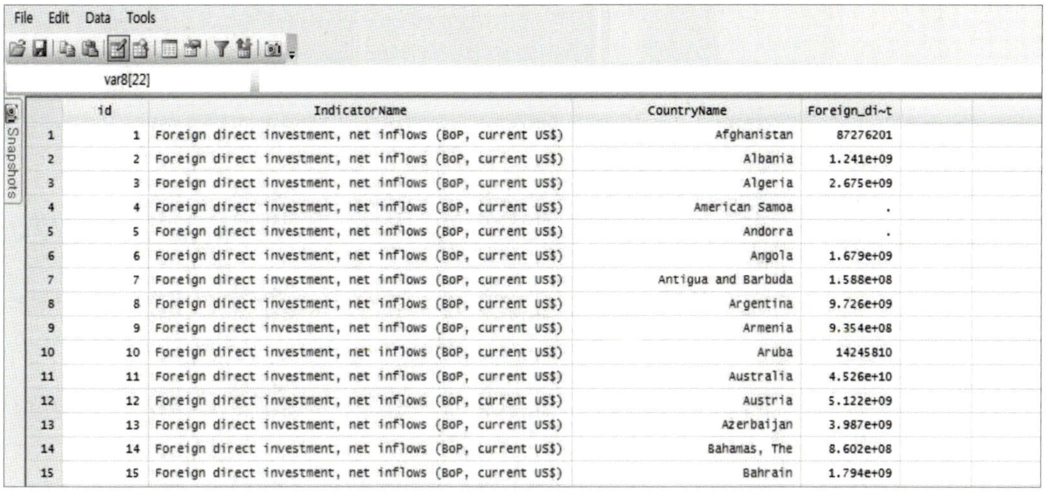

File Edit Data Tools

var8[22]

	id	IndicatorName	CountryName	Foreign_di~t
1	1	Foreign direct investment, net inflows (BoP, current US$)	Afghanistan	87276201
2	2	Foreign direct investment, net inflows (BoP, current US$)	Albania	1.241e+09
3	3	Foreign direct investment, net inflows (BoP, current US$)	Algeria	2.675e+09
4	4	Foreign direct investment, net inflows (BoP, current US$)	American Samoa	.
5	5	Foreign direct investment, net inflows (BoP, current US$)	Andorra	.
6	6	Foreign direct investment, net inflows (BoP, current US$)	Angola	1.679e+09
7	7	Foreign direct investment, net inflows (BoP, current US$)	Antigua and Barbuda	1.588e+08
8	8	Foreign direct investment, net inflows (BoP, current US$)	Argentina	9.726e+09
9	9	Foreign direct investment, net inflows (BoP, current US$)	Armenia	9.354e+08
10	10	Foreign direct investment, net inflows (BoP, current US$)	Aruba	14245810
11	11	Foreign direct investment, net inflows (BoP, current US$)	Australia	4.526e+10
12	12	Foreign direct investment, net inflows (BoP, current US$)	Austria	5.122e+09
13	13	Foreign direct investment, net inflows (BoP, current US$)	Azerbaijan	3.987e+09
14	14	Foreign direct investment, net inflows (BoP, current US$)	Bahamas, The	8.602e+08
15	15	Foreign direct investment, net inflows (BoP, current US$)	Bahrain	1.794e+09

본 그림은 다양한 개체, 즉 여러 국가에 대해 2008년도라는 같은 시점에 관측된 자료를 나타내는 횡단면 데이터의 예시 그림이다.

(3) 패널 데이터(panel data)

시계열 데이터와 횡단면 데이터의 특성을 모두 갖고 있는 것이 바로 패널 데이터이다. 즉, 패널 데이터는 여러 개체들이 여러 시점에 걸쳐 기록되어 있는 데이터를 말한다. 예를 들면 세계은행(World Bank)에서 이용 가능한 대다수의 데이터 형태가 바로 패널 데이터에 해당한다.

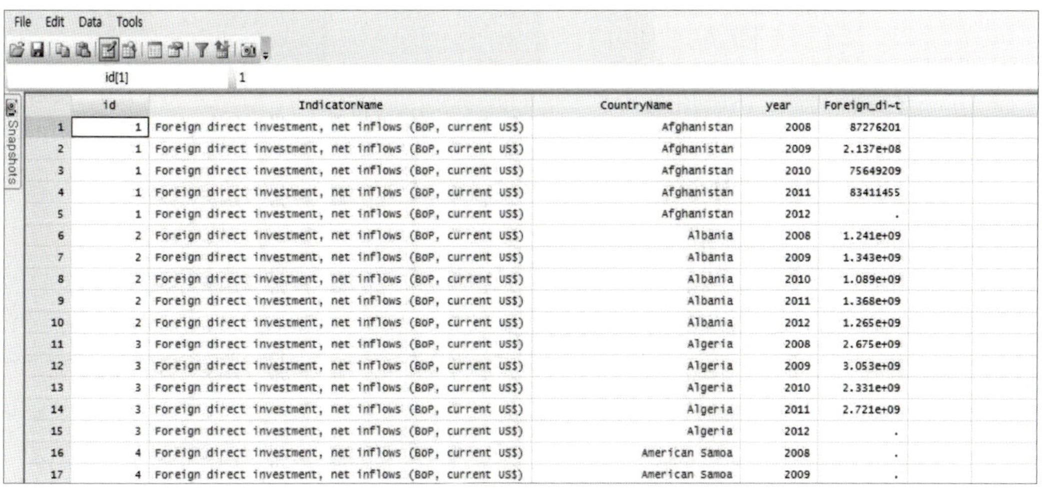

File Edit Data Tools

id[1] 1

	id	IndicatorName	CountryName	year	Foreign_di~t
1	1	Foreign direct investment, net inflows (BoP, current US$)	Afghanistan	2008	87276201
2	1	Foreign direct investment, net inflows (BoP, current US$)	Afghanistan	2009	2.137e+08
3	1	Foreign direct investment, net inflows (BoP, current US$)	Afghanistan	2010	75649209
4	1	Foreign direct investment, net inflows (BoP, current US$)	Afghanistan	2011	83411455
5	1	Foreign direct investment, net inflows (BoP, current US$)	Afghanistan	2012	.
6	2	Foreign direct investment, net inflows (BoP, current US$)	Albania	2008	1.241e+09
7	2	Foreign direct investment, net inflows (BoP, current US$)	Albania	2009	1.343e+09
8	2	Foreign direct investment, net inflows (BoP, current US$)	Albania	2010	1.089e+09
9	2	Foreign direct investment, net inflows (BoP, current US$)	Albania	2011	1.368e+09
10	2	Foreign direct investment, net inflows (BoP, current US$)	Albania	2012	1.265e+09
11	3	Foreign direct investment, net inflows (BoP, current US$)	Algeria	2008	2.675e+09
12	3	Foreign direct investment, net inflows (BoP, current US$)	Algeria	2009	3.053e+09
13	3	Foreign direct investment, net inflows (BoP, current US$)	Algeria	2010	2.331e+09
14	3	Foreign direct investment, net inflows (BoP, current US$)	Algeria	2011	2.721e+09
15	3	Foreign direct investment, net inflows (BoP, current US$)	Algeria	2012	.
16	4	Foreign direct investment, net inflows (BoP, current US$)	American Samoa	2008	.
17	4	Foreign direct investment, net inflows (BoP, current US$)	American Samoa	2009	.

본 그림은 여러 국가들(다양한 국가들)의 Foreign_direct_investment 항목이 여러 시점(2008~2012년도)에 걸쳐 관측된 결과를 나타내는 패널 데이터를 보여주고 있다. 이 그림을 통해 패널 데이터가 시계열 데이터와 횡단면 데이터의 특성을 모두 가지고 있음을 확인할 수 있다.

단, 패널데이터의 외형을 띠고 있다고 하더라도 OLS와 비교했을 때, 패널 분석보다 OLS 분석이 더 적합하다고 검증되는 경우가 있다. 따라서 분석 방법을 결정함에 있어서 보다 적절한 분석모형을 확인하는 추가적인 검증 절차가 필요하다. 이에 대한 내용은 분석방법 파트에서 후술토록 하겠다.

2) 요약통계량

(1) summarize

경영학 논문에서는 분석 결과를 보여주기에 앞서, 수집된 데이터의 현황을 설명해야만 한다. 데이터를 분석하기 전에 데이터의 형태와 범주, 즉 관측치의 수와 평균을 비롯하여 최소값과 최대값 등을 파악하는 것은 주어진 데이터에 대한 개략적인 이해뿐만 아니라, 앞으로 행해질 분석의 방향성을 제시하는데 도움이 된다. 또한 통계분석을 통해 종속변수와 독립변수 간 인과관계를 밝히기 앞서 수집된 기초 데이터가 지시하는 변수들의 함의를 파악하는 것이 필요하다. 이를 손쉽게 가능토록 해주는 명령어가 바로 'summarize'이다. 다음에 제시된 그림은 연습용 예제 파일 '2_1.dta'의 Customer_satisfaction 변수를 명령어 'summarize'를 이용해 분석한 결과이다.

명령어

summarize 독립변수1

```
. summarize  Customer_satisfaction

    Variable |        Obs        Mean    Std. Dev.       Min        Max
-------------+---------------------------------------------------------
Customer_s~n |        773    4.573739    1.045157          1          7
```

제시된 바와 같이, 명령어 'summarize'를 이용하면, 해당 변수에 대한 Obs(관측치의 수), Mean(평균), Std. Dev.(표준편차), Min(최소값), Max(최대값)을 한번에 확인할 수 있다. 이 때, 명령어 'summarize'는 'su'로 줄여서 입력하더라도 STATA 통계패키지에서 'summarize'로 인식하여 동일한 분석결과를 도출해 낸다.

명령어 'summarize'의 경우, detail 옵션을 통해 percentiles(백분위수)를 포함하여, Variance(분산), Skewness(왜도), Kurtosis(첨도)까지 확인할 수 있다. 이는 명령어 'summarize' 뒤에 콤마(,)와 한 칸의 띄어 쓰기 후, 'detail'을 추가로 입력하는 과정을 통해 가능하다.

명령어

summarize 독립변수1, detail

```
. summarize  Customer_satisfaction

    Variable |        Obs        Mean    Std. Dev.       Min        Max
-------------+---------------------------------------------------------
Customer_s~n |        773    4.573739    1.045157          1          7

. summarize  Customer_satisfaction, detail

                        고객만족도
-------------------------------------------------------------
      Percentiles      Smallest
 1%         1.75              1
 5%         2.75              1
10%         3.25              1       Obs                 773
25%            4           1.25       Sum of Wgt.         773

50%          4.5                      Mean           4.573739
                        Largest       Std. Dev.      1.045157
75%         5.25              7
90%            6              7       Variance       1.092353
95%         6.25              7       Skewness      -.2648331
99%            7              7       Kurtosis       3.504538
```

해석

Skewness(왜도) 값은 −∞ ~ ∞ 사이의 분포를 보인다. 값이 '0'일 경우 좌우대칭인 분포를 의미하며, 일반적으로는 왼쪽 꼬리가 길 경우 음의 값을, 오른쪽 꼬리가 길 경우 양의 값을 가진다. Kurtosis(첨도) 값은 '3'을 기준점으로, 값이 '3'보다 클 경우 정규분포에 비해 두터운 꼬리를, 값이 '3'보다 작을 경우 정규분포에 비해 더 가는 꼬리의 형태를 갖는다.

(2) Mean

평균(mean)이란 데이터 분석에 쓰이는 가장 기본적인 통계량(statistic)이라 할 수 있다. 매우 기초적인 것임에도 그 중요성을 쉽게 간과할 수 없는 것이 바로 평균인데, 이는 명령어 'mean'을 통해 보다 자세하게 확인할 수 있다. 다음은 변수 Customer_satisfaction에 대한 명령어 mean의 결과값이다.

명령어

mean 독립변수1

```
. mean Customer_satisfaction

Mean estimation                       Number of obs    =      773

--------------------------------------------------------------
             |       Mean   Std. Err.     [95% Conf. Interval]
-------------+------------------------------------------------
Customer_s~n |   4.573739   .0375917      4.499945    4.647533
--------------------------------------------------------------
```

명령어 'mean'은 명령어 'summarize'와는 다르게, Mean(평균)과 Std. Err.(표준오차), 그리고 모평균에 대한 95% 신뢰구간을 구할 수 있게 해준다. 뿐만 아니라, 만약 해당 변수가 범주화된 변수일 경우, 범주 별로 따로 모아 평균 관련 통계량을 분석해 내는 것이 가능하다. 이는 명령어 mean 뒤에 콤마(,)와 한 칸의 띄어쓰기 후, 'over'(범주변수 명)를 추가로 입력하는 과정을 통해 가능하다. 다음에 나오는 예시 자료는 1(남자)과 2(여자)로 범주화된 변수 'sex'를 over 다음에 추가적으로 입력한 결과이다.

명령어

mean 독립변수1, over(변수명)

```
. mean Customer_satisfaction, over(sex)

Mean estimation                       Number of obs    =      773

            1: sex = 1
            2: sex = 2
```

```
--------------------------------------------------------------
        Over |       Mean   Std. Err.     [95% Conf. Interval]
-------------+------------------------------------------------
Customer_s~n |
           1 |   4.561835   .0548369      4.454188    4.669482
           2 |   4.585013   .0516374      4.483646    4.686379
--------------------------------------------------------------
```

(3) 명령어 'tsset'

명령어 'tsset'을 통해 데이터를 미리 정렬해 놓는 것은 STATA 통계 프로그램에서 패널분석을 실행할 때 가장 우선되어야 할 작업이다. 지금부터는 연습용 예제 파일 '2_2.dta'를 사용하도록 하겠다.

명령어 'tsset'의 명령문 형태는 'tsset 패널변수(id) 시간변수(time variable)'와 같다. 이때 패널변수는 반드시 '숫자변수(numeric variable)'여야 하며, 만약 '문자변수(string variable)'라면 앞의 '기초명령어'부분에서 다룬 명령어 'encode'를 확인하여 숫자변수로의 변환 방법을 숙지하길 바란다. 또한 이때 변수 이름의 대문자, 소문자 여부를 잘 확인하여 입력하도록 한다. 정확히 일치하는 변수 이름을 입력하여야만 인식된다. 참고로 STATA의 'Data Editor' 창에서 문자변수에 해당하는 수치들은 빨간색으로 표시되므로 이를 숫자변수와 문자변수를 구분하는 기준으로 삼아도 좋을 것이다. 경영학 연구에서는 패널변수 데이터 주체로 기업이나 개인이 상정되며(여기서는 id라는 이름으로 저장되어 있는 상태이다. 이를 연구자가 firm 또는 person이라는 이름으로 저장하기도 한다), 연도는 흔히 year로 명기되곤 한다.

명령어

tsset 데이터 주체 연도

```
. tsset id year
       panel variable:  id (unbalanced)
        time variable:  year, 2008 to 2012
                delta:  1 unit
```

명령어 'tsset'은 앞에서 밝힌바와 같이 패널분석에 앞서 가장 우선 실행되는 작업이며, 이를 통해 패널 변수(panel variable)와 시간 변수(time variable)를 정렬하여 패널자료임을 인식시키게 된다.

3) 가설검정 – 모평균(population mean) 검정

가설검정을 다루고 있는 논문들을 살펴보면, 대다수의 논문에서 모평균 검정을 통해 가설을 검증하고 있음을 확인할 수 있다. 또한, STATA의 총 여섯 가지 모평균 검정 중에서도 특히 Two-sample mean-comparison test와 Two-group mean-comparison test가 자주 사용되고 있다. 따라서 본 장에서는 앞의 두 가지 모평균 검정 방법에 대해 집중적으로 설명한다. 또한, 또 다른 통계패키지 SPSS에서 동일한 가설 검정이 가능함을 밝히고 그 차이점을 설명함으로써 STATA 사용의 편리성을 강조하고자 한다.

모평균 검정에 있어서는 STATA 통계패키지의 Command 창에 직접 명령어를 입력하는 것보다 프로그램 상의 메뉴를 활용하는 것이 보다 편리하므로, 여기서는 메뉴를 이용하는 방법을 보이도록 하겠다.

(1) Two-sample mean-comparison test

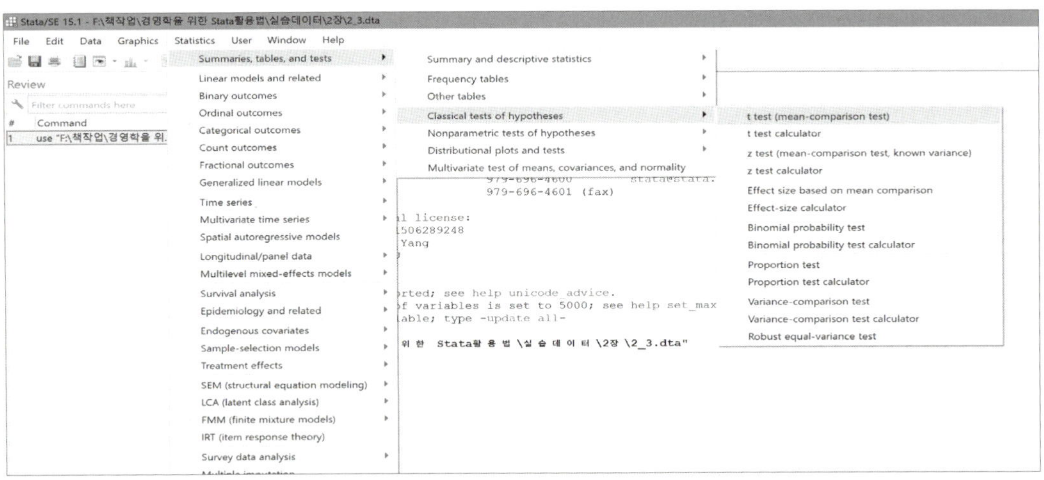

위에 나타난 그림과 같은 메뉴 선택을 통해, 예전 버전에서는 Two-sample mean-comparison test를 직접 실행했지만, Stata 15 버전에서는 summaries, tables, and tests → Classical tests of hypotheses → t test(mean-comparison test)를 차례로 선택하

게 되면 다시 다음과 같은 창이 열린다.

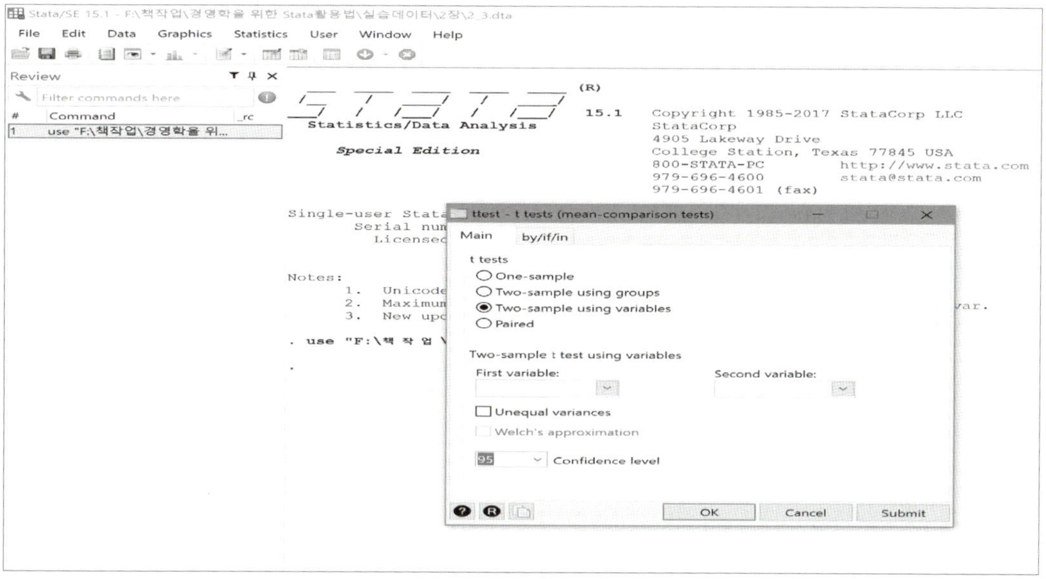

열린 창에서 세 번째에 위치하고 있는 “Two-sample using variables”를 선택하게 되면, 창 화면이바뀐다. 위 그림을 보면 알 수 있듯v이, 사용되는 두 변수는 독립된 변수여야만 한다. 연습용 예제 파일 “2_3.dta”을 실행하도록 하자. 본 데이터 파일에서 서로 독립된 관계로 보이는 두 가지 변수 ‘islam_roa’와 ‘general_roa’ 각각을 ‘First variable’과 ‘Second variable’로 선택하여 검정을 실시하여 보았다. 실행결과는 다음과 같다.

```
. ttest islam_roa == general_roa, unpaired

Two-sample t test with equal variances
------------------------------------------------------------------------------
Variable |     Obs        Mean    Std. Err.   Std. Dev.   [95% Conf. Interval]
---------+--------------------------------------------------------------------
islam_~a |      88    3.663068    .5391903    5.058053    2.591369    4.734767
genera~a |      88    2.352727    .1436429     1.34749    2.067222    2.638233
---------+--------------------------------------------------------------------
combined |     176    3.007898    .2825737    3.748764    2.450207    3.565589
---------+--------------------------------------------------------------------
    diff |            1.310341    .5579959                .2090292    2.411653
------------------------------------------------------------------------------
    diff = mean(islam_roa) - mean(general_roa)                    t =   2.3483
```

```
Ho: diff = 0                                      degrees of freedom =       174

    Ha: diff < 0                 Ha: diff != 0                 Ha: diff > 0
 Pr(T < t) = 0.9900         Pr(|T| > |t|) = 0.0200          Pr(T > t) = 0.0100
```

해석

앞서 설명하였던 절차를 따르면 위와 같이 "ttest islam_roa == general_roa, unpaired"가 입력되면서, 두 변수(islam_roa와 general_roa)의 결과가 제시된다. 결과를 살펴보면 각 변수들의 관측치(Obs), 평균값(Mean), 표준오차(Std. Err.) 표준편차(Std. Dev.), 95% 신뢰구간(95% Conf. Interval) 등을 일차적으로 보여주고, 두 변수의 결합값(combined), 평균 간 차이값(diff)의 결과치가 추가적으로 제시된다. 결과를 해석하면, 가운데 제시된 결과인 Pr(|T| 〉 |t|) = 0.0100*를 통해 1% 유의수준에서 귀무가설 "각 변수의 평균 차이가 0이다"를 기각한다. 간단하게 그림으로 이해하자면 다음과 같다.

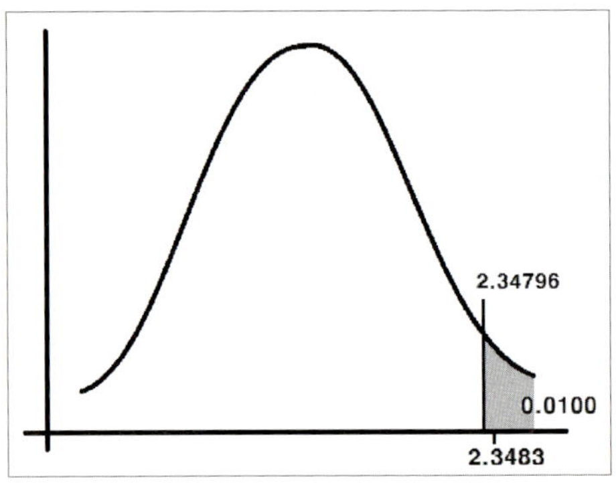

Excel에서 위 결과의 자유도에 대한 1% 유의수준의 기준치를 살펴본 결과, 기각치는 2.34796이다. 결과는 2.3483이므로 이는 해당 귀무가설이 1% 유의수준에서 기각된다고 말할 수 있다.

(2) Two-group mean-comparison test

본 검정 방법은 앞에서 설명한 'Two-sample mean-comparison test' 와 그 결과값은

* 참고로, Excel 프로그램에서 TDIST 명령어를 사용해 확인해본 결과, 단측검정의 값은 0.00999로 나오게 되는데, 이같은 차이가 나는 이유는 STATA에서 결과의 소수점 다섯 번째 자리에서 반올림 한 것으로 보인다.

동일하지만, 해당 검정을 실행하는 데 사용되는 데이터의 형태가 다르다. 따라서 추가적인 설명을 통해 본 검정을 위한 메뉴 선택과, 데이터의 차이, 그리고 데이터 변환 방법에 대해 설명하고자 한다.

Two-group mean-comparison test와 앞선 가설 검정 방법과의 차이점은 실행하는 데 이용되는 데이터의 배열 형태가 다르다는 점이다. Two-sample mean-comparison test의 경우에는 여러 개의 변수가 병렬적으로 나열되어 있는 wide type의 데이터를 사용하고, Two-group mean-comparison test의 경우에는 하나의 변수와 이를 판별해주는 범주 변수로 구성된 long type의 데이터를 사용하고 있다. STATA에서는 wide type의 데이터를 명령어 'stack'을 통해 long type의 데이터로 전환시키는 것이 가능하며, 다음에 나오는 데이터 자료를 통해 Two-sample mean-comparison test에서 사용한 wide type의 데이터를 long type 데이터로 변환하여 검정을 실행하는 방법을 시현하도록 하겠다.

SPSS 통계패키지에는 '집단변수'를 구분하여 분석해 주는 기능이 있다. SPSS의 '집단변수 구분'과 같은 기능을 가능하게 해주는 STATA 명령어가 바로 'stack'이라 할 수 있다. 명령어 'stack'의 사용은 "stack 변수1 변수2, into(새로 생성될 변수이름)"과 같은 명령문의 형태로 사용 가능하다.

명령어

stack 독립변수1 독립변수2, into(새로 생성될 변수명)

```
. ttest islam_roa == general_roa, unpaired

Two-sample t test with equal variances
------------------------------------------------------------------------------
Variable |     Obs        Mean    Std. Err.   Std. Dev.   [95% Conf. Interval]
---------+--------------------------------------------------------------------
islam_~a |      88    3.663068    .5391903    5.058053    2.591369    4.734767
genera~a |      88    2.352727    .1436429     1.34749    2.067222    2.638233
---------+--------------------------------------------------------------------
combined |     176    3.007898    .2825737    3.748764    2.450207    3.565589
---------+--------------------------------------------------------------------
    diff |            1.310341    .5579959                .2090292    2.411653
------------------------------------------------------------------------------
    diff = mean(islam_roa) - mean(general_roa)                    t =   2.3483
Ho: diff = 0                                     degrees of freedom =      174
```

```
    Ha: diff < 0                 Ha: diff != 0                 Ha: diff > 0
 Pr(T < t) = 0.9900         Pr(|T| > |t|) = 0.0200          Pr(T > t) = 0.0100

. stack  islam_roa  general_roa, into(roa)
Warning:  data in memory will be lost.
          Press any key to continue, Ctrl-Break to abort.
.
```

해석

위 그림은 기존 연습용 데이터 파일의 변수 'islam_roa' 와 변수 'general_roa' 를 명령어 'stack'을 통해 통합하는 과정이다. 다음에 나오는 그림들을 통해 명령어 'stack' 사용 이전의 변수 모습과 사용 이후의 변수 모습을 살펴보자.

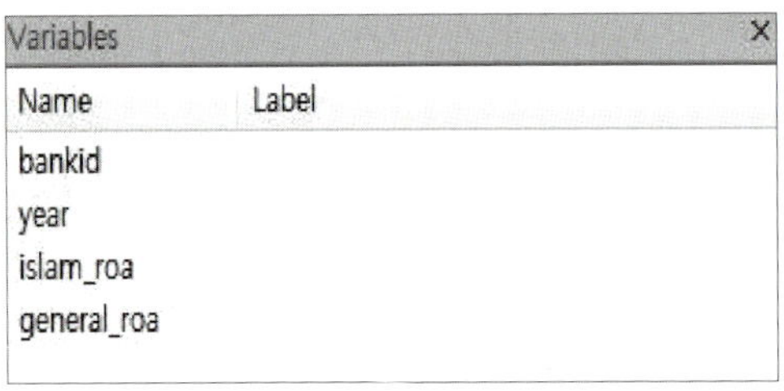

〈명령어 'stack' 사용 이전의 변수 모습〉

⇒

〈명령어 'stack' 사용 이후의 변수 모습〉

명령어 'stack'을 통해 하나의 변수 'roa'로 데이터가 통합되었다면 이제 'Two-group mean-comparison test'를 실행해보자.

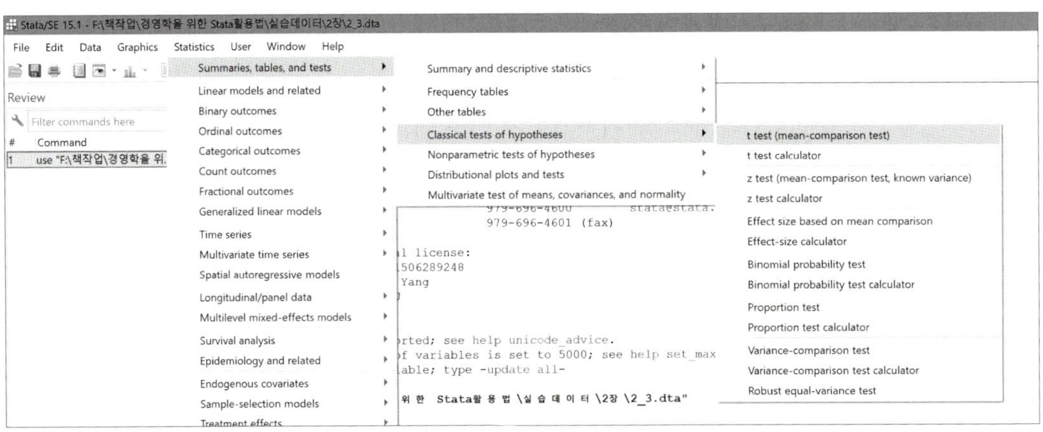

위에 나타난 그림과 같은 메뉴 선택을 통해, 열린 창에서 두 번째에 위치하고 있는 "Two-sample using groups"를 실행한다. 그러면 창의 모양이 바뀌면서 다음과 같이 나타난다.

Variable name 으로는 'roa' 변수를, Group variable name으로는 범주 변수, 즉 '_stack' 변수를 선택하도록 하자.

다음은 Two-group mean-comparison test를 실행한 결과이다.

```
. ttest roa, by(_stack)

Two-sample t test with equal variances
------------------------------------------------------------------------------
   Group |     Obs        Mean    Std. Err.   Std. Dev.   [95% Conf. Interval]
---------+--------------------------------------------------------------------
       1 |      88    3.663068    .5391903    5.058053    2.591369    4.734767
       2 |      88    2.352727    .1436429     1.34749    2.067222    2.638233
---------+--------------------------------------------------------------------
combined |     176    3.007898    .2825737    3.748764    2.450207    3.565589
---------+--------------------------------------------------------------------
    diff |            1.310341    .5579959                .2090292    2.411653
------------------------------------------------------------------------------
    diff = mean(1) - mean(2)                                      t =   2.3483
Ho: diff = 0                                     degrees of freedom =      174

    Ha: diff < 0                 Ha: diff != 0                 Ha: diff > 0
 Pr(T < t) = 0.9900         Pr(|T| > |t|) = 0.0200          Pr(T > t) = 0.0100
```

제시된 데이터 결과값을 살펴보면 알 수 있듯이, Two-sample mean-comparison test와 Two-group mean-comparison test의 결과값은 동일하다. 이 같은 사실을 통해, STATA 사용자는 주어진 데이터의 형태에 따라 가설검정의 방법을 선택하는 것이 가능하다는 것을 알 수 있다.

PART III 스킨십

1. 변수들의 뿌리를 찾아서 (회귀분석)

질문 가장 간편하게 통계처리를 해볼 수 있는 것이 있다면 무엇일까요?

변수들 간의 상관관계를 산포도로 간략하게 확인하였다면, 회귀분석을 통해 변수 간의 인과관계를 명확히 밝혀야 한다. 회귀분석은 독립변수들이 종속변수에 영향을 미치는지를 확인하는 기초적인 분석모형이다. STATA에서는 원하는 독립변수들과 종속변수 간 인과관계를 추정해준다. 변수들은 회귀분석을 통해 기초적인 정체성을 부여 받게 된다.

회귀분석을 하기 위해서는 다음과 같은 기본 절차가 필요하다: 1) 우선 변수들의 단위를 통일시키고, 2) 변수간의 독립성을 확인해야 한다. 변수간의 단위통일은 %단위로 통일시키거나, 지나치게 큰 단위에 대해 로그를 취하는 방식으로 해결한다. 각 변수의 변화 폭이 지나치게 상이할 경우, 추정된 관계는 신뢰성이 떨어진다. 변수간의 독립성은 두 변수의 표본상관계수를 계산해서 확인할 수 있다.

1) 논문예제

The Effect of Ownership Structure on Corporate SocialResponsibility: Empirical Evidence from Korea

Won Yong Oh • Young Kyun Chang • Aleksey Martynov

Journal of Business Ethics 104, 283-297.
Received: 30 August 2010 / Accepted: 19 May 2011 / Published online: 4 June 2011

Abstract Relatively little research has examined theeffects of ownership on the firms' corporate socialresponsibility (CSR). In addition, most of it has beenconducted in the Western context such as the U.S. andEurope. Using a sample of 118 large Korean firms, wehypothesize that different types of shareholders will havedistinct motivations toward the firm's CSR engagement.We break down ownership into different groups of shareholders:institutional, managerial, and foreign ownerships.Results indicate a significant, positive relationship betweenCSR ratings and ownership by institutions and foreigninvestors. In contrast, shareholding by top managers isnegatively associated with firm's CSR rating while outsidedirector ownership is not significant. We conclude thatdifferent owners have differential impacts on the firm'sCSR engagement.

Keywords Ownership structure ·Corporate socialresponsibility ·Korea

Theory and Hypotheses

H1a.Institutional ownership is positively associated withthe CSR rating of a firm.
H1b.The positive relationship between institutionalownership and CSR rating is stronger for long-term orientedinstitutional investors than short-term oriented institutionalinvestors.
H2a.Top management ownership is negatively associatedwith the CSR rating of the firm.
H2b.Outside director ownership is positively associatedwith the CSR rating of a firm.
H3.Foreign ownership is positively associated with theCSR rating of a firm.

Table 1 Descriptive statistics of shareholders (%)

	Mean	Median	S.D.	Max.	Min.
Institution_Pension Funds	17.17	11.62	15.40	60.86	0.00
Institution_Insurance	0.43	0.00	1.24	7.69	0.00

Institution_Securities	2.86	0.36	7.15	53.05	0.00
Institution_Banks	5.58	4.08	6.50	35.18	0.00
TMT ownership	0.11	0.09	0.11	0.52	0.00
Outside director ownership	0.00	0.00	0.00	0.02	0.00
Foreign ownership	13.71	6.00	16.69	90.00	0.00

Table 2 Descriptive statistics and correlations

	Mean	S.D.	1	2	3	4	5	6	7	8	9	10	11
Firm age	18.80	9.61											
Log sales	13.52	2.53	−0.12										
ROA	4.50	5.03	−0.06	−0.06									
Debt ratio	49.87	31.26	−0.02	0.56**	−0.36**								
Institution_ Pension Funds	17.17	15.40	−0.07	0.14	0.02	0.04							
Institution_ Insurance	0.43	1.24	−0.12	0.22*	0.12	0.00	−0.03						
Institution_ Securities	2.86	7.15	−0.13	0.17	0.08	−0.00	−0.13	0.40**					
Institution_ Banks	5.58	6.50	0.13	0.23*	−0.21*	−0.01	0.02	0.06	−0.02				
TMT Ownership	0.11	0.11	−0.09	−0.09	0.13	−0.05	−0.37*	−0.13	−0.13	−0.21*			
Outside director ownership	0.00	0.00	−0.07	−0.17	−0.02	−0.09	−0.14	−0.06	−0.07	−0.12	0.09		
Foreign ownership	13.71	16.69	−0.09	0.21*	0.40**	−0.17	0.03	0.16	0.02	0.09	−0.15	−0.01	
CSR ratings	47.46	2.46	0.06	0.17	0.07	−0.05	0.20*	0.06	0.06	0.31**	−0.31**	−0.11	0.33**

* P < 0.05, ** P < 0.01 level, two-tailed coefficient test (N = 118)

Table 3 Regression analyses(CSR rating is the dependentvariable)

Variable	Model 1	Model 2	Model 3	Model 4	Model 5
Metal/steel/chemistry industry	−0.026 (0.533)	0.081 (0.513)	0.066 (0.521)	−0.008 (0.528)	−0.073 (0.518)
Food/textile/paper industry	1.155* (0.564)	1.201* (0.541)	1.128* (0.542)	1.112* (0.545)	0.154* (0.547)
Firm age	0.021 (0.024)	0.022 (0.023)	0.019 (0.023)	0.015 (0.023)	0.024 (0.023)
Log sales	0.446*** (0.120)	0.315** (0.122)	0.244† (0.132)	0.386** (0.119)	0.320* (0.125)
ROA	−0.014 (0.050)	−0.013 (0.048)	0.012 (0.050)	0.004 (0.048)	−0.059 (0.051)
Debt ratio	−0.024* (0.011)	−0.020† (0.011)	−0.014 (0.011)	−0.023* (0.011)	−0.017 (0.011)
Institutional ownership (overall)		4.137** (1.298)			

Institution_Pension Funds			0.032* (0.014)		
Institution_Insurance			0.087 (0.207)		
Institution_Securities			0.078† (0.040)		
Institution_Banks			0.086* (0.038)		
Managerial ownership Top management team (TMT)				−6.328** (2.066)	
Outside director				−83.885 (372.275)	
Foreign ownership					0.041** (0.015)
Intercept	42.089*** (1.503)	42.476*** (1.447)	42.911*** (1.504)	43.551*** (1.557)	42.998*** (1.497)
R^2	0.147**	0.222***	0.245***	0.219***	0.203***
$\triangle R^2$		0.075**	0.098*	0.072**	0.056**

Note: Standard errors are inparentheses. R−squaresignificance tests are based onF values

† P < 0.1, * P < 0.05, ** P < 0.01, *** P < 0.001level, two−tailed coefficient test(N = 118)

2) 실습 예제

(1) 로그를 활용한 단위통일

앞서 새로운 변수생성 명령어인 'gen'을 설명하면서, 로그를 취한 변수를 생성하는 방법에 대해서는 간략하게 소개한 바 있다. 그러나 어떤 변수에 로그를 취해야 하는지에 대한 문제가 발생한다. 첫 번째로 로그사용의 대상이 되는 변수는 수치가 지나치게 큰 변수들이다. 예를 들어 기업의 자산, 배당성향, 자본수익률을 독립변수로 설정할 경우, 배당성향과 자본수익률은 단위가 %인 반면, 자산은 '억'단위로 된 금액으로 표시되어 있다. 이 경우, 배당성향과 자본수익률의 변화폭과 연도별 자산의 변화폭이 지나치게 차이가 난다. 따라서 종속변수의 변화폭을 설명함에 있어서 독립변수 간의 원천적인 비대칭성 문제가 발생한다. 즉, 화폐단위의 거시지표나 재무항목 가운데 비율 또는 %로 표시되지 않은 재무항목들에 대해서는 분석에 앞서 로그를 설정해주는 것이 요구된다. 로그를 취함으로써 지나치게 큰 수치의 변화폭을 관찰하는 대신, 해당수치의 지수의 변화폭을 관찰하는 엄밀성을 획득할 수 있다.

(2) 다중공선성(multicollinearity) 확인: pwcorr을 활용한 상관계수 비교

선형 회귀모형의 계수들이 추정되기 위해서는 "상수항을 포함하여 설명변수들 간에 완전한 선형관계가 없어야 한다"라는 가정을 세워야 한다. 연속형 설명변수들이 서로 강한 선형관계를 가질 때에는 위 가정이 위배된다. 이를 다중공선성 문제라고 한다.

변수들의 단위를 일정하게 한 다음 순서는 독립변수간의 독립성을 확인하는 것이다. 독립변수들이 각자 대표하는 것이 서로 동일한 것이라면 독립변수들이 종속변수에 미치는 영향을 비교하는 것이 무의미하다. 이는 곧 독립변수들 간에 내생성이 존재한다는 의미이다. 이처럼 변수들의 독립성을 확인하는 명령어가 'pwcorr'이다. 그러나 이것은 두 변수의 일반적인 관계가 아니라 선형관계를 측정하는 것이므로 유의해야 한다.

명령어

pwcorr 독립변수1 독립변수2 독립변수3 독립변수4 독립변수5 독립변수6

상관계수(correlation coefficient)는 두 변수 간 상관관계(correlation)를 측정하는 대표적인 수단이다. 예를 들어 산포도에서 살펴본 'GDP(국내총생산)' 변수와 'HighTechExport(첨단기술수출액)'의 경우, 상관성이 매우 크다는 것을 확인할 수 있었다. 'pwcorr'을 활용해서 비교해보자 (연습용 데이터 OLS_1.dta). 연습용 파일 'OLS_1.dta'을 불러온 후에, "pwcorr GDP HighTechExport"을 입력하면 독립변수들 간의 상관계수가 산출된다.

```
. use OLS_1, clear

. pwcorr GDP HighTechExport

             |      GDP HighTe~t
-------------+------------------
         GDP |   1.0000
HighTechEx~t |   0.8765   1.0000
```

해석

'GDP'변수와 'HighTechExport(첨단기술수출액)'변수는 단순상관관계가 87%(0.8765)로 나왔다. 이에 산포도에서 확인할 수 있었던 것처럼 두 변수는 거의 동일한 관측치를 갖는다고 말할 수 있다. 상관계수는 −1과 1 사이의 값을 갖는다. −1에 가까울수록 음의 상관관계가 뚜렷하고, 1에 가까울수록 양의 상관관계가 뚜렷하다. 다중공선성 검정에서는 0.70(70%)이 절삭치로 사용되고 있다. 이 수치를 상회하는 경우, 독립변수로서의 자격을 잃게 된다. 이 경우, 두 변수를 모두 소거하거나, 둘 중 한 변수를 소거함으로써 다중공선성 문제를 해결할 수 있다. 예를 들어 절삭치를 상회하는 GDP와 HighTechExport의 경우 둘 다 소거하거나, 분석에 꼭 필요한 GDP를 살리고 HighTechExport만을 소거할 수 있다. 이는 연구자 선택의 몫이다(VIF 내용 참조).

이번에는 임의의 데이터가 아닌 실전 데이터 변수들의 상관관계를 분석해보자. 'OLS_2.dta'데이터를 불러온 후, 변수들의 독립성을 확인하여보자.

명령어

pwcorr Interaction_quality Output_quality PhysicialEnviron_quality Customer_satisfaction Homebias

```
. use OLS_2, clear

. pwcorr Interaction_quality Output_quality PhysicialEnviron_quality Customer_satis-
faction Homebias

             | Intera~y Output~y Physic~y Custom~n Homebias
-------------+---------------------------------------------
Interactio~y |   1.0000
Output_qua~y |   0.5544   1.0000
PhysicialE~y |   0.6071   0.4657   1.0000
Customer_s~n |   0.6586   0.5865   0.5944   1.0000
    Homebias |   0.3799   0.4477   0.3725   0.4539   1.0000
```

해석

결과에 따르면 상관계수가 모두 절삭치(0.70)를 하회함으로써 다중공선성 문제가 없음을 확인할 수 있다. 'Customer_Loyalty'변수는 종속변수이므로 투입하지 않았다. 궁극적으로 각 변수들의 독립성이 존재하기 때문에 회귀분석에 상위 다섯 개 변수를 모두 투입할 수 있다고 판단된다.

(3) 다중공선성(multicollinearity) 확인: VIF 검정

명령어

qui reg 종속변수 독립변수1 독립변수2 독립변수3

vif

일반적으로 경영학 연구에서는 앞서 다룬 피어슨상관계수 검정과 더불어, VIF(variance inflation factor) 측정을 통해 다중공선성 문제를 재확인한다. VIF 측정은 두 개의 명령어를 통해 이루어진다. 첫 번째 명령어인 "qui reg 종속변수 독립변수1 독립변수2 …"를 입력한 후에, "vif"를 입력해주면 된다(실습데이터 OLS_2.dta).

```
. use OLS_2, clear

. qui reg Customer_Loyalty Interaction_quality Output_quality PhysicialEnviron_qual-
ity Customer_satisfaction Homebias

. vif

    Variable |       VIF       1/VIF
-------------+----------------------
Customer_s~n |      2.26    0.442741
Interactio~y |      2.14    0.467868
PhysicialE~y |      1.80    0.555393
Output_qua~y |      1.75    0.571698
    Homebias |      1.36    0.735463
-------------+----------------------
    Mean VIF |      1.86
```

해석

종속변수(Customer_Loyalty)에 대하여 독립변수들의 VIF값을 보여주는데, 일반적으로 VIF가 10보다 크거나, Mean VIF가 1보다 상당히 크면 다중공선성 문제를 의심해야 한다. 위 결과에서는 다행히도 다섯 개의 독립변수 모두 10이하의 수치를 보이고 있다. 또한, Mean VIF 역시 1.86으로 1에 근접한 수치를 보이고 있다. 만약 VIF값이 적정치를 갖지 않는다면, 모든 변수의 VIF 값이 10보다 작아질 때까지 가장 큰 VIF를 보이는 변수부터 차례로 소거해야 한다.

(4) 회귀모형

앞서 로그를 활용하여 단위를 통일하는 것, 'pwcorr'을 사용해서 다섯 개의 변수들이 독립적으로 존재하는 것을 확인하는 법, VIF로 다중공선성 문제를 재확인하는 법을 배웠다. 위와 같은 절차를 모두 통과하였다면, 회귀분석을 통해 독립변수들과 종속변수의 관계를 분석하기 위한 모형의 기본적인 토대를 형성한 것이다. 이제 기초적인 회귀모형을 실습해보자.

간략하게 선형회귀모형을 설명하자면, 단순선형회귀모형과 다중선형회귀모형이 있다. 단순회귀모형은 종속변수와 독립변수가 각각 한 개이고, 다중선형회귀모형은 독립변수가 여러 개인 경우를 의미한다. 데이터 분석에 있어서 가장 널리 쓰이는 방법이 최소제곱법(OLS: ordinary least squares)을 활용한 회귀분석이다.

(단순선형회귀모형)	(다중선형회귀모형)
$Y = a + \beta X + e$	$Y = a + \beta_1 X_1 + \beta_2 X_2 + \beta_3 X_3 + \cdots + e$
Y = 종속변수 a = 상수항 β = 모수(parameter) X = 독립변수 e = 오차항	

회귀분석의 명령어는 'reg'로, regression의 약자이다. 명령어 창에 단순선형회귀모형의 경우 "reg 종속변수 독립변수"를, 다중선형회귀모형의 경우 "reg 종속변수 독립변수1 독립변수2 …"를 투입하면 된다.

명령어

reg 종속변수 독립변수1 독립변수2 독립변수3

단순선형회귀모형은 종속변수인 Y값의 변화가 독립변수인 X값의 변화만으로 충분히 설명된다는 의미를 가진다. 반면 다중선형회귀모형은 종속변수인 Y값의 변화가 독립변수인 X_1, X_2,X_3 만으로 충분히 설명된다는 의미이다. 여기서 주목할 것은 두 모형 모두 오차항을 투입함으로써 선택된 독립변수 외에 잠재하는 독립변수의 존재를 밝히고 있다는 것이다. 다만, 이 오차항은 계수가 0의 값을 갖는다는 가정하에 투입된 것이다 (이로써 투입된 독립변수 외 다른 요인은 Y값의 변화를 설명하지 않는다는 것을 의미). 따라서 선택된 독립변수만으로 종속변수인 Y값의 변화가 충분히 설명된다는 구조이다. 여기서 주목할 것은 "선형(Linear)"관계라는 개념은 Y와 X의 변화 간 관계를 의미하는 것이 아니라 X의 변화에 따른 X의 모수(β =parameter)와 Y 간 관계를 의미한다는 점이다. 따라서 변수의 제곱항(X^2)이 투입된 회귀모형이라고 해서 Y와 X간 관계가 비선형(non-linear)이라고 표현하는 것은 잘못되었다. Y와 X간 관계가 비선형이기 위해서는 X의 모수인 β가 β^2 이어야 한다.

이번에는 앞서 소개하였던 회귀분석 논문인 Oh et al.(2011)에서 사용되었던 변수들을 DART 자료와 'KISVALUE' 그리고 'FnGuide' 등에서 데이터를 받아 아홉 개의 국내 기업을 대상으로 약식으로 만들어보았다. 연습 데이터 'OLS_3.dta'를 불러와서 실습해보자. 데이터를 불러온 후에(use OLS_3.dta, clear), gen 명령어를 사용하여 Sale 변수의 로그값을 취한 새로운 변수를 생성한다(gen LN_Sales = ln(Sales)). 다음에는 피어슨 상관관계를 확인하고(pwcorr roa debtratio institutionalinvestors_5per_nu TMT_stock_ratio_B foreign_insti_investor_ratio), VIF로 다중공선성을 재확인한다(①qui reg LN_Sales roa debtratio institutionalinvestors_5per_nu TMT_stock_ratio_A foreign_insti_investor_ratio ②vif). 이렇게 회귀분석 전에 필요한 절차를 마친 후에, 본격적으로 회귀분석을 실시한다(reg LN_Sales roa debtratio institutionalinvestors_5per_nu TMT_stock_ratio_B foreign_insti_investor_ratio).

```
. use OLS_3.dta, clear

. gen LN_Sales = ln(Sales)

. pwcorr roa debtratio institutionalinvestors_5per_nu TMT_stock_ratio_B foreign_in-
sti_investor_ratio

             |      roa debtra~o instit~u TMT_st~B foreig~o
-------------+---------------------------------------------
         roa |   1.0000
   debtratio |  -0.5023   1.0000
institutio~u |   0.4809  -0.2633   1.0000
TMT_stock_~B |  -0.0840  -0.1372   0.4475   1.0000
foreign_in~o |   0.0861  -0.0595   0.2940   0.2307   1.0000
```

```
. qui reg LN_Sales roa debtratio institutionalinvestors_5per_nu TMT_stock_ratio_B
foreign_insti_investor_ratio

. vif

    Variable |       VIF       1/VIF
-------------+----------------------
         roa |      1.91    0.524638
   debtratio |      1.88    0.530627
institutio~u |      1.52    0.657213
TMT_stock_~B |      1.40    0.715546
foreign_in~o |      1.10    0.908771
-------------+----------------------
    Mean VIF |      1.56

. reg LN_Sales roa debtratio institutionalinvestors_5per_nu TMT_stock_ratio_B for-
eign_insti_investor_ratio

      Source |       SS       df       MS              Number of obs =      80
-------------+------------------------------           F(5,    74) =   79.30
       Model |  266.346112     5  53.2692225           Prob > F      =  0.0000
    Residual |  49.7102076    74  .671759563           R-squared     =  0.8427
-------------+------------------------------           Adj R-squared =  0.8321
       Total |   316.05632    79  4.00071291           Root MSE      =  .81961

------------------------------------------------------------------------------
    LN_Sales |      Coef.   Std. Err.      t    P>|t|     [95% Conf. Interval]
-------------+----------------------------------------------------------------
         roa |  -.0366827   .0344307    -1.07   0.290    -.1052874    .0319221
   debtratio |   .0147811   .0025001     5.91   0.000     .0097995    .0197626
institutio~u |   2.27e-07   1.47e-08    15.43   0.000     1.98e-07    2.56e-07
TMT_stock_~B |  -5.35e-08   3.17e-08    -1.69   0.096    -1.17e-07    9.63e-09
foreign_in~o |  -.7111283   1.665929    -0.43   0.671    -4.030564    2.608307
       _cons |   25.52533   .4629668    55.13   0.000     24.60285    26.44781
------------------------------------------------------------------------------
```

(5) 회귀모형 해석

위 결과표에서 우리가 유념해서 보아야 할 수치는 'R-squared'값과 'P>|t|'값이다. 이외에도 'Coef.'값이나 't'값의 부호로 독립변수의 변화가 종속변수의 변화를 설명하는 정도와 독립변수와 종속변수 간 상관관계의 기울기가 정(+)의 방향인지 부(-)의 방향인지를 확인할 수 있다.

❶ R-squared와 adjusted R-squared

R-squared 수치는 종속변수의 변화를 독립변수의 변화로 설명할 수 있는가에 대한 수치이다. 간단하게 수치가 높으면 높을수록 모형이 적합성을 갖고 있다고 말할 수 있다. 앞서 제시한 결과에서는 R-squared값이 0.8427로 도출됨으로써, 독립변수들의 변화로 종속변수인 충성도의 변화를 84% 이상 설명하고 있음을 말해준다. 이는 매우 높은 수치이다.

그러나 R-squared값이 높다고 무조건 모형이 적합하다는 뜻은 아니다. 왜냐하면 R-squared는 전체 값인 '1'에서 설명되지 않는 범위를 뺀 수치이기 때문에, 종속변수와는 상관성이 없지만 투입된 독립변수의 개수가 많아지면 값이 상승하는 속성이 있기 때문이다. 이러한 단점 때문에 일부 연구자들은 Adj R-squared로 적합도를 판단하기도 한다.

결과표에서 알 수 있듯이, Adj R-squared는 0.8321로 R-squared(0.8427)보다 약간 낮은 수치임을 알 수 있다. 이는 독립변수의 개수가 많아지면 값이 상승하는 R-squared의 속성을 제거하고 계산된 수치이기 때문이다.

❷ P>|t|

회귀분석을 하는 이유는 종속변수와 독립변수들 간의 관계를 살펴보고자 함이라고 앞서 언급한바 있다. P값은 유의수준을 밝혀주는 수치인데, 각각 90%(0.1), 95%(0.05), 99%(0.01)의 유의수준에 해당하는지를 설명하는 수치이다. 일반적으로는 90%(0.1)보다 미만일 때 *을, 95%(0.05)보다 미만일 때 **를, 99%(0.01)보다 미만일 때 ***표시를 변수 측정치 옆에 붙여줌으로써 유의수준을 쉽게 알아볼 수 있게 해준다.

위의 회귀분석 결과에 유의수준 표시를 달아주자면, 'roa(0.290)'와 'foreign_insti_investor_ratio(0.671)'는 모든 유의수준에서 기준치보다 상회하여 기각되었으며, 'TMT_stock_ratio_B(0.096)'는 90%(0.1)보다 미만이므로 *를, 'debtratio(0.000)'와 'institutionalinvestors_5per_nu(0.000)'는 99%(0.01)보다 하회하므로 ***를 표시할 수 있다.

앞서 소개하였던 회귀분석 논문인 Oh et al.(2011)의 'Table 3'에서도 마찬가지로 유의한 변수들에 대하여 표식을 하였으나, 일반적인 순서와 달리 †(P 〈 0.1), * (P 〈 0.05), ** (P 〈 0.01), *** (P 〈 0.001)로 설정하였다. 즉, 99.9%(0.001) 유의수준에 해당하는 변수도 추가적으로 표시해 주었고, *의 표식도 상기한 것과 내용이 다르다. 이처럼 경영학 논문에서는 연구자에 따라 유의수준 표식을 달리하기도 한다. 어떤 방식이든 규칙성만 유지하면 된다.

❸ 결과해석

상기 결과를 해석하자면, 종속변수인 Sales에 대해서 통계적으로 유의한 영향력을 미치는 독립변수로는 debtratio, institutionalinvestors_5per_nu, TMT_stock_ratio_B 등인 것으로 확인되었다. 이와 달리 roa와 foreign_insti_investor_ratio는 통계적으로 유의하지 않은 독립변수로 확인되었다.

그리고 debtratio, institutionalinvestors_5per_nu의 경우, Coef.값이 각각 0.0147811와 2.27e-07(0.000000227)이므로, 종속변수인 Sales에 대해 유의한 정(+)의 관계를 갖는 것으로 확인되었고, 반면 TMT_stock_ratio_B(-5.35e-08)는 유의한 부(-)의 관계를 갖는 것으로 확인할 수 있다.

2. 이분산성(heteroskedasticity) 검정

질문 회귀분석 결과가 의심될 때 무얼하면 될까요?

1) 논문예제

한국증권학회지 제39권 4호 (2010) 611−641

재벌기업집단의 내부자본시장과 투자*

김 창 수 (연세대학교)**

〈 요 약 〉
본 논문은 외환위기 이전과 이후 기간에 대해 재벌기업집단의 내부자본시장 존재 여부와 그것이 소속기업의 투자에 미치는 영향을 검토한다. 외환위기 이전 한국의 재벌기업들은 내부자본시장을 통한 자금의 이전과 이로 인한 투자의 비효율로 외환위기를 초래한 주요 요인으로 인식되었다. 본 논문은 외환위기 이후에는 기업 구조조정 노력으로 인해 재벌 집단 내의 내부자본시장 역할이 줄어들었는지, 따라서 재벌기업들의 투자가 비교대상 기업에 비해 상대적으로 줄고 투자효율이 증가하였는지를 검토한다. 분석 결과 기존 연구와는 달리 외환위기 이후에도 재벌의 내부자본시장이 존재하며 이로 인해 비교 기업 집단에 비해 투자를 더 많이 하는 것으로 나타났다. 이러한 결과의 차이는 본 논문이 대응추정치의 추정을 통해 재벌기업과 속성이 가장 유사한 기업들로 대응표본을 구성하였기 때문인 것으로 판단된다. 그리고 재벌기업들의 높은 투자가 재벌이라는 자본시장에서의 유리한 위치를 이용한 외부자본시장으로부터의 자금 유입 때문이라는 증거는 찾을 수 없었다. 그러나 투자의 효율성은 재벌기업이 통제기업에 비해 더 높은 것으로 나타났다.

핵심 단어: 대응추정치, 재벌, 내부자본시장, 투자, 외환위기
JEL 분류기호: M21, G32

1. 실증분석

1) 표 본

본 연구의 변수들을 계산하기 위한 자료는 상장회사협의회의 TS2000과 공정거래위원회의 '상호출자제한기업집단 등의 소속회사 현황'으로부터 추출하였다. 표본기간은 기존 연구와의 비교를 위해 1993년부터 2005년으로 설정하며 유가증권시장과 코스닥 시장에 상장된 기업들을 대상으로 한다. 이 중 이론적으로 맞지 않는 관측치(예를 들어 부채비율이 100% 이상, 지분의 가치가 음수 등)와 누락치

(missing values)를 제외하여 총 9,177 기업-연도가 포함되었다. 본 연구의 주안점은 재벌기업에 대한 통제기업을 좀 더 비교가 가능한 기업, 즉 기업의 특성이 가능한 한 비슷한 기업들로 선정하는 것이다. 총 기업에 대한 분석 이후에는 대응추정치 방법을 사용하여 구한 대응표본에 대한 분석이 이루어지는데 대응표본을 구하는 과정에서 이상치나 이론적 모형의 정합성 문제가 해소된다. 대응표본 분석에 포함된 관측수는 2,004 기업-연도이다.

2) 대응표본의 특성

현재까지의 분석은 기존의 연구와 본 논문의 결과가 대체로 일치한다는 점을 보이고 있다.그러나 기존 논문의 중요한 결함 중의 하나가 대응표본의 구성 문제이므로 이제 대응표본의 구성과 이에 근거한 실증결과를 검토한다. 대응표본을 구성하기 위하여 외환위기 이전 기간의 자료에 근거하여 완전 변수 대응(full covariate matching) 방법을 사용한다. 이 방법은 최근사추정치 대응(nearest neighborhood estimator matching)을 사용하는데 독립기업들중 동일한 연도와 산업에서 선정된 변수들을 기준으로 하여 각 기업집단 소속 기업과 가장 가까운 거리(Euclidean distance)에 있는 기업을 선정하여 대응표본을 구성한다. 대응표본 추정에 사용된 변수들은 기존의 논문에서 기업의 투자에 영향을 미치는 것으로 인식된 변수들인데 구체적으로 기업규모, 토빈 q, 현금흐름, 유동성, 부채비율이다. 이 방법은 추정에 있어 연속형 변수에 대한 오차 수정과 함께 완전 변수 대응을 가능하게 하고, 편기(bias)에 대한 조정을 하며 이분산성에 안정적인 추정치(heteroskedastic-robust estimate)를 산출한다(Abadie et al., 2004).

3) 강건성

본 연구에서는 각 연도의 특수한 거시경제 상황을 통제하기 위하여 연도더미 변수를 포함시키고 자료를 통합하여 회귀분석을 수행(pooled regression)하였다. 이 과정에서 각 관측치가 서로 독립적이라는 가정 하에 기업에 따른 오차항의 이분산성을 감안한 분산 추정치를 사용하였다. 그러나 이분산성과 더불어 동일기업의 잔차항이 각 년도에 걸쳐 상관관계가있을 가능성이 존재한다. 한 해의 투자가 그 이후의 투자에 영향을 미칠 수 있기 때문이다.또한 동일 기업집단 내 기업들의 잔차항 사이에도 상관관계가 있을 가능성이 존재한다. 내부자본시장이 존재하는 경우 기업집단 소속 기업의 투자는 동일집단 소속 타 기업의 현금흐름 및 투자와도 관련이 있을 수 있기 때문이다.

2) 실습예제

앞서 우리는 'reg' 명령어를 사용하여 회귀분석을 시도하였다. 그러나 제시된 결과 수치가 믿을 수 있는 것인지에 대한 확신을 가질 수 없다. 왜냐하면 상관계수와 독립변수만이 종속변수에 영향을 주는 것은 아니기 때문이다. 회귀분석을 함에 있어서 오차항을 검정하지 않았음을 기억해야 한다(우리는 오차항에 대한 가정만으로 분석을 시작했다). 앞서 pwcorr과 VIF, 회귀분석을 활용하여 계수와 변수들에 대한 확인은 끝냈지만, 오차항에 대한 검정은 이루어지지 않았다.

만약 오차항에 이분산성(heteroskedasticity)이 존재한다면 계수의 추정치에 대하여 확신을 가질 수 없게 된다. 오차항의 이분산성이란, 독립적으로 존재하는 오차항이 계수에 영향을 주는 것을 말한다. 원래 최소제곱법은 오차항의 동분산성(homoskedasticity) 가정이 요구되는데, 이는 '최우수선형불편추정량'(BLUE: Best Linear Unbiased Estimator)을 위한 가정으로, 효율적 추정량(efficient estimator)을 얻는 데 중요한 역할을 한다. 이처럼 오차항의 이분산성이 존재하여 오차항이 X변수의 계수에 영향을 주게 되면, 추정계수의 표준오차 추정치가 올바르게 측정되지 않는다. 즉, 추정계수에 대한 가설검정 역시 오류를 갖게 된다.

그러나 이분산성의 형태를 제대로 파악하는 일은 현실적으로 쉽지 않다. 다만, STATA는 robust 기능을 통해 오차항의 이분산성 존재여부를 추정할 수 있다. 'reg' 명령문에 옵션 vce(robust)를 사용한다(reg LN_Sales roa debtratio institutionalinvestors_5per_nu TMT_stock_ratio_B foreign_insti_investor_ratio, vce(robust)). 즉, robust 기능은 OLS 방법으로 추정하되, 왜곡된 추정계수의 표준오차를 자체적으로 수정하여 보다 적절한 값을 갖게한다.

명령어

reg 종속변수 독립변수1 독립변수2 독립변수3, vce(robust)

```
. use OLS_4, clear

. reg LN_Sales roa debtratio institutionalinvestors_5per_nu TMT_stock_ratio_B for-
eign_insti_investor_ratio

      Source |       SS       df       MS              Number of obs =     80
-------------+------------------------------           F(  5,    74) =  79.30
       Model |  266.346112     5  53.2692225           Prob > F      = 0.0000
    Residual |  49.7102076    74  .671759563           R-squared     = 0.8427
-------------+------------------------------           Adj R-squared = 0.8321
       Total |   316.05632    79  4.00071291           Root MSE      = .81961
```

```
------------------------------------------------------------------------------
    LN_Sales |      Coef.   Std. Err.      t    P>|t|     [95% Conf. Interval]
-------------+----------------------------------------------------------------
         roa |  -.0366827   .0344307    -1.07   0.290    -.1052874    .0319221
   debtratio |   .0147811   .0025001     5.91   0.000     .0097995    .0197626
institutio~u |   2.27e-07   1.47e-08    15.43   0.000     1.98e-07    2.56e-07
TMT_stock_~B |  -5.35e-08   3.17e-08    -1.69   0.096    -1.17e-07    9.63e-09
foreign_in~o |  -.7111283   1.665929    -0.43   0.671    -4.030564    2.608307
       _cons |   25.52533   .4629668    55.13   0.000     24.60285    26.44781
------------------------------------------------------------------------------

. reg LN_Sales roa debtratio institutionalinvestors_5per_nu TMT_stock_ratio_B for-
eign_insti_investor_ratio, vce(robust)

Linear regression                               Number of obs =         80
                                                F(  5,     74) =     71.75
                                                Prob > F      =     0.0000
                                                R-squared     =     0.8427
                                                Root MSE      =     .81961

------------------------------------------------------------------------------
             |               Robust
    LN_Sales |      Coef.   Std. Err.      t    P>|t|     [95% Conf. Interval]
-------------+----------------------------------------------------------------
         roa |  -.0366827   .0380435    -0.96   0.338     -.112486    .0391207
   debtratio |   .0147811    .002371     6.23   0.000     .0100568    .0195054
institutio~u |   2.27e-07   1.75e-08    13.00   0.000     1.92e-07    2.62e-07
TMT_stock_~B |  -5.35e-08   2.32e-08    -2.31   0.024    -9.96e-08   -7.34e-09
foreign_in~o |  -.7111283   1.625983    -0.44   0.663    -3.950971    2.528714
       _cons |   25.52533   .4812226    53.04   0.000     24.56647    26.48419
------------------------------------------------------------------------------
```

해석

앞에서 확인하였던 'reg'와 'robust 옵션을 더한 reg' 값을 비교하여 기각되거나 채택될 정도의 커다란 변화가 있다면 이분산성이 존재한다고 보아야 한다. 두 결과의 P값을 비교했을 때, 눈에 띄는 변수는 'TMT_stock_ratio_B'이다. 왜냐하면 통계적 유의수준을 나타내는 *가 1개(유의수준 10%)였던 첫 번째 결과와는 달리, robust 옵션을 붙인 회귀분석 결과에서는 **(유의수준 5%)로 늘었기 때문이다.

그렇다고 이 분석결과를 이분산성 때문에 버려야 한다는 의미는 아니다. robust 옵션의 회귀분석은 오차항의 이분산성 여부를 확인하는 동시에, 존재하는 이분산성을 제거하고 난 후의 분석결과를 도출할 때 사용한다. 즉, 위 분석결과는 이분산성이 있으니 분석결과를 폐기하라는 의미가 아니라, 잠재할 수 있는 이분산성을 제거한 후의 분석결과를 보여주고 있다.

3. 도구변수

질문 변수간의 상관관계에 영향을 주는 것은 이분산성 말고 또 없나요?

앞서 오차항의 이분산성에 대해 알아보았다. 이 장에서는 도구변수에 대해 살펴보자. 오차항이 독립변수와 상관관계를 갖는 경우가 있는데 이를 내생성의 문제라고 한다. 변수들 간의 실증분석에서 내생성 문제는 늘 잠재한다. 독립변수들이 오차항의 영향을 받지 않고, 독립적으로 존재한다면 실증분석에서 문제가 되지 않겠지만, 설문조사에서 흔히 발견되듯이 선택의 문제에 있어서 개인적 취향 또는 환경의 영향이나, 불편한 문항에 솔직하지 못한 대답과 같은 확인 불가능한 요인들이 있을 수 있다.

사실 오차항의 내생성이 매우 약하여 고려하지 않아도 될 정도라면 다행이겠으나, 앞서 말하였듯이 그렇지 않은 경우가 대부분이다. 앞서 배운 OLS 추정방법을 활용한 모형은 종속변수와 독립변수 간의 상관성을 얻고자 할 때는 효율적이지만, 내생성의 문제에 있어서는 모형이 자체적으로 해결해 주지 못한다. 이에 오차의 문제를 대리할 수 있는 독립변수들을 찾아내어 도구변수로 설정한 후 결과를 추정하는 방법을 활용해야 한다.

주의할 것은 도구변수로 설정하기 위해서는 전제가 요구되는데, 첫째는 내생성이 발생하는 이유에 대한 설명이 필요하다. 왜냐하면 오차항에 포함되어 있는 내생성을 외부로 끌어내어 밝혀주어야 하기 때문이다. 이는 종속변수와 독립변수간의 상관관계를 밝히고자 할 때, 오차항에 숨어 있는 내생성을 끄집어내야 하는 것은 연구자들의 몫이기 때문이다. 둘째는 밖으로 끌어낸 도구변수는 여전히 존재하는 다른 오차항과는 상관이 없어야 하고, 기존의 독립변수와는 직접적인 상관이 있어야 한다. 셋째로 도구변수는 회귀분석에 투입된 내생적 설명변수보다 개수가 같거나 많아야 한다. 그리고 도구변수 숫자가 내생적 설명변수 숫자보다 많은 경우에는 과대식별 문제가 발생할 수 있어 이를 확인하는 절차가 추가적으로 요구된다.

1) 논문예제

기업의 사회적 책임활동과 기업가치*

김창수(연세대학교)**

한국증권학회지 제38권 4호 (2009년 12월) pp.507-545 2005-8187 KCI

본 연구는 어떤 특성을 가진 기업이 사회적 책임활동에 적극적인가, 그리고 기업의 사회적 책임활동이 기업가치 증가에 기여하는가를 분석한다. 사회적 책임활동을 수행하는 기업들의 특성으로는, 업력이 길고 사업분야가 다각화되어 있으며 코스피200 지수에 포함되어 있고 수익성과 성장성이 높은 기업들, 그리고 지배구조가 양호한 기업들이 CSR 활동을 할 가능성이 높다. 기업의 CSR 활동이 기업가치에 미치는 영향에 대해서는 내생성 문제를 교정한 모형으로 분석한 결과 사회적 책임활동을 하는 기업의 가치가 그렇지 않은 기업의 가치보다 높다는 것을 확인할 수 있었다. 이는 CSR 활동이 단기적으로는 비용 요인이기도 하지만 기업의 명성을 높이고 이로인해 매출을 증가시키며 장기적으로 비용을 낮추는 긍정적 측면이 있다는 것을 시사한다. 또한 사회적 책임활동으로 인한 기업가치의 증가 정도가 당해 기업의 지배구조에 따라 차이가 나는가를 분석하였는데, 대규모 지분보유자의 지분과 최대주주 지분이 높은 기업이 CSR 활동을 하는 경우 기업가치의 증가가 더 크고 통계적으로도 매우 유의한 것으로 나타났다. 추가적으로 현금 흐름이 양호한 기업, 부채비율이 낮은 기업, 대기업 집단 소속 기업이 CSR 활동을 하는 경우 그렇지 않은 기업에 비해 기업가치증대 효과가 더 큰 것으로 나타났다. CSR 활동 전후를 비교한 결과 CSR 활동에 참여하지 않은 기업과는 달리 CSR 활동에 참여한 기업의 기업가치가 유의하게 상승하였고, CSR 활동발표에 대한 자본시장의 반응도 매우 긍정적인 것으로 나타났다.

핵심단어: 기업의 사회적책임, 기업가치, 기업지배구조, 내생성, 초과수익률

1. 기존연구 및 가설

가설 1: CSR 활동은 기업 지배구조나 경영감시 활동과정의 관계에 있다.

가설 2: 사회적 책임기능 수행은 기업가치의 향상을 가져온다.

가설 3: CSR 활동으로 인한 기업가치 상승은 경영자 견제 구조가 좋은 기업이 더 높을 것이다.

2. 연구방법

1) Tobin's Q 분석

기업의 사회공헌활동이 기업가치의 증가로 이어지는 지를 분석하기 위하여 다음과 같은 회귀 분석을 실시한다.

$$y = \beta_0 + \beta_1 C_S R + \beta_2 x_2 + \cdots + \beta_i x_i + u \quad (3)$$

위 모형에서는 기업가치의 대용변수인 y에 영향을 미치는 지배구조변수를 포함한 여러 독립변수들이

며, CSR은 사회책임활동 더미변수이다. 기업가치의 대용변수로는 M/B 비율, 주가수익률, Tobin q 등을 대안으로 생각할 수 있는데 본 연구에서는 Tobin q를 사용한다. 이는 기존의 논문에서도 빈번히 사용되는 변수이다(강형철외 2인, 2006). 구체적인 식은 다음과 같다.

토빈 q(Q) = (보통주가격*보통주수 + 우선주가격*우선주수 + 총부채) / 총자산 (4)

이는 자산의 시장가를 대체원가로 나눈 값으로 시장에서 평가되는 가치가 높다면 이 비율이 높을 것이고 따라서 기업의 가치가 높은 것으로 해석할 수 있다. 기업의 시장가치는 보통주의 시장가치와 우선주의 시장가치, 부채의 장부가치를 합산하여 추정한다. 보통주와 우선주의 시장가치는 각각의 시가 총액을 사용하였으나 부채의 시장가치는 장부가치를 사용하였다. 그 이유는 부채의 시장가치는 추정이 어렵기도 하지만 시장가치와 장부가치의 차이가 크지 않기 때문이다. 만일 기업의 사회책임활동이 기업가치에 긍정적인 영향을 미친다면 기업가치에 영향을 줄 수 있는 여타의 변수들을 통제한 후의 한계적 영향을 나타내는 β_1은 그 부호가 (+)가 되어야 한다. 그리고 횡단면 분석에서 흔히 관측되는 이분산성(heteroskedasticity)을 감안하기 위하여 White의 방법을 사용한 표준오차와 공분산을 사용한다.

2) 내생성(endogeneity) 통제

위의 Tobin's q를 이용한 기업가치 분석에서 문제가 될 수 있는 것은 내생성(endogeneity)을 간과하는 것이다. 즉, 기업의 사회적 책임기능 수행이 기업가치의 향상을 가져온 것인지,아니면 기업가치가 높은 기업이 사회적 책임을 수행할 역량이 더 크고 따라서 이를 수행할 가능성이 높아지는 것인지가 분명하지 않다. 예를 들어 기업의 사회적책임을 수행하는 기업들이 대체로 CSR 활동없이도 이미 우량한 기업들이라면 위의 기업가치분석은 실제로는 CSR 활동의 효과가 아니면서도 β_1의 부호가 (+)가 되는 오류가 발생할 수 있다. 이러한 선택편의(selection bias) 문제를 극복하기 위하여 다음과 같은 모형을 설정하여 추정한다(Maddala, 1988).

$$Q = \beta_1 CSR + \gamma' x + u \tag{5}$$

$$CSR = \alpha' z + \epsilon, Var(\epsilon) = 1 \tag{6}$$

$$Cov(\epsilon, u) = \rho \tag{7}$$

여기서, x와 z는 독립변수의 벡터, ϵ과 u는 오차항이다. 추정은 다음과 같이 2단계 추정방법을 사용한다. 먼저 probit 최우추정법을 사용하여 식 (6)을 추정하여 α 계수의 추정치 $\hat{\alpha}$를 구한다. 그리고 $\hat{\alpha}$의 값을 사용한 다음의 식을 OLS로 추정한다.

$$Q = \beta_1 F(\hat{\alpha}' z) + \gamma' x + w \tag{8}$$

여기서, F(·)는 ϵ의 누적확률분포함수 이다. 오차항은 평균이 0이고 독립변수와 상관이 되어 있지 않기 때문에 $\hat{\alpha}$를 식 (5)에 적용 하여 식 (8)을 추정할 수 있는 것이다. $\hat{\alpha}$는 α의불편추정치(consistent estimator)이기 때문에 식 (8)의 계수 β_1과 γ 역시 불편추정치가 된다.

2) 실습예제

도구변수가 존재하면 2단계 최소자승 추정법(2sls: 2Stage Least Square)으로 추정할 수 있다. 도구변수를 활용한 추정은 최소한 3단계를 거쳐 확인되는데, 첫 번째는 회귀분석을 통하여 기본회귀분석(reg)을 실행하고, 종속변수와 독립변수의 상관성을 확인한다. 도구변수 예제파일(iv_1.dta)을 실행시켜 실습해 보자. 이 파일에서 독립변수인 Customer_satisfaction에 대한 도구변수로 Homebias가 설정되어 있다.

명령어

reg 종속변수 독립변수1 독립변수2

이때 독립변수1이 내생성 문제를 보이는 독립변수(여기서는 Customer_satisfaction)이다.

```
. use iv_1, clear

. reg Customer_Loyalty Output_quality Customer_satisfaction

      Source |       SS        df       MS              Number of obs =     773
-------------+------------------------------            F(  2,    770) =  455.53
       Model |  589.963709     2  294.981854            Prob > F      =  0.0000
    Residual |  498.618277   770  .647556204            R-squared     =  0.5420
-------------+------------------------------            Adj R-squared =  0.5408
       Total |  1088.58199   772  1.41008029            Root MSE      =  .80471

------------------------------------------------------------------------------
Customer_L~y |      Coef.   Std. Err.      t    P>|t|     [95% Conf. Interval]
-------------+----------------------------------------------------------------
Output_qua~y |    .222509   .0342612     6.49   0.000     .1552525    .2897654
Customer_s~n |   .6864934   .0342142    20.06   0.000     .6193292    .7536577
       _cons |   .3857193   .1387896     2.78   0.006     .1132684    .6581702
------------------------------------------------------------------------------
```

해석

회귀분석의 결과를 보면 'Customer_Loyalty'와 'Customer_satisfaction'의 추정치는 68.6%인 것으로 Coef. 값을 통해 알 수 있다.

그 다음 과정은 해당 독립변수(Customer_satisfaction)와 도구변수(Homebias) 간 상

관성 여부를 확인해야 한다. 왜냐하면 도구변수(Homebias)는 해당 독립변수(Customer_satisfaction)에 영향을 미친다는 점이 전제이기 때문이다. 상관성 확인을 위한 절차로는 우선 해당 독립변수(Customer_satisfaction)를 임시적인 종속변수로 설정하고 회귀분석을 실행한다.

명령어

reg 독립변수1 독립변수2 도구변수

이때 내생성 문제를 일으킨 독립변수1(여기서는 Customer_satisfaction)은 종속변수로 상정된다.

```
. use iv_1, clear

. reg Customer_satisfaction Output_quality Homebias

      Source |       SS       df       MS              Number of obs =     773
-------------+------------------------------           F(  2,   770) =  245.96
       Model |  328.729279     2  164.364639           Prob > F      =  0.0000
    Residual |  514.567617   770  .668269632           R-squared     =  0.3898
-------------+------------------------------           Adj R-squared =  0.3882
       Total |  843.296895   772  1.09235349           Root MSE      =  .81748

------------------------------------------------------------------------------
Customer_s~n |      Coef.   Std. Err.      t    P>|t|     [95% Conf. Interval]
-------------+----------------------------------------------------------------
Output_qua~y |   .4800705   .0315249    15.23   0.000     .4181855    .5419554
    Homebias |   .2635154   .0346689     7.60   0.000     .1954587    .3315722
       _cons |   1.427721   .1538479     9.28   0.000      1.12571    1.729733
------------------------------------------------------------------------------
```

해석

결과를 통해 확인할 수 있듯이, 독립변수인 'Customer_satisfaction'과 도구변수인 'Homebias'는 유의수준 1%에서 통계적으로 유의한 정(+)의 상관관계가 존재한다. 상관관계가 있다면, 'Homebias' 변수는 'Customer_satisfaction' 변수의 도구변수로 사용 가능하다는 의미이다.

마지막 단계는 도구변수 설정 명령어인 "ivregress 2sls 종속변수(독립변수1 = 도구변수) 독립변수2 독립변수3"을 입력해주면 된다. 만약 연구자가 생각하기에 관측치가 적다면 "small" 옵션을 붙여 "ivregress 2sls 종속변수(독립변수1 = 도구변수) 독립변수2 독립변수3, small"을 입력해주면 된다. 이처럼 옵션으로 "small"을 사용하게 될 경우, 차이점은 정규분포인 z분포가 아닌 t분포를 따르는 결과를 제시한다. z분포를 따르기 위해서는 관측치의 '대수의 법칙'이 요구되기 때문이다. 관측치가 적을 시에는 t분포를 따르게 하여 z분포를 따르게 했을 때 발생할 수 있는 오류를 방지해야 한다.

명령어

ivregress 2sls 종속변수 (독립변수1 = 도구변수) 독립변수2 독립변수3

이때 독립변수1은 내생성 문제를 일으킨 독립변수(여기서는 Customer_satisfaction)를 말한다.

본 예제파일(iv_1.dta)은 관측치의 개수가 773개로 상당히 큰 편에 속한다. 따라서 "small" 옵션 없이 다음과 같이 실행하였다.

```
. use iv_1, clear

. ivregress 2sls  Customer_Loyalty (Customer_satisfaction = Homebias) Output_quality

Instrumental variables (2SLS) regression          Number of obs =      773
                                                   Wald chi2(2)  =   374.59
                                                   Prob > chi2   =   0.0000
                                                   R-squared     =   0.2131
                                                   Root MSE      =   1.0527

------------------------------------------------------------------------------
Customer_L~y |      Coef.   Std. Err.      z    P>|z|     [95% Conf. Interval]
-------------+----------------------------------------------------------------
Customer_s~n |    1.49091   .1694142     8.80   0.000     1.158864    1.822956
Output_qua~y |  -.2499625   .1059191    -2.36   0.018    -.4575602   -.0423648
       _cons |  -1.357591   .3979365    -3.41   0.001    -2.137532   -.5776494
------------------------------------------------------------------------------
Instrumented:  Customer_satisfaction
Instruments:   Output_quality Homebias
```

해석

위 결과에 의하면 'Customer_satisfaction'변수가 종속변수 'Customer_Loyalty'에

미치는 추정치는 '149%'로 기본회귀분석으로 통계 처리한 추정치보다 2.5배 가까이 크다고 할 수 있다. 이는 기존 OLS를 활용한 통계처리방식이 독립변수와 종속변수의 상관성을 과소추정한 것으로 확인할 수 있다.

만약 도구변수가 위와 같이 한 개가 아니라 여러 개라면 그 숫자가 너무 과한지 여부에 관한 검정이 요구되는데, 이를 과대식별(over-identification) 검정이라 한다. 명령어는 위 도구변수 추정 후에 추가적으로 "estat overid"를 입력하면 된다. 참고로 이 검정의 귀무가설은 "과대식별이 아니다"이다. 복수의 도구변수를 사용할 것을 대비하여 참고해 두면 좋다.

명령어

ivregress 2sls 종속변수 (독립변수1 = 도구변수1 도구변수2) 독립변수2 독립변수3

estat overid

3) 독립변수의 내생성 검정

독립변수의 내생성 검정은 hausman 검정과 endogenous 검정 등 크게 두 가지 방법이 있다.

(1) Hausman 검정

앞서 내생성 문제를 확인하였는데 독립변수가 내생성을 갖는지 여부가 궁금하다면 Hausman검정을 하면 된다. 이는 Jerry Hausman이라는 계량경제학자에 의해 만들어진 검정으로 원리를 간단하게 설명하자면 OLS 추정결과와 2SLS 추정결과를 비교하여 그 차이를 확인함으로써 내생성을 알아내는 방법이다.

명령어는 'qui'와 'estimates store'를 사용하여 각각 OLS 결과와 2SLS 결과를 저장하는 변수들을 생성하고, "hausman 2SLS변수 OLS변수, constant sigmamore"를 입력해주면 된다. 실습예제를 불러와서 연습해보자.

명령어

qui reg 종속변수 독립변수1 독립변수2

estimates store 임의변수명

qui ivregress 2sls 종속변수 (독립변수1=도구변수) 독립변수2
estimates store 임의변수명
hausman 2sls 임의변수명 OLS임의변수명, constant sigmamore

먼저 "qui reg Customer_Loyalty Output_quality Customer_satisfaction"와 "estimates store OLS변수명"을 입력하여 OLS 추정결과를 임시로 설정하고, 이 OLS결과를 저장한 변수를 만들어 준다. 마찬가지로 "qui ivregress 2sls Customer_Loyalty (Customer_satisfaction = Homebias) Output_quality"를 입력하여 2SLS 추정치를 설정한 후, "estimates store 2SLS변수명"을 입력하여 2SLS 결과변수를 만들어 준다. 여기서는 OLS변수명을 'is_for_reg'으로 2SLS변수명을 'iv_for_ivregress_2sls'으로 하였다.

이렇게 OLS 결과와 ivregress 결과를 임의로 저장한 후, "hausman 2sls임의변수명 OLS임의변수명, constant sigmamore"명령어를 통해 하우즈만 검정을 실시한다. 주의할 점은 "hausman 2SLS임의변수명 OLS임의변수명"와 "hausman OLS변수 2SLS변수"의 결과는 전혀 다르므로 반드시 2SLS임의변수명, OLS임의변수명의 순서를 지켜주어야 한다는 것이다.

```
. use iv_1, clear

. qui reg Customer_Loyalty Output_quality Customer_satisfaction

. estimates store is_for_reg

. qui ivregress 2sls Customer_Loyalty (Customer_satisfaction = Homebias) Output_
quality

. estimates store iv_for_ivregress_2sls

. hausman iv_for_ivregress_2sls is_for_reg, constant sigmamore

Note: the rank of the differenced variance matrix (1) does not equal the number of
coefficients being tested
(3); be sure this is what you expect, or there may be problems computing the test.
Examine the outputof your estimators for anything unexpected and possibly consider
scaling your variables so that thecoefficients are on a similar scale.
```

```
                 ---- Coefficients ----
             |      (b)          (B)            (b-B)     sqrt(diag(V_b-V_B))
             |  iv_for_ivr~s  is_for_reg     Difference          S.E.
-------------+----------------------------------------------------------------
Customer_s~n |     1.49091     .6864934        .8044163        .1249069
Output_qua~y |   -.2499625      .222509       -.4724714        .0733637
       _cons |   -1.357591     .3857193        -1.74331        .2706949
------------------------------------------------------------------------------
                         b = consistent under Ho and Ha; obtained from ivregress
          B = inconsistent under Ha, efficient under Ho; obtained from regress

    Test:  Ho:  difference in coefficients not systematic

                  chi2(1) = (b-B)'[(V_b-V_B)^(-1)](b-B)
                          =       41.48
                Prob>chi2 =      0.0000
                (V_b-V_B is not positive definite)
```

해석

Hausman 검정 결과 Prob>chi2 = 0.0000으로 나타나 1% 유의수준에서 "내생성이 없다"는 귀무가설이 기각되었다.

(2) endogenous 검정

이외에도 내생성을 확인하는 방법으로 "estat endogenous"를 사용하면 되는데, 이는 Wu-Hausman 검정결과와 Durbin 검정결과를 약식으로 보여준다. 명령어는 "qui ivregress 2sls Customer_Loyalty (Customer_satisfaction = Homebias) Output_quality"를 입력하여 2SLS 분석결과를 임시로 설정하고, "estat endogenous"를 입력하면 된다.

명령어

qui ivregress 2sls 종속변수 (독립변수1=도구변수) 독립변수2

estimates store 임의변수명

estat endogenous

```
. use iv_1, clear

. qui ivregress 2sls Customer_Loyalty (Customer_satisfaction = Homebias) Output_
quality

. estat endogenous

  Tests of endogeneity
  Ho: variables are exogenous

  Durbin (score) chi2(1)          =  41.6369  (p = 0.0000)
  Wu-Hausman F(1,769)             =  43.7795  (p = 0.0000)
```

해석

주의할 것은 Durbin 결과는 LM 검정통계량이고, Wu-Hausman 결과는 F 검정통계량 수치라는 점이다. 두 결과에서 모두 p값이 0.01보다 작으므로 유의수준 1%에서 "내생성이 없다"는 귀무가설이 기각됨을 알 수 있다. 즉 독립적이어야 할 Customer_satisfaction 변수에 대해 Homebias가 영향력을 끼치는 내생성이 발견되었다.

4. GLS 검정

질문 지금까지 알게 된 오류들을 해결해 주는 모형은 없나요?

앞서 robust 검정을 통해 오차항의 이분산성 여부를 확인할 수 있었다. robust 검정은 OLS 기법에 의해 추정하는 방법인 반면, 비슷한 형태의 일반화 최소제곱법(GLS: Generalized least squares method)으로 추정방법을 사용한다면, 더 효과적으로 결과치를 구할 수 있다. 그러나 GLS 기법은 이분산성의 유형이 비례 형태로 존재할 때에만 사용한다는 것에 유념해야 한다. 만약 오차항이 X변수 계수에 대해 비례 형태가 아닌 방향으로 영향을 주는 경우에는 robust를 사용한 OLS 추정방법을 사용하는 것이 옳다.

1) 논문예제

항공사의 자원 및 환경, 노선의 자원 및 환경적합성이
노선성과에 미치는 영향

양지연(서울대), 조동성(서울대), 이윤철(항공대)

한국경영학회 통합 학술발표 논문집 2008, 1-31 / 전략경영연구 제11권 제3호, 119-141

본 논문은 환경 및 자원의 적합성이 사업성과에 미치는 영향을 항공사의 국제선 노선 성과를 대상으로 살펴 보았다. 국제선 노선을 사업단위로 인식하여 노선의 성과가 (1) 항공사 수준의 환경 및 자원의 적합성, (2) 노선 수준의 환경 및 자원의 적합성, (3) 항공사 수준 자원과 노선 수준 환경의 적합성, (4) 항공사 수준 환경과 노선 수준 자원의 적합성 각각에 의해 어떻게 영향을 받는지를 실증적으로 규명해 보았다. 실증분석은 2001년부터 2006년까지 6년간의 인천출발 국제선 95개 노선을 대상으로 진행되었다. 분석 결과 환경과 자원이 동일수준(uni level)으로 연결된 (1)과 (2)의 적합성 변수들은 모두 노선성과에 유의미한 것으로 나타났다. 이는 사업수준 성과는 사업수준 환경 및 자원의 적합성 뿐만 아니라 기업 수준의 환경 및 자원의 적합성에 의해서도 영향을 받는다는 것을 의미한다. 한편 항공사 수준과 노선 수준의 환경 및 자원이 교차수준(cross level)으로 연결된 적합성에 있어서는 (3) 항공사 수준 자원과 노선 수준 환경의 적합성은 유의미하게 나타났으나, (4) 항공사 수준 환경과 노선 수준 자원의 적합성은 유의미하지 않았다. 이는 사업 수준 성과는 교차 수준에서는 기업 수준 자원과 사업 수준 환경의 적합성의 의해서만 영향을 받는다는 것을 의미한다. 따라서 기업 수준의 자원을 활용할 때 기업 수준 뿐만 아니라 사업 수준의 환경과의 적합성도 고려해야 사업단위의 성과가 좋아진다는 시사점을 도출할 수 있다.

핵심용어: 글로벌 항공사, 적합성, 기업 수준, 사업 수준

1. 연구모형 및 가설

가설 1-1 : 본사가 속한 국가의 당해년도 GDP성장률이 높고, 항공사 차원의 활동경험이 많을수록 노선의 성과가 높게 나타날 것이다.

가설 1-2 : 본사가 속한 국가의 당해년도 GDP성장률이 높고, 항공사 차원의 협력경험이 많을수록 노선의 성과가 높게 나타날 것이다.

가설 2-1 : 해당 노선의 경쟁강도가 낮고, 노선 차원의 누적된(cumulated) 사업경험이 많을수록 노선의 성과가 높게 나타날 것이다.

가설 2-2 : 해당 노선의 경쟁강도가 낮고, 노선 차원의 현재(present) 운항횟수가 많을수록 노선의 성과가 높게 나타날 것이다.

가설 3-1 : 해당 노선의 경쟁강도가 낮고, 항공사 차원의 활동경험이 많으면 노선의 성과가 높게 나타날 것이다.

가설 3-2 : 해당 노선의 경쟁강도가 낮고, 항공사 차원의 협력경험이 많으면 노선의 성과가 높게 나타날 것이다.

가설 4-1 : 본사가 속한 국가의 당해년도 GDP성장률이 높고, 노선 차원의 누적된 사업경험이 많으면 노선의 성과가 높게 나타날 것이다.

가설 4-2 : 본사가 속한 국가의 당해년도 GDP성장률이 높고, 노선 차원의 현재의 운항횟수가 많으면 노선의 성과가 높게 나타날 것이다.

2. 연구방법

1) 분석방법

본 연구의 데이터는 6년 동안의 자료로, 패널데이터베이스(panel database)의 형태를 띠고 있다. 이에 노선의 성과에 항공사와 노선의 자원 및 환경이 미치는 효과를 분석하기 위하여, 회귀모형의 추정은 STATA 프로그램(STATA Program)을 이용하여 General Least Squares(GLS)방식으로 이루어졌다. 본 연구의 자료들이 패널데이터의 형태로 구성되어 있기 때문에 GLS방식이 가장 적합한 추정방식이라고 할 수 있다. GLS방식은 패널데이터베이스에서 발생할 수 있는 이분산성(Heteroskedasticity)문제와 자기상관(serial correlation)문제를 해소할 수 있는 좋은 대안이 된다(Dielman, 1983).

2) 분석결과

분석대상	종속변수:탑승률							
	가설1-1	가설1-2	가설2-1	가설2-2	가설3-1	가설3-2	가설4-1	가설4-2
역사	.011 (.046)	.088** (.032)	.074* (.032)	.082** (0.0319)	−.098+ (.054)	.066* (.032)	.731* (.032)	.078*** (.032)
제휴건수	.533*** (.060)	.346*** (.098)	.535*** (.059)	.560*** (.059)	0.568*** (.059)	.141 (.086)	.552*** (.060)	.553*** (.060)

GDP성장률	.047 (.277)	.187 (.304)	.452** (.153)	.481*** (.153)	.444*** (.154)	.403** (.151)	.666*** (.255)	.419* (.201)
노선역사	−.244* (.099)	−.228* (.096)	−.672*** (.146)	−.120 (.097)	−.227* (.096)	−.265** (.094)	−.095 (.158)	−.200* (.096)
운항횟수	.003*** (.009)	.003*** (.001)	.002*** (.001)	−.004* (.002)	0.003*** (.001)	.003*** (.001)	.003*** (.001)	.002 (.001)
경쟁강도	−.537* (.242)	−.570* (.242)	−1.240*** (0.291)	−1.033*** (.274)	−1.09*** (.281)	−1.783*** (.307)	−.518 (.243)	−.549* (.244)
노선거리	.017** (.009)	.547*** (.100)	.479*** (0.099)	.476*** (.100)	.464*** (.100)	.441*** (.098)	.512*** (.100)	.516*** (.100)
GDP성장률×역사	.017* (.009)							
GDP성장률×제휴건수		.042** (.016)						
노선역사×경쟁강도			.063*** (.015)					
운항횟수×경쟁강도				.001*** (.000)				
경쟁강도×역사					.021*** (.006)			
경쟁강도×제휴건수						.071*** (.011)		
노선역사×GDP성장률							−.018 (.023)	
운항횟수×GDP성장률								.000 (.000)
R−sq	.142	.143	.150	.138	.155	.177	.141	.141
Hausman 검정 Chi(8)	58.39 (.000)	64.71 (.000)	30.79 (.002)	37.27 (.000)	37.27 (.000)	25.50 (.001)	56.44 (.000)	58.68 (.000)

주: + p<0.10, *p<0.05, ** p<0.01, *** p<0.001

2) 실습예제: 일반 GLS 추정

오차항의 이분산성이 비례적 유형인 것으로 확인되었다면, OLS 추정이 아닌 GLS 추정방법을 통해 결과치를 얻을 수 있다. GLS 추정방법은 시계열분석과 패널분석에서 각각 명령어가 다르다는 것에 유의해야 한다.

회귀분석의 경우, 명령어는 "reg 종속변수 독립변수1 독립변수2 …[aweight=1/특정독립변수]"이다. 여기서 "특정독립변수"에는 앞서 회귀분석에서는 유의한 변수였으나, robust 검정에서는 유의하지 않게 된 변수를 말한다. "1/특정독립변수"로 투입하는 이유는 수식 전체를 이 변수로 나누어 주고자 함이다. 앞서 언급하였던 이분산성을 갖는 오차항을 이 변형변수로 나누어주게 될 경우, 동분산성을 갖는 오차항으로 만드는 가중치

분석(aweight: analytic weight)의 의미를 기억해 두면 GLS 원리를 쉽게 이해할 수 있다.

GLS기능 실전예제 파일인 “GLS_1.dta”을 불러와서 회귀분석(reg)을 실행한 후, robust 검정을 통해 기각된 변수를 찾아서 “reg 종속변수 독립변수1 독립변수2 … [aweight=1/특정독립변수]”를 입력해 보자. 본 예제파일에서는 모든변수가 robust 검정에서 기각되지는 않았지만, 연습을 위해서 회귀분석에서는 유의하였다가 robust 검정에서는 유의하지 않은 것으로 나타났다고 가정하고, 변수 ‘debtratio’를 임의로 투입하여 보겠다.

명령어

reg 종속변수 독립변수1독립변수2 독립변수3
reg 종속변수 독립변수1 독립변수2 독립변수3, vce(robust)
reg 종속변수 독립변수1 독립변수2 독립변수3 [aweight=1/특정독립변수]

```
. use GLS_1, clear

. reg LN_Sales roa debtratio institutionalinvestors_5per_nu TMT_stock_ratio_B for-
eign_insti_investor_ratio

      Source |       SS          df       MS             Number of obs =       80
-------------+------------------------------             F(  5,     74) =    79.30
       Model |  266.346112        5  53.2692225          Prob > F      =   0.0000
    Residual |  49.7102076       74  .671759563          R-squared     =   0.8427
-------------+------------------------------             Adj R-squared =   0.8321
       Total |   316.05632       79  4.00071291          Root MSE      =   .81961

------------------------------------------------------------------------------
    LN_Sales |      Coef.   Std. Err.      t    P>|t|     [95% Conf. Interval]
-------------+----------------------------------------------------------------
         roa |  -.0366827   .0344307    -1.07   0.290    -.1052874    .0319221
   debtratio |   .0147811   .0025001     5.91   0.000     .0097995    .0197626
institutio~u |   2.27e-07   1.47e-08    15.43   0.000     1.98e-07    2.56e-07
TMT_stock_~B |  -5.35e-08   3.17e-08    -1.69   0.096    -1.17e-07    9.63e-09
foreign_in~o |  -.7111283   1.665929    -0.43   0.671    -4.030564    2.608307
       _cons |   25.52533   .4629668    55.13   0.000     24.60285    26.44781
------------------------------------------------------------------------------

. reg LN_Sales roa debtratio institutionalinvestors_5per_nu TMT_stock_ratio_B for-
eign_insti_investor_ratio, vce(robust)
```

```
Linear regression                               Number of obs =        80
                                                F(  5,     74) =    71.75
                                                Prob > F      =   0.0000
                                                R-squared     =   0.8427
                                                Root MSE      =   .81961

------------------------------------------------------------------------------
             |               Robust
    LN_Sales |      Coef.   Std. Err.      t    P>|t|     [95% Conf. Interval]
-------------+----------------------------------------------------------------
         roa |  -.0366827   .0380435    -0.96   0.338     -.112486    .0391207
   debtratio |   .0147811    .002371     6.23   0.000     .0100568    .0195054
institutio~u |   2.27e-07   1.75e-08    13.00   0.000     1.92e-07    2.62e-07
TMT_stock_~B |  -5.35e-08   2.32e-08    -2.31   0.024    -9.96e-08   -7.34e-09
foreign_in~o |  -.7111283   1.625983    -0.44   0.663    -3.950971    2.528714
       _cons |   25.52533   .4812226    53.04   0.000     24.56647    26.48419
------------------------------------------------------------------------------

      Source |       SS       df       MS              Number of obs =      80
-------------+------------------------------           F(  5,     74) =  174.56
       Model |  421.218164     5  84.2436328           Prob > F      =  0.0000
    Residual |  35.7120954    74  .482595883           R-squared     =  0.9218
-------------+------------------------------           Adj R-squared =  0.9166
       Total |   456.93026    79  5.78392734           Root MSE      =  .69469

------------------------------------------------------------------------------
    LN_Sales |      Coef.   Std. Err.      t    P>|t|     [95% Conf. Interval]
-------------+----------------------------------------------------------------
         roa |  -.0607374   .0277421    -2.19   0.032    -.1160148     -.00546
   debtratio |   .0173742   .0025136     6.91   0.000     .0123657    .0223826
institutio~u |   2.46e-07   1.10e-08    22.29   0.000     2.24e-07    2.68e-07
TMT_stock_~B |  -5.17e-08   3.33e-08    -1.55   0.124    -1.18e-07    1.46e-08
foreign_in~o |  -1.215575   1.512698    -0.80   0.424    -4.229691    1.798541
       _cons |   25.48629   .3999542    63.72   0.000     24.68937    26.28322
------------------------------------------------------------------------------
```

해석

앞서 언급하였듯이, 본 예제파일에서는 robust 검정에서 기각되지는 않았지만, GLS 추정방법 연습을 위해서 변수 'debtratio'를 임의로 투입하였다. 위와 같은 GLS 추정방법을 활용한 회귀분석 결과값은 오차항의 이분산성을 해결한 결과값으로 앞서 제시한 결과들보다 오류가 해결된 것이라고 생각하면 되겠다. 다만 위와 같이 robust 검정에서 기각된 변수가 없다면, 굳이 GLS 검정으로 결과를 제시할 필요는 없다.

3) 실습예제: 패널 GLS 추정*

다음은 패널분석에서의 GLS 추정방법을 살펴보자. 명령어는 "xtreg 종속변수 통제(독립)변수1 통제(독립)변수2 …, re"이다. 독립변수가 아닌 통제변수라고 표기한 것은 모든 독립변수를 투입하는 것이 아니라 통제변수에 해당하는 독립변수만 투입하여 확인하면 되기 때문이다.

명령어

xtreg 종속변수 통제(독립)변수1 통제(독립)변수2 통제(독립)변수3, re

"use" 명령어를 활용하여 실습예제파일(GLS_1.dta)을 불러오고, 패널데이터에 맞게 tsset을 활용(패널분석모형 설명참조)하여 프로그램에 시간개념을 부여한다. 시간개념이 형성되었다면, 통제변수들을 투입시켜 결과치를 확인하면 된다.

```
. use GLS_1, clear

. reg LN_Sales roa debtratio institutionalinvestors_5per_nu TMT_stock_ratio_B for-
eign_insti_investor_ratio

      Source |       SS       df       MS              Number of obs =      80
-------------+------------------------------           F(  5,    74) =   79.30
       Model |  266.346112     5  53.2692225           Prob > F      =  0.0000
    Residual |  49.7102076    74  .671759563           R-squared     =  0.8427
-------------+------------------------------           Adj R-squared =  0.8321
       Total |   316.05632    79  4.00071291           Root MSE      =  .81961

------------------------------------------------------------------------------
    LN_Sales |      Coef.   Std. Err.      t    P>|t|     [95% Conf. Interval]
-------------+----------------------------------------------------------------
         roa |  -.0366827   .0344307    -1.07   0.290    -.1052874    .0319221
   debtratio |   .0147811   .0025001     5.91   0.000     .0097995    .0197626
institutio~u |   2.27e-07   1.47e-08    15.43   0.000     1.98e-07    2.56e-07
TMT_stock_~B |  -5.35e-08   3.17e-08    -1.69   0.096    -1.17e-07    9.63e-09
foreign_in~o |  -.7111283   1.665929    -0.43   0.671    -4.030564    2.608307
       _cons |   25.52533   .4629668    55.13   0.000     24.60285    26.44781
------------------------------------------------------------------------------

. reg LN_Sales roa debtratio institutionalinvestors_5per_nu TMT_stock_ratio_B for-
eign_insti_investor_ratio, vce(robust)
```

* 패널분석모형과 관련된 용어 설명은 해당 챕터 참조.

```
Linear regression                               Number of obs =        80
                                                F(  5,     74) =     71.75
                                                Prob > F       =    0.0000
                                                R-squared      =    0.8427
                                                Root MSE       =    .81961

------------------------------------------------------------------------------
             |               Robust
    LN_Sales |      Coef.   Std. Err.      t    P>|t|     [95% Conf. Interval]
-------------+----------------------------------------------------------------
         roa |  -.0366827   .0380435    -0.96   0.338     -.112486    .0391207
  debtratio |   .0147811    .002371     6.23   0.000     .0100568    .0195054
institutio~u |   2.27e-07   1.75e-08    13.00   0.000     1.92e-07    2.62e-07
TMT_stock_~B |  -5.35e-08   2.32e-08    -2.31   0.024    -9.96e-08   -7.34e-09
foreign_in~o |  -.7111283   1.625983    -0.44   0.663    -3.950971    2.528714
       _cons |   25.52533   .4812226    53.04   0.000     24.56647    26.48419
------------------------------------------------------------------------------

. reg  LN_Sales roa debtratio institutionalinvestors_5per_nu TMT_stock_ratio_B
foreign_insti_investor_ratio   [aweight=1/debtratio]
(sum of wgt is 1.9505e+00)

      Source |       SS       df       MS              Number of obs =       80
-------------+------------------------------           F(  5,     74) =  174.56
       Model |  421.218164     5  84.2436328           Prob > F       =  0.0000
    Residual |  35.7120954    74  .482595883           R-squared      =  0.9218
-------------+------------------------------           Adj R-squared =  0.9166
       Total |   456.93026    79  5.78392734           Root MSE       =  .69469

------------------------------------------------------------------------------
    LN_Sales |      Coef.   Std. Err.      t    P>|t|     [95% Conf. Interval]
-------------+----------------------------------------------------------------
         roa |  -.0607374   .0277421    -2.19   0.032    -.1160148    -.00546
   debtratio |   .0173742   .0025136     6.91   0.000     .0123657    .0223826
institutio~u |   2.46e-07   1.10e-08    22.29   0.000     2.24e-07    2.68e-07
TMT_stock_~B |  -5.17e-08   3.33e-08    -1.55   0.124    -1.18e-07    1.46e-08
foreign_in~o |  -1.215575   1.512698    -0.80   0.424    -4.229691    1.798541
       _cons |   25.48629   .3999542    63.72   0.000     24.68937    26.28322
------------------------------------------------------------------------------
```

해석

위 결과표에서 볼 수 있듯이, "Random-effects GLS regression"을 통해 GLS로 결과가 제시된 것을 확인할 수 있다.

PART

IV 동행

1. 패널분석

질문 내가 갖고 있는 데이터가 패널인지 어떻게 알 수 있나요? 만약 패널이라면 OLS랑 다른 방법으로 통계처리해야겠죠?!?!

1) 논문 예제

은행의 국제화와 성과 간 관계에 대한 탐색적 고찰:
동태적 내부화 우위 관점에서

양오석(제1저자)
서울대학교 경영대학(osyang30@hotmail.com)

민상기(공동저자)
서울대학교 경영대학 교수(skmin@snu.ac.kr)

國際經營研究 Vol .22 No.1 (2011)

이 글은 은행의 국제화와 성과 간 관계에 대한 탐색적 고찰을 실시하였다. 주요 초점은 은행의 국제화와 성과 간 관계 변화 유형을 확인하는 작업과, 성과에 미치는 내부화특유 우위 요소의 동태적 효과 및 즉각적으로 나타나지 않을 것으로 기대되는 영향력의 시간적 관성에 둔다. 이를 위해 구체적으로는 기업특유 및 내부화특유 우위 요소를 종합적으로 고찰하는 가운데 (1) 내부화특유 우위 요소가 국제화에 따른 성과에 미치는 직접적 영향을 살펴보고, (2) 내부화특유 우위 요소에 대해 1년과 2년의 타임 래그(t−1과 t−2)를 부여하여 개별 요소가 성과에 미치는 영향력의 관성을 살펴보았다. 연구대상은 전 세계 75개국 1,520개 상업은행이며 연구기간은 1990~2007년 기간이다. 응용된 실증분석 방법으로는 합동(pooled) OLS와 고정 및 확률효과 모형 간 타당성 검정을 통해 최종적으로 확인된 확률효과모형을 사용하였다. 분석결과 은행의 다국적 활동은 거래비용 및 관리•조정에 따른 비용을 발생시키며 이는 운영범위에 따라 증가하기가 쉽다는 것을 확인하였다. 따라서 은행의 국제화에 따른 성과는 진입 이후 적정 수준에 이르기 전까지 증가하다가 적정 시점 이후에는 감소하는 역U자형 관계를 나타낸다. 또한 비용효율성과 같은 내부화특유우위 요소는 국제화에 따른 성과 변화에 대해 직접효과를 미치는 것으로 확인된 반면 동태적 시간적 관성은 없는 것으로 나타났다.

Key Words: 국제화, 성과, 은행, 동태적 내부화, 비용효율성

1. 가설

가설 1: 국제화 수준과 무관하게 은행의 규모가 확대될수록 성과가 좋아진다.

가설 2: 은행의 국제화 수준과 성과 간 관계는 국제화 과정의 진입단계에 따라 상이하다.

가설 2a: 초기 진입단계에서는 비용증가로 국제화 수준과 성과는 부(−)의 관계를 갖는다.

가설 2b: 중간 단계에서는 학습과 본국−유치국 간 차이를 중재하는 능력이 강화되면서 국제화 수준과 성과는 정(+)의 관계를 갖는다.

가설 2c: 최적 성과 수준 이후 단계에서는 비용이 편익을 초과하여 국제화 수준과 성과는 부(−)의 관계를 갖는다.

가설3: 은행의 국제화에 따른 성과는 시간흐름에 따라 변화하는 특유우위에 의해 결정된다.

가설3a: 은행의 국제화에 따른 성과는 시간흐름에 따라 변화하는 기업특유우위와 정(+)의 관계를 갖는다.

가설3b: 은행의 국제화에 따른 성과는 시간흐름에 따라 변화하는 내부화특유우위와 정(+)의 관계를 갖는다.

가설 4: 현재기 은행의 성과는 전기 내부화특유우위에 의해 결정된다.

2. 분석모형

상기한 가설을 중심으로 이 글은 은행의 국제화 수준과 성과 간 관계를 확인하기 위해 다음과 같은 연구모형을 설정하였다.

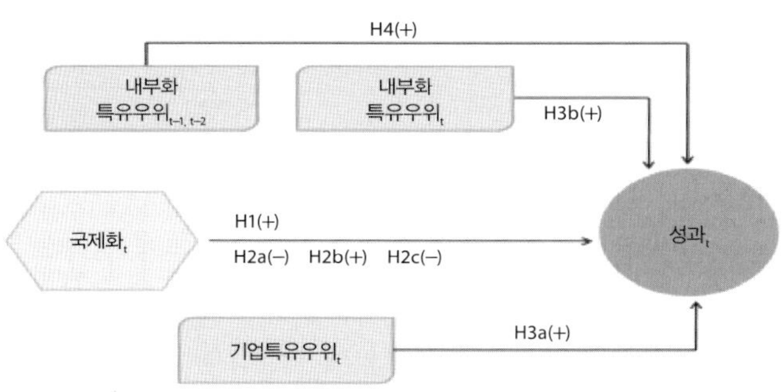

〈그림 1〉 연구모형

모델 1 (통제):

$$FERF_{i,t} = \beta_0 + \beta_1 FIRM_{i,t} + \beta_2 INTER_{i,t} + \varepsilon_{i,t}$$

모델 2 (선형):

$$FERF_{i,t} = \beta_0 + \beta_1 DOI_{i,t} + \beta_2 FIRM_{i,t} + \beta_3 INTER_{i,t} + \beta_4 INTER_{i,t-1} + \beta_5 INTER_{i,t-2} + \varepsilon_{i,t}$$

모델 3 (U자형 또는 역U자형):

$$FERF_{i,t} = \beta_0 + \beta_1 DOI_{i,t} + \beta_2 FIRM_{i,t} + \beta_3 INTER_{i,t} + \beta_4 INTER_{i,t-1} + \beta_5 INTER_{i,t-2} + \beta_6 (DOI_{i,t})^2 + \varepsilon_{i,t}$$

모델 4 (S자형):

$$FERF_{i,t} = \beta_0 + \beta_1 DOI_{i,t} + \beta_2 FIRM_{i,t} + \beta_3 INTER_{i,t} + \beta_4 INTER_{i,t-1} + \beta_5 INTER_{i,t-2} + \beta_6 (DOI_{i,t})^2 + \beta_7 (DOI_{i,t})^3 + \varepsilon_{i,t}$$

단, FERF(재무성과), DOI(국제화 수준), FIRM(기업특유우위), INTER(내부화특유우위), εi(오차항)

회귀식에서i는 은행을, t는 시간(1990–2007)을 나타낸다. FERFi,t는 t시점 i은행의 실적으로 재무성과 변수(ROE)가 대용변수(Proxy)로 사용되었다. DOI은 국제화수준을, FIRM은 기업특유우위를, INTER는 내부화특유우위를 나타낸다. 특히 DOI는 FSTS(Ratio of Foreign Sales/Total Sales), FATA(Ratio of Foreign Assets/Total Assets), FITI(Ration of Foreign Income/Total Income), FDTD(Ratio of Foreign Deposits/Total Deposits)의 평균값을 대용변수로 사용하여 국제화지수를 구하였다. DOI2와 DOI3는 각각 국제화지수의 2차항과 3차항이다. 또한 내부화특유우위의 과거값이 국제화에 따른 성과에 미치는 영향력을 살펴보기 위해 1년과 2년 타임 래그값으로 이루어진 변수($INTER_{i,t-1}$, $INTER_{i,t-2}$)를 투입하였다.

3. 분석

가. 기술통계

〈표 2〉는 본 연구에서 사용된 변수들의 1990~2007년 기간 동안 세계 은행의 국제화와 성과 간 관계에 영향을 미친 것으로 추정되는 주요 변수들의 평균과 표준편차 등 기술통계를 보여준다. 그리고 〈표 2〉는 주요 변인들 간 **단순상관계수**와 **분산팽창요인(Variance Inflation Factor: VIF)** 수치를 보여준다. 〈표 2〉에서 알 수 있듯이 대부분 설명변수들 간 상관계수가 일반적으로 사용되는 절사분계치(cut–off threshold of 0.7)보다 낮게 나타났다. 또한 개별 독립변수가 다른 독립변수에 의해 설명되는 정도를 말해주는 VIF 수치가 모두 절사분계치(cut–off threshold of 10)보다 작은 값을 지님으로써 **다중공선성**문제는 없는 것으로 판단된다.

〈표 2〉주요 변수의 기술통계 및 주요 변수들 간 상관계수와 VIF

변수	기술통계					Pearson 상관계수 X												VIF
	관측수	최저	최고	평균	표준편차	X1	X2	X3	X4	X5	X6	X7	X8	X9	X10	X11	X12	
X1	11152	−10.91	17.91	−6.61	27.11	1												1.88
X2	16862	−21.62	151	72.61	23.72	.259*** −	1 −											2.09
X3	27360	0	9.99	2.67	2.30	.072***	−.241***	1										1.68
X4	15240	0.03	844.87	19.88	6.99	−.002	−.011	−.002	1									1.21
X5	10818	−110 −	861	19.92 −	37.10	.055***	.162***	.064***	.195***	1								1.11

X6	15072	−677334	12001	−47.71	5621	.002	.032***	−.012	−.001	−.107	1							1.11
X7	14431	−7480	1775	8.09	69.07	−.013	−.007	.027***	.003	.035***	−.193***	1						1.02
X8	8171	−8.67	313	2.77	5.59	.076***	.164***	.022	.026	.074***	−.005	.008	1					1.39
X9	15134	−243	15982	18.21	234	.004	−.013	.040***	−.001	.088***	.005	.104***	.001	1				1.34
X10	14876	−355	1409	0.16	16.66	−.001	.002	.001	.002	−.031***	.001	−.024***	.009	.001	1			1.11
X11	5546	8.24	17335	28.11	549	.002	.072***	−.027	−.001	−.009	−.006	−.001	−.037	−.001	−.001	1		1.34
X12	8585	−807	797	−0.46	18.04	.027	.012	−.024	−.011	.008	.001	.001	.003	.001	−.004	.405***	1	1.34

주: 각 수치는 상관계수를 나타내고, ***은 유의도 수준 1%에서 p값이 유의함을 나타냄.

나. 분석결과

본 연구의 기초회귀식은 설명변수와 종속변수 간에는 비선형 관계가 이루어지지만 모수에 대해서는 선형모형이다. 따라서 본 연구의 모형은 다중회귀 선형모형이고,이에 최소자승법(OLS: ordinary least squares)으로도 추정이 가능하다. 그러나 본 연구에 사용되는 패널 자료의 경우 상수항과 오차항(individual effect 오차항, ui)이 확률변수일 때 OLS로 추정하게 되면 오차항의 1계 자기상관(AR(1)) 문제가 발생한다. 따라서 오차항의 1계 자기상관 문제를 해결하고 효율적인 추정량(efficient estimator)을 얻기 위해서는 우선 추정모형에 대한 검정이 이루어져야 한다. 이에 본 연구는 패널자료 분석을 위한 합동 최소자승법(Pooled OLS)모형과 이원오차성분패널모형(two-way error component panel model)을 후보 추정모형으로 상정하고 개별 모형의 타당성을 검정하였다.

우선 첫 단계에서는 합동 최소자승법과 이원오차성분패널모형 간 적합성을 판단하기 위해 F-test와 Breusch-Pagan test를 실시하였다. 전자는 합동 최소자승법과 고정효과모형(fixed effect model) 간 선택에 필요한 작업이고, 후자는 합동 최소자승법과 확률효과모형(random effect model)간 선택에 필요한 작업이다. 통제모델에서는 F-test 결과 1% 유의수준에서 귀무가설이 기각되어 고정효과모형의 타당성이 지지되었으나, Breusch-Pagan 검정에서 귀무가설이 기각되지 않아 합동 최소자승법 모형의 타당성이 입증되었다. 이와 달리 나머지 모든 모델에서는 F-test 결과 1% 유의수준에서 귀무가설이 기각되어 고정효과모형의 타당성이 지지되었고, 확률효과가 없다는 동분산성 귀무가설(H0: var(ui)= = 0) 에 대한 Breusch and Pagan 검정 결과 1% 유의수준에서 귀무가설이 기각되어 확률효과모형의 타당성이 입증되었다. 이어서 일치추정량을 얻기 위해 실시한 (개별효과)오차항(ui)과 설명변수들 간에 상관관계가 없다는 귀무가설(H0: cov (Xit , ui) = 0) 하에 고정효과모형과 확률효과모형 간 선택을 위한 Hausman 검정 결과 분석 사례 모두 1% 유의수준에서 귀무가설이 기각되어 확률효과모형의 타당성이 지지되었다.

확률효과모형은 오차항의 1계 자기상관 문제를 해결하기 위해 GLS(generalized least squares) 추정을 사용하며 설명변수와 오차항 간 상관관계가 없음(cov (Xit , ui) = 0)을 가정한다. 또한 그룹간(between) 정보와 그룹내(within) 정보를 모두 사용하는 장점이 있으며 시간에 따라 변화하지 않는(time-invariant) 설명변수를 분석에 포함시킬 수 있다(Dikova et al., 2010, p. 234).

〈표 3〉은 은행 실적을 자기자본순이익률(ROE)지표를 사용하여 통제, 선형, U자형, S자형 모델로 나누어 국제화수준-성과 간 관계 변화의 유형을 결정하는 주요 변수를 추정한 결과를 보여준다. '통제'

모델은 통제변수만으로 구성된 기준모델(baseline model)이고, 선형모델은 국제화 지수 1차항과 설명변인으로 구성되었다. U자형 모델은 (국제화 지수)^{2}와 설명변인으로, S자형 모델은 (국제화 지수)^{3}와 설명변인으로 구성되었다. 은행의 국제화-성과 간 패턴 변화에 대한 S자형 관계 관점이 지지되기 위해서는 S자형 모형의 결정계수(R^2)가 선형 및 U자형 모형보다 커야 한다. 분석결과 통제모델에 비해 상호작용 변수와 국제화 변수를 추가 투입한 선형모델의 R^2가 낮고, 선형모델에 비해 S자형 모델과 U자형 모델의 R^2가 더 높은 것으로 나타났다. 또한 S자형 모델은 국제화 지수가 유의도가 나타나지 않았고 U자형 모델의 유의도가 입증되었다. 이로써 은행의 국제화-성과 관계에 대해서 모델 III(U자형 모델)의 설명력이 가장 높음을 알 수 있다.

분석결과에 따르면 1990~2007년 연구기간 동안 국제화와 성과 간에 역U자형의 관계를 보여줌으로써 S자형 모형에 대한 유의도가 없는 것으로 나타나 S자형 관점은 지지되지 못했다. 이는 F. J. Contractor를 위시한 일련의 학자들이 주장한 바와 상충된다. 그러나 본 연구의 대상 시기는 미국 은행들이 해외시장진출을 꾀한 초기 시점이 포함되지 않았고 오히려 미국 은행들의 중반부 이후를 보여준다는 점에서 역U자형의 모습은 자연스러운 일이다. 또한 유럽 및 아시아 등 非미국 은행들의 해외시장 진출이 활발해진 1990~2007년 동안을 연구 대상 시기로 한다는 점을 감안하자면 역U자형의 관계로 나타나는 것이 자연스러운 일이다. 이 시기 동안 스페인 방코 산탄데르, 독일 도이치 은행 등을 비롯한 非미국 은행들의 해외시장 진출은 많은 경우 인수·합병을 통해 이루어졌다. 인수·합병으로 이들 은행은 외국비용(liabilities of foreignness)으로 인해 은행의 성과가 나빠지는 해외시장 진출 초기 단계를 회피할 수 있었던 것이다. 따라서 자연히 수평적 S자형의 관계를 형성하기 보다는 역U자형의 모습을 띤 채 초기단계부터 수익성이 개선되는 모습을 시현할 가능성이 큰 것으로 추정된다. 결국 전반적인 3단계를 가정한 가설 가운데 초기 진입단계 가설인 2a와 제3단계인 2c는 기각되었으나 중간단계에 대한 가설 2b는 지지되었다.

〈표 3〉 회귀분석 결과(종속변수: ROE)

	모델 I	모델 II	모델 III	모델 IV
	통제(Pooled OLS)	선형(RE)	U자형(RE)	S자형(RE)
독립변수				
(국제화)3				.001
(국제화)2			-.002***	-.003***
국제화		.039*	.131***	.124***
직접효과(기업특유)				
은행규모	.033*	.026	.018	.021
명성(평판)	.035	-.248	-.096	-.095
유동성	.108***	.056	.056	.062
리스크 관리능력	-.097*	-.040***	-.038***	-.041***
순이익률	.616***	.622***	.601***	.589***
생산성	.001	-.015	-.013	-.009

직접효과(내부화특유)				
무형자산	.106	.194	.124	.139
비용효율성	.259***	.217**	.191*	.204*
만기변환비용	–.181	.087	.084	.084
유동성네트워크(자산버퍼)	.001	–.013	–.008	–.009
자본버퍼	.004**	.024	.032	.029
동태적 효과(시간 래그)				
무형자산t–1, t–2		–.017, –.048	–.077, –.054	–.051, –.056
비용효율성t–1, t–2		–.009, –.009	.002, –.019	.004, –.022
만기변환비용t–1, t–2		–.117, –.087	–.089, –.093	–.097, –.097
유동성네트워크t–1, t–2		.068, –.050	.099, –.073	.088, –.065
자본버퍼t–1, t–2		–.129, .119	–.187, .177	–.167, .158
Wooldridge test(AR1)	.088	.556	.481	.400
Bhargava et al. test(AR1)	2.507**	1.620**	1.612**	1.622**
F–test 검정통계량	1.46***	3.01***	2.75***	2.67***
Breusch and Pagan test	.16	35.47***	40.92***	41.00***
Hausman test(Prob>chi2)		.399	.502	.559
R^2	.614	.550	.554	.559
N	1,520	1,520	1,520	1,520
Wald 검정통계량		219.97***	241.75***	247.51***
Hansen 결합검정 통계량		2.887(14, 3.34)	2.713 (15, 3.54)	3.097 (16, 3.75)

주: 1) RE=확률효과모형, FE=고정효과모형; 수치는 회귀계수이며 *, **, ***은 각각 10%, 5%, 1%에서 p값이 유의함을 나타냄

2) Wooldridge 검정통계량은 패널자료 오차항의 1계 자기상관을 검정(1%, 5% 유의도 수준) 모든 모델이 5% 수준에서 유의도가 없는 것으로 판명

3) Bhargava et al. 검정통계량으로 5% 유의수준 임계치인 2에 가까우면 귀무가설(오차항 1계 자기상관이 없다)을 기각할 수 없음(1982년 논문 참조)

4) F–test 수치는 검정통계량(***는 1% 유의수준에서 p값이 유의함을 나타냄)

5) Hausman test는 고정 및 확률효과 모형에 대한 검정이며, 수치는 p값임.

6) Hansen 결합검정에서 가로안의 수치는 (자유도, 임계치)를 표시. 임계치는 Hansen(1992)이 제시한 5% 유의도 수준 값. 모든 모델에서 5%수준에서 Hansen 임계치보다 검정통계량이 작아 귀무가설(추정치 일정 가정)이 기각되지 않았다.

2) Stata 활용법

통계분석은 1) 연구 주제와 변수 선정, 2) 다중공선성 확인, 3) 기술통계, 4) 통계분석, 5) 강건성 검정, 6) 분석결과 해석, 7) 토론 및 결론 등의 순서로 진행된다. 각 순서별로 통계 처리 기술을 살펴보도록 하자.

〈분석 절차〉

1. 연구 주제와 변수 선정
2. 다중공선성 확인
3. 기술통계
4. 통계분석
5. 강건성 검정
6. 분석결과 해석
7. 토론 및 결론

(1) 연구 주제와 변수 선정

패널분석을 위한 경영학 실습 주제로 "은행의 국제화를 포함한 재무 항목들이 은행의 수익성(ROE)에 미치는 영향"을 살펴보고자 한다. 종속변수로는 은행의 수익성 지표 중 하나인 자본수익률(ROE)을 선정하였고, 독립변수로는 multinationality, PBR, CIV, reputation, enterprisevalueLN, growthopportunity, totalassets 등을 선정하였다.

(2) 다중공선성 확인

다중공선성 확인은 크게 pwcorr 명령어를 통해 피어슨 단순 상관계수를 확인하거나, VIF 값을 확인하는 것으로 구성된다. 제공된 실습데이터 panel_1.dta를 사용하여 실습해 보자.

❶ 피어슨 상관계수 확인

은행 수익성(ROE)에 영향을 미칠 것으로 기대되는 후보 독립변수들(multinationality, PBR, CIV, reputation, enterprisevalueLN, growthopportunity, totalassets)을 살펴보도록 하자.

명령어

pwcorr 독립변수1 독립변수2 독립변수3 독립변수4 독립변수5

```
. pwcorr multinationality PBR CIV reputation enterprisevalueLN growthopportunity
totalassets

             | multin~y      PBR      CIV reputa~n enterp~N growth~y totala~s
-------------+------------------------------------------------------
multinatio~y |   1.0000 
         PBR |   0.2167   1.0000 
         CIV |   0.0756   0.1728   1.0000 
  reputation |  -0.0375   0.4806   0.1178   1.0000 
enterprise~N |   0.2016   0.1363   0.1879   0.1698   1.0000 
growthoppo~y |  -0.1324  -0.5254  -0.0731  -0.1996  -0.0074   1.0000 
 totalassets |   0.2216   0.1025   0.2844  -0.2225   0.1961   0.0417   1.0000 
```

한편 변수 간 단순상관관계를 확인하는 작업은 유의도 수준에 따라 상이하게 이루어진다. 0.01(1%), 0.05(5%), 0.10(10%) 등 크게 세 가지 유의도 수준에서 단순상관관계의 존재 여부를 확인하게 된다. 이를 확인하기 위한 통계처리 절차는 아래와 같이 0.01(1%)의 경우 star(1), 0.05(5%)의 경우 star(5), 0.10(10%)의 경우 star(10)이라는 명령어를 삽입한다.

명령어

pwcorr 독립변수명1 독립변수명2 독립변수명3, star(1)

pwcorr 독립변수명1 독립변수명2 독립변수명3, star(5)

pwcorr 독립변수명1 독립변수명2 독립변수명3, star(10)

```
. pwcorr multinationality PBR CIV reputation enterprisevalueLN growthopportunity
totalassets, star(1)

             | multin~y      PBR      CIV reputa~n enterp~N growth~y totala~s
-------------+------------------------------------------------------------
multinatio~y |   1.0000 
         PBR |   0.2167*  1.0000 
         CIV |   0.0756   0.1728   1.0000 
  reputation |  -0.0375   0.4806*  0.1178   1.0000 
enterprise~N |   0.2016   0.1363   0.1879   0.1698   1.0000 
growthoppo~y |  -0.1324  -0.5254* -0.0731  -0.1996  -0.0074   1.0000 
 totalassets |   0.2216*  0.1025   0.2844* -0.2225*  0.1961   0.0417   1.0000 
```

```
. pwcorr multinationality PBR CIV reputation enterprisevalueLN growthopportunity
totalassets, star(5)

             | multin~y      PBR      CIV reputa~n enterp~N growth~y totala~s
-------------+---------------------------------------------------------------
multinatio~y |   1.0000
         PBR |   0.2167*  1.0000
         CIV |   0.0756   0.1728*  1.0000
  reputation |  -0.0375   0.4806*  0.1178   1.0000
enterprise~N |   0.2016*  0.1363   0.1879*  0.1698*  1.0000
growthoppo~y |  -0.1324  -0.5254* -0.0731  -0.1996* -0.0074   1.0000
 totalassets |   0.2216*  0.1025   0.2844* -0.2225*  0.1961*  0.0417   1.0000

. pwcorr multinationality PBR CIV reputation enterprisevalueLN growthopportunity
totalassets, star(10)

             | multin~y      PBR      CIV reputa~n enterp~N growth~y totala~s
-------------+---------------------------------------------------------------
multinatio~y |   1.0000
         PBR |   0.2167*  1.0000
         CIV |   0.0756   0.1728*  1.0000
  reputation |  -0.0375   0.4806*  0.1178   1.0000
enterprise~N |   0.2016*  0.1363*  0.1879*  0.1698*  1.0000
growthoppo~y |  -0.1324* -0.5254* -0.0731  -0.1996* -0.0074   1.0000
 totalassets |   0.2216*  0.1025   0.2844* -0.2225*  0.1961*  0.0417   1.0000
```

해석

위 결과를 살펴보면 multinationality PBR CIV reputation enterprisevalueLN growthopportunity totalassets 등 모든 독립변수들이 다중공선성 검증에 필요한 기준치(0.7)를 모두 하회하고 있음을 알 수 있다. 따라서 일차적으로 모든 변수 간에는 다중공선성 문제가 없는 것으로 판단할 수 있다. 하지만 이것만으로 다중공선성이 존재하지 않는다고 확신하기가 어렵다. 완전한 것은 아니지만 일반적으로 경영학 논문에서는 VIF 값을 확인하는 것으로 다중공선성 여부에 대한 판단을 보완한다.

❷ 분산팽창요인(Variance Inflation Factor: VIF)

개념

피어슨 단순상관관계 검증을 통해 변수들 간 다중공선성 존재 여부를 확인하는 작업은 신뢰도가 불충분하여 일반적으로 경영학에서는 VIF(variance inflation factor)를 추가적으로 실시하여 다중공선성의 존재 여부를 확인한다. stata 연습데이터 panel_1.dta를 활용하여 실습해보자.

vif 값은 먼저 regression을 실시해야 한다. regression 결과를 모두 살펴볼 필요가 없기 때문에 "quietly"의 약자인 qui 명령어를 활용하여 "qui reg"를 실시한다. 이렇게 regression을 실시하면 회귀분석 결과로 도출된 VIF값이 통계 패키지 내에 담겨 있게 되고, 연구자는 vif 명령어를 통해 해당 값을 살펴볼 수 있다.

명령어

qui reg 종속변수 독립변수1 독립변수2 독립변수3 독립변수4

vif

```
. qui reg roe multinationality PBR CIV reputation enterprisevalueLN growthopportu-
nity totalassets

. vif

    Variable |       VIF       1/VIF
-------------+----------------------
         PBR |      1.94    0.514701
  reputation |      1.56    0.642157
growthoppo~y |      1.42    0.702951
 totalassets |      1.32    0.755066
enterprise~N |      1.16    0.863632
         CIV |      1.15    0.870794
multinatio~y |      1.15    0.871691
-------------+----------------------
    Mean VIF |      1.39
```

해석

일반적으로 VIF 값이 10보다 크면 다중공선성 문제를 의심해야 한다. 위 결과에서는 모든 변수가 기준치(10)를 하회한다. 또한 평균 VIF 값이 1보다 상당히 크면 그 역시 다중공선성 문제를 고려해야 한다. 만약 VIF 값이 10보다 큰 변수가 여러 개로 나타난다면 변수의 VIF 값이 가장 큰 변수부터 차례로 소거해야 한다. 위 결과에서는 소거 대상 독립변수가 없음을 확인할 수 있다.

(3) 패널 검정

〈검정 절차〉

1차: tsset으로 개체와 연도 인식시키기

2차: f-test로 Pooled OLS와 고정효과 검증(OLS와 패널모형 중 어느 것이 더 적합한지를 판단)

3차: breusch-pagan 검정: Pooled OLS와 임의효과(확률효과) 검증(OLS와 패널모형 중 어느 것이 더 적합한지를 판단)

4차: 하우즈만 검정: 고정효과모형과 임의효과모형 중 어느 것이 더 적합한지를 판단

❶ tsset

개념

사용하는 데이터가 패널인 까닭에 분석에 앞서 우선 데이터 정렬을 위해 개체와 연도를 인식시켜야 한다. 실습데이터 panel_1.dta를 활용하여 이를 실행해보자.

명령어

tsset 개체명 연도

```
. tsset firm year
       panel variable:  firm (unbalanced)
        time variable:  year, 1990 to 2007
                delta:  1 unit
```

❷ F-test

개념

이 검정은 오차항(ui)의 고정된 개체특성을 고려할 필요가 있는지를 확인하는 작업이다. 즉 귀무가설은 ui=0 이다. 이 가설이 기각되지 않으면 합동 OLS로 추정해야 하고, 기각되면 고정효과 모형을 추정해야 한다. stata 연습데이터 panel_1.dta를 그대로 활용하여 이를 실행해보자.

명령어

xtreg 종속변수 독립변수1 독립변수2, fe

```
. xtreg roe multinationality CIV reputation, fe

Fixed-effects (within) regression               Number of obs      =       161
Group variable: firm                            Number of groups   =         9

R-sq:  within  = 0.2463                         Obs per group: min =        16
       between = 0.5675                                        avg =      17.9
       overall = 0.2801                                        max =        20

                                                F(3,149)           =     16.23
corr(u_i, Xb)  = -0.4932                        Prob > F           =    0.0000

------------------------------------------------------------------------------
roe |      Coef.   Std. Err.      t    P>|t|     [95% Conf. Interval]
-----------------+------------------------------------------------------------
multinationality |  -.0172702   .0507895    -0.34   0.734    -.1176309    .0830905
             CIV |   .0000553   .0000218     2.54   0.012     .0000122    .0000984
      reputation |   28.04953   4.180626     6.71   0.000     19.78856     36.3105
           _cons |   13.57674   1.273373    10.66   0.000     11.06054    16.09294
-----------------+------------------------------------------------------------
         sigma_u |  2.1444693
         sigma_e |   4.632673
             rho |  .17646496   (fraction of variance due to u_i)
------------------------------------------------------------------------------
F test that all u_i=0:     F(8, 149) =      2.68             Prob > F = 0.0087
```

해석

이번 분석에서는 전체 관측치 161개, 패널 그룹 9개가 사용되었음을 보여준다. 모형에 포함된 패널 그룹은 8개이고, "F 검정에서는 모형에 포함된 8개 패널 그룹 더미변수의 추정계수가 모두 0"인지를 고찰하였다. 그 결과 F 검정의 p값이 0.01보다 작게 나타나, 1% 유의수준에서 귀무가설(F 검정에서는 모형에 포함된 8개 패널 그룹 더미변수의 추정계수가 모두 0)이 기각되었다. 따라서 패널의 개체특성을 모형에서 고려한 고정효과 모형이 합동 OLS보다 더 적절하다는 의미를 나타낸다.

❸ Breusch-Pagan 검정

개념

이 검정은 Pooled OLS와 임의효과(확률효과) 간 타당성을 판단(OLS와 패널분석 중 어느 것이 더 적합한지를 판단)하는데 사용된다. 이에 대한 검정은 2단계를 거쳐 진행된다.

명령어(1단계)

xtreg 종속변수 독립변수1 독립변수2, re

```
. xtreg roe multinationality CIV reputation, re

Random-effects GLS regression                   Number of obs      =       161
Group variable: firm                            Number of groups   =         9

R-sq:  within  = 0.2450                         Obs per group: min =        16
       between = 0.5995                                        avg =      17.9
       overall = 0.2867                                        max =        20

                                                Wald chi2(3)       =     53.99
corr(u_i, X)   = 0 (assumed)                    Prob > chi2        =    0.0000

------------------------------------------------------------------------------------
roe |       Coef.   Std. Err.       z     P>|z|      [95% Conf. Interval]
-----------------+------------------------------------------------------------------
multinationality |   .0069728   .0366872     0.19   0.849    -.0649329    .0788784
             CIV |   .0000471   .0000208     2.26   0.024     6.29e-06    .0000879
      reputation |   24.68943   3.510965     7.03   0.000     17.80806    31.57079
           _cons |   13.31259   1.096546    12.14   0.000      11.1634    15.46178
-----------------+------------------------------------------------------------------
         sigma_u |  1.6287155
         sigma_e |   4.632673
             rho |  .11000552   (fraction of variance due to u_i)
------------------------------------------------------------------------------------
```

명령어(2 단계)

xttest0

```
. xttest0

Breusch and Pagan Lagrangian multiplier test for random effects

        roe[firm,t] = Xb + u[firm] + e[firm,t]

        Estimated results:
                        |       Var     sd = sqrt(Var)
                ---------+-----------------------------
                     roe |   32.14412       5.669578
                       e |   21.46166       4.632673
                       u |   2.652714       1.628715

        Test:   Var(u) = 0
                             chibar2(01) =     3.38
                          Prob > chibar2 =   0.0330
```

해석

p값이 0.05보다 작아서, 5% 유의수준에서 귀무가설이 기각되었다. 따라서 Pooled OLS 모형 추정보다는 패널의 개체특성을 고려한 확률효과 모형을 추정해야 한다는 결론에 도달한다.

❹ 하우즈만 검정

개념

이 검정은 고정효과 모형과 확률효과 모형 간 어느 것이 더 적합한지를 판단하는데 사용된다. 귀무가설이 기각되면 고정효과 모형이 타당함을 의미하고, 귀무가설이 기각되지 않으면 확률효과 모형이 타당함을 의미한다.

"sigmamore" 명령어를 통해 검정의 강건성을 높일 수 있다. 이 명령어는 도구변수 추정에서 설명변수의 외생성(exogeneity)을 검정할 때 주로 사용하는 옵션이다.

명령어

qui xtreg 종속변수 독립변수1 독립변수2, fe

estimates store FE

qui xtreg 종속변수 독립변수1 독립변수2, re

estimates store RE

hausman FE RE, sigmamore

```
. qui xtreg roe multinationality CIV reputation, fe

. estimates store FE

. qui xtreg roe multinationality CIV reputation, re

. estimates store RE

. hausman FE RE, sigmamore

Note: the rank of the differenced variance matrix (2) does not equal the number
of coefficients being tested (3); be sure this is what you expect, or there may be
problems computing
the test.  Examine the output of your estimators for anything unexpected and possi-
bly consider scaling your variables so that the coefficients are on a similar scale.

                 ---- Coefficients ----
             |      (b)          (B)            (b-B)     sqrt(diag(V_b-V_B))
             |       FE           RE         Difference          S.E.
-------------+----------------------------------------------------------------
multinatio~y |   -.0172702     .0069728      -.024243        .0351322
         CIV |    .0000553     .0000471      8.22e-06        6.48e-06
  reputation |    28.04953     24.68943      3.360104        2.270503
------------------------------------------------------------------------------
                           b = consistent under Ho and Ha; obtained from xtreg
            B = inconsistent under Ha, efficient under Ho; obtained from xtreg

    Test:  Ho:  difference in coefficients not systematic

                  chi2(2) = (b-B)'[(V_b-V_B)^(-1)](b-B)
                          =        3.02
                Prob>chi2 =      0.2213
```

해석

prob>chi2값이 0.01(1%), 0.05(5%)보다 크기 때문에 1%, 5% 유의수준 모두 귀무가설이 기각되지 않는다. 즉 고정효과모형보다 확률효과모형이 더 적절하다고 판단할 수 있다. 따라서 하우즈만 검정 결과 이 사례는 확률효과모형의 분석결과를 가지고 종속변수-독립변수 간 관계를 해석해야 한다. 즉 은행의 수익성(ROE)은 국제화수준과는 통계적으로 유의한 관계가 없으며, CIV는 유의수준 5%에서 유의한 정(+)의 관계를 보이고, reputation은 유의수준 1%에서 유의한 정(+)의 관계를 보여준다. 이로써 은행은 국제화 수준과 무관하게 CIV와 reputation이 높을수록 수익성이 제고된다고 판단할 수 있다. 이 분석결과는 국제화-성과 간 관계에 있어서 앞서 주어진 경영학 논문 사례에서 밝혀진 결과와 상충된다. 이는 논문에서 고찰한 변수의 구성과 상이한 변수를 구성한데서 비롯되었으며, 또한 앞선 논문은 국제화-성과 간 일차 및 이차 관계를 살펴보는 것과 달리 실습 예제는 이들 간 일차 관계만을 고찰한데서 비롯된다. 이처럼 연구자의 관점에 따라 고찰영역이 어떻게 결정되느냐에 따라 통계 분석틀이 달라지고 그에 따른 결과 역시 달라질 수 있다.

2. 동적패널분석 (현재에 드리워진 과거의 그림자)

질문 살펴보고 싶은 종속변수가 자신의 과거값에 의해 통제받는다면 어떤 모형을 사용해야 하나요?

담배를 피우는 사람은 2012년 담배소비량이 2013년 담배소비량에 영향을 주기가 쉽다. 이처럼 시간의 흐름 속에 특정 한 시점의 현상이 다른 시점의 현상에 영향을 주는 경우가 흔히 있다. 하지만 기업의 재무성과는 담배처럼 좀처럼 끊기가 어려운 습관성을 지니는 것이 아니다.

종속변수의 과거값이 현 시점의 설명변수로 고려될 때 사용해야 할 연구모형을 동적패널모형이라고 한다. 다만 패널모형인만큼 시계열과 횡단면자료로 이루어져 있어야 한다.

1) 논문예제

The impact of environmental performance on firm performance: static and dynamic panel data evidence

Khaled Elsayed, David Paton
Nottingham University Business School, Jubilee Campus, Wollaton Road, Nottingham NG8 1BB, UK

Structural Change and Economic Dynamics 16(2005) 395–412

Abstract
There is a long-standing debate on the impact of environmental performance on firm performance.Although previous studies have reported mixed results, many of these papers suffer from modelmisspecification and/or limited data. A conspicuous gap in the literature is the inability of authors tocontrol for firm heterogeneity and dynamic effects. In this paper, we conduct static and dynamic paneldata analysis of the impact of environmental performance on financial performance. Our evidenceimplies that environmental performance has a neutral impact on firm performance. This finding isconsistent with theoretical work suggesting that firms invest in environmental initiatives until thepoint where the marginal

cost of such investments equals the marginal benefit.

1. Results

The impact of environmental performance on firm performance using dynamic panel data analysis (Arellano and Bond estimation)

Firm performance is the dependent variable	Tobin's q	ROA	ROS
Dependent lag1	−0.2524 (0.2739)	0.3133*** (0.0812)	−0.2076 (0.1378)
Dependent lag2	−0.3572*** (0.0981)	0.1116 (0.0698)	−0.1230 (0.1637)
Lag environmental performance	0.0678+ (0.0390)	−0.0081 (0.0056)	−0.0046 (0.0072)
Lag leverage	−0.4389 (0.3016)	0.1109+ (0.0661)	0.0362 (0.0458)
Lag log total assets	−0.3997* (0.1788)	0.0025 (0.0177)	−0.0251 (0.0220)
Lag research and development intensity	3.702 (2.393)	0.0952 (0.2639)	−0.0533 (0.4885)
Lag intangible assets intensity	−0.005 (0.2794)	0.0176 (0.0130)	0.0383 (0.0525)
Lag capital intensity	−1.652(1.493)	−0.2104 (0.1794)	−0.5159 (0.3496)
Trend	0.025 (0.033)	−0.0109*** (0.0027)	−0.0015 (0.0036)
AR(1)	−3.27**	−4.06***	−2.13*
AR(2)	0.01	−0.1	−0.5
Sargan	17.72	11.58	13.97

Notes: (i) Figures in parentheses are robust standard errors. (ii) AR(1) and AR(2) are test for first and second order autocorrelation in the differenced residuals. (iii) Sargan is the Sargan tests of over−identifying restrictions.

+ p < 0.10

*P < 0.05, ** p < 0.01, *** p < 0.001

2) Stata 활용법

동적패널모형은 2단계추정량(FD2SLS)과 GMM 추정량(알레라노-본드 GMM 추정, 시스템 GMM 추정)으로 세분된다.

(1) FD2SLS

개념

기초통계에서 살펴본 바와 같이 어떤 모형을 선택하게 되든지 통계 처리는 일치추정량을 얻을 수 있어야 한다. 동적 패널모형에서 일치추정량을 얻기 위해서는 기본적으로 고정효과 모형을 선택하는 방법을 생각해 볼 수 있다. 그러나 패널모형에서 연구자가 임의로 고정효과 모형을 선택하는 것은 방법론상의 엄격성을 해하는 일이다. 더욱이 고정효과 모형을 임의로 선택할 경우 내생적인 설명변수 문제가 발생하기 때문에 이 또한 해결해야 할 문제로 남게 된다. 따라서 대안적인 방법으로 고정효과 모형을 선택하는 동시에 도구변수(instrumental variables) 추정법을 이용하여 내생적인 설명변수 문제를 해결하는 방법을 취할 수 있다.

여기서 연구자가 직면하게 되는 또 다른 문제가 있다. 그것은 도구변수 추정법으로 2단계 추정량(2SLS) 사용을 위한 FE2SLS와 FD2SLS 방법 가운데 어느 것이 적절하냐의 문제이다. 앞서 다룬 통계의 기본 내용을 잘 숙지한 연구자라면 당연히 FE2SLS는 도구변수인 종속변수의 과거값(lagged value)이 오차항과 갖는 상관관계로 인한 내생성문제가 있음을 알 수 있다. 따라서 FD2SLS가 적절한 도구임을 판단할 수 있다.

stata 연습데이터 panel_2.dta를 활용하여 이를 실습해 보자. 우선 주어진 패널 데이터에서 연습을 위해 종속변수인 ROE의 1년 래그(L.해당변수명)와 2년 래그(L2.해당변수명) 변수를 생성시켜보자. 데이터 작업을 시작하기에 앞서 패널 데이터이므로 tsset을 통해 해당 기업과 연도를 패널 데이터임을 인식시켜야 한다(각 해당 부문 설명 참조할 것). 1년 래그 변수는 L.해당변수명으로, 2년 래그변수는 L2.해당변수명으로 조작한다. 저정할 변수명은 연구자의 취향대로 선택할 수 있다. 여기서는 1년 래그변수명으로 lagged1_roe를 사용하였고, 1년 래그변수명으로는 lagged2_roe로 명명하였다.

명령어(1단계)

tsset 개체명 연도

gen 저장할 변수명=L.종속변수명

gen 저장할 변수명=L2.종속변수명

```
. tsset id year
       panel variable:  id (unbalanced)
        time variable:  year, 1990 to 2007
                delta:  1 unit

. gen lagged1_roae=L.roae
(264 missing values generated)

. gen lagged2_roae=L2.roae
(318 missing values generated)
```

명령어(2단계)

xtivreg 종속변수 독립변수1 독립변수2 (L.종속변수명=L2.종속변수명), fd

```
. xtivreg roae Growth_of_Total_Assets Cost_to_Income_ratio LN_y3 Liability_Ratio
NPLs_to_Gross_Loan LN_gni Inflation Market_Cap_to_GDP (L.roae=L2.roae), fd

First-differenced IV regression
Group variable:   id                       Number of obs      =       300
Time variable:    year                     Number of groups   =        47

R-sq:  within  = 0.6472                    Obs per group: min =         1
       between = 0.2288                                   avg =       6.4
       overall = 0.3032                                   max =        11

                                           Wald chi2(9)       =    728.54
corr(u_i, Xb)  = -0.7090                   Prob > chi2        =    0.0000

------------------------------------------------------------------------------
             D.roae |    Coef.   Std. Err.     z    P>|z|    [95% Conf. Interval]
----------------------+-------------------------------------------------------
               roae |
                LD. | -.0021136   .059795   -0.04  0.972    -.1193096   .1150824
                    |
Growth_of_Total_Assets |
                D1. |  .0597222  .0309983    1.93  0.054    -.0010333   .1204778
                    |
```

```
   Cost_to_Income_ratio |
                    D1. | -.6567616  .0879226   -7.47  0.000   -.8290867  -.4844364
                        |
                  LN_y3 |
                    D1. | -13.31349  4.239588   -3.14  0.002   -21.62293  -5.004052
                        |
        Liability_Ratio |
                    D1. | -1.089892  .0653233  -16.68  0.000   -1.217923  -.9618605
                        |
     NPLs_to_Gross_Loan |
                    D1. | -.5684836  .1899534   -2.99  0.003   -.9407854  -.1961819
                        |
                 LN_gni |
                    D1. |  6.891535  4.264853    1.62  0.106   -1.467423   15.25049
                        |
              Inflation |
                    D1. |  .0161729  .1663102    0.10  0.923   -.3097891   .3421349
                        |
      Market_Cap_to_GDP |
                    D1. | -.0019919  .0137234   -0.15  0.885   -.0288893   .0249054
                        |
                  _cons | -.4170643  .7591866   -0.55  0.583   -1.905043   1.070914
------------------------+----------------------------------------------------------
                sigma_u |  15.44217
                sigma_e | 8.1771987
                    rho | .78100026   (fraction of variance due to u_i)
-----------------------------------------------------------------------------------
Instrumented:   L.roae
Instruments:    Growth_of_Total_Assets Cost_to_Income_ratio LN_y3 Liability_Ratio
                NPLs_to_Gross_Loan LN_gni Inflation Market_Cap_to_GDP L2.roae
-----------------------------------------------------------------------------------
```

해석

분석결과에 따르면 roae LD 변수가 P>|z| 값이 0.972로서 p<0.01, p<0.05, p<0.10 등의 조건을 만족시키지 못해 모든 유의수준에서 통계적으로 유의한 영향력이 없는 것으로 나타났다. 그러므로 과년도 기업의 수익성은 올해 수익성에 영향을 미치지 않는 것으로 판단할 수 있다. 나머지 변수들 가운데 Growth_of_Total_Assets은 10% 유의수준에서 통계적으로 정(+)의 관계를, Cost_to_Income_ratio, LN_y3, Liability_Ratio, NPLs_to_Gross_Loan은 1% 유의수준에서 부(−)의 관계를 갖는 것으로 확인되었다. 나머지 변수는 통계적으로 유의한 영향을 미치지 않는 것으로 나타났다.

(2) Arellano-Bond GMM 추정

Arellano-Bond GMM 추정은 one-step 추정과 two-step 추정으로 구분된다. One-step 추정 보다 two-step 추정이 점근적으로(asymptotically) 더 효율적인 것으로 평가 받고 있다. 따라서 연구자들은 이들 논의를 좀 더 깊이 살펴보고 연구모형 선정에 있어서 더욱 신중할 필요가 있다.

가. One-step 추정

개념

2단계추정량 방식 외에 동적패널모형은 GMM 추정량을 사용하는 Arellano-Bond 추정량 방식을 통해 실행되기도 한다. 앞서 설명한 바와 같이 GMM 추정량은 도구변수의 숫자가 내생적 설명변수의 수보다 많은 경우 더 효율적인 분석결과를 도출해 낸다. 도구변수 수가 내생적 설명변수 수보다 많은 경우 "과대식별(over-identified)" 모형으로 인한 문제가 발생할 수 있다.

stata 연습데이터 hansen_2.dta를 활용하여 실습해보자. xtabond 명령어를 사용한 GMM 추정은 "차분(difference) GMM"으로 불리고, 후속되는 절에서는 이와 또 다른 "시스템 GMM"을 소개할 것이다.

명령어(1년 래그값만 포함하는 경우)

xtabond 종속변수 독립변수1 독립변수2, lags(1) noconstant

```
. xtabond roae Growth_of_Total_Assets Cost_to_Income_ratio LN_y3 Liability_Ratio
NPLs_to_Gross_Loan LN_gni Inflation Market_Cap_to_GDP, lags(1) noconstant

Arellano-Bond dynamic panel-data estimation  Number of obs         =        326
Group variable: id                           Number of groups      =         48
Time variable: year
                                             Obs per group:    min =          1
                                                               avg =   6.791667
                                                               max =         12

Number of instruments =      86              Wald chi2(9)          =     549.65
                                             Prob > chi2           =     0.0000
```

```
One-step results
------------------------------------------------------------------------------
                roae |      Coef.   Std. Err.      z    P>|z|     [95% Conf. Interval]
---------------------+--------------------------------------------------------
                roae |
                 L1. |  -.1050481   .0427684    -2.46   0.014    -.1888726   -.0212237
                     |
Growth_of_Total_Assets |   .0840894   .0299238     2.81   0.005     .0254398    .1427389
  Cost_to_Income_ratio |  -.7474313   .0879064    -8.50   0.000    -.9197247   -.5751379
                 LN_y3 |  -16.19343   2.914793    -5.56   0.000    -21.90632   -10.48054
       Liability_Ratio |  -.9773961   .0708823   -13.79   0.000    -1.116323   -.8384693
    NPLs_to_Gross_Loan |  -.5823774   .1458914    -3.99   0.000    -.8683192   -.2964356
                LN_gni |   5.969578   3.065544     1.95   0.051     -.038777    11.97793
             Inflation |  -.0267436   .1493483    -0.18   0.858     -.319461    .2659737
     Market_Cap_to_GDP |   .0126955   .0154472     0.82   0.411    -.0175804    .0429714
------------------------------------------------------------------------------
Instruments for differenced equation
        GMM-type: L(2/.).roae
        Standard: D.Growth_of_Total_Assets D.Cost_to_Income_ratio D.LN_y3
D.Liability_Ratio D.NPLs_to_Gross_Loan D.LN_gni D.Inflation D.Market_Cap_to_GDP
```

해석

ROAE의 1년 과거값이 현재 ROAE에 대해 통계적으로 유의한 부(-)의 영향력을 미치는 것으로 나타났다(유의수준 5%). 과거 ROAE의 1% 증가가 현재 ROAE의 10.5%를 감소시키는 것으로 해석된다. 나머지 변수 가운데 Grwoth_of_Total_Assets는 유의수준 1%에서 통계적으로 유의한 정(+)의 관계를 보여주었고, Cost_to_Income_ratio, LN_y3, Liability_Ration, NPLs_to_Gross_Loan 등은 1% 유의수준에서 통계적으로 유의한 부(-)의 관계를 나타냈다. LN_gni는 유의수준 10%에서 통계적으로 유의한 정(+)의 관계를 갖는 것으로 나타났고, Inflation은 통계적으로 유의하지 않은 것으로 확인되었다. 결국 기업의 수익성(ROAE)은 과거 성과가 현재 성과를 결정하는 누적 관계(-)가 존재하는 것으로 판단할 수 있다. 즉 과거 성과가 좋았던 기업이 올해에도 성과가 좋을 가능성이 높다는 기대는 경쟁상황이 나날이 심화되는 현실 세계에서는 결코 할 수 없다는 진리를 단호하게 보여주고 있다.

Arellano-Bond 추정에서는 연구자가 별도로 도구변수를 지정하지 않는다. 추정모형 스스로 종속변수의 과거값을 도구변수로 투입한다. 분석결과표 아래 쪽에 “GMM-type L(2/.).roae”로 표시된 것은 종속변수의 과거값이 도구변수로 사용되었음을 말해준다.

Arellano-Bond 추정 결과는 앞서 실시한 추정결과와 다른 모습을 나타낸다. 즉 앞서 실행한 분석에서는 roae LD 변수가 P>|z| 값이 0.972로서 $p<0.01$, $p<0.05$, $p<0.10$ 등의 조건을 만족시키지 못해 모든 유의수준에서 통계적으로 유의한 영향력이 없는 것으로 나타났다. 이와 달리 알레라노-본드 추정 결과에서는 1% 유의수준에서 통계적으로 유의한 부(-)의 관계가 있는 것으로 확인되었다.

이번에는 종속변수의 1년 과거값과 2년 과거값 모두를 독립변수로 투입하는 사례를 실습해보자.

명령어(1년 래그값과 2년 래그값을 모두 포함하는 경우)

xtabond 종속변수 독립변수1 독립변수2, lags(2) noconstant

```
. xtabond roae Growth_of_Total_Assets Cost_to_Income_ratio LN_y3 Liability_Ratio
NPLs_to_Gross_Loan LN_gni Inflation Market_Cap_to_GDP, lags(2) noconstant

Arellano-Bond dynamic panel-data estimation  Number of obs      =       300
Group variable: id                           Number of groups   =        47
Time variable: year
                                             Obs per group:   min =         1
                                                              avg =  6.382979
                                                              max =        11

Number of instruments =     85               Wald chi2(10)      =    782.31
                                             Prob > chi2        =    0.0000

One-step results
------------------------------------------------------------------------------------
                 roae |      Coef.   Std. Err.      z    P>|z|    [95% Conf. Interval]
----------------------+-------------------------------------------------------------
                 roae |
                  L1. |  -.1504256   .0365677    -4.11   0.000     -.222097   -.0787542
                  L2. |  -.1187356   .0294227    -4.04   0.000    -.1764031   -.0610681
                      |
Growth_of_Total_Assets |   .1024564   .0284597     3.60   0.000     .0466765    .1582364
  Cost_to_Income_ratio |  -.7154486   .0772417    -9.26   0.000    -.8668395   -.5640577
                 LN_y3 |  -16.26291   2.421075    -6.72   0.000    -21.00813   -11.51769
       Liability_Ratio |  -.8870077   .0594343   -14.92   0.000    -1.003497   -.7705186
    NPLs_to_Gross_Loan |  -.7338395   .1287576    -5.70   0.000    -.9861998   -.4814793
                LN_gni |   4.781096   2.602524     1.84   0.066    -.3197571    9.881948
             Inflation |  -.0102424   .1243388    -0.08   0.934    -.2539419    .2334571
     Market_Cap_to_GDP |   .0175055   .0127599     1.37   0.170    -.0075034    .0425143
------------------------------------------------------------------------------------
```

```
Instruments for differenced equation
        GMM-type: L(2/.).roae
        Standard: D.Growth_of_Total_Assets D.Cost_to_Income_ratio D.LN_y3
D.Liability_Ratio D.NPLs_to_Gross_Loan D.LN_gni D.Inflation D.Market_Cap_to_GDP
```

❶ 이분산성 검정

질문 Arellano-Bond 모형에서도 오차항의 이분산성을 확인해야겠죠?

개념

앞서 추정한 모형에서는 오차항의 이분산성 검정이 이루어지지 않았다. 오차항의 이분산성 검정에 대한 의미는 앞서 다룬 바 있다. 이분산성 문제를 고려한 추정결과는 다음과 같은 명령어를 통해 얻을 수 있다.

명령어

xtabond 종속변수 독립변수1 독립변수2, lags(2) noconstant robust

```
. xtabond roae Growth_of_Total_Assets Cost_to_Income_ratio LN_y3 Liability_Ratio
NPLs_to_Gross_Loan LN_gni Inflation Market_Cap_to_GDP, lags(2) noconstant robust

Arellano-Bond dynamic panel-data estimation  Number of obs         =       300
Group variable: id                           Number of groups      =        47
Time variable: year
                                             Obs per group:    min =         1
                                                               avg =  6.382979
                                                               max =        11

Number of instruments =     85               Wald chi2(10)         =    882.01
                                             Prob > chi2           =    0.0000

One-step results
                                          (Std. Err. adjusted for clustering on id)
----------------------------------------------------------------------------------
                     |               Robust
                roae |      Coef.   Std. Err.      z    P>|z|     [95% Conf. Interval]
---------------------+------------------------------------------------------------
```

```
             roae |
              L1. |  -.1504256  .0823731   -1.83  0.068   -.3118738   .0110226
              L2. |  -.1187356  .0461497   -2.57  0.010   -.2091873  -.0282839
                  |
Growth_of_Total_Assets |   .1024564  .0380115    2.70  0.007    .0279552   .1769577
 Cost_to_Income_ratio |  -.7154486  .1098623   -6.51  0.000   -.9307747  -.5001225
            LN_y3 |  -16.26291  3.908257   -4.16  0.000   -23.92296  -8.602869
   Liability_Ratio |  -.8870077   .127668   -6.95  0.000   -1.137232   -.636783
 NPLs_to_Gross_Loan |  -.7338395  .4124951   -1.78  0.075   -1.542315   .0746361
           LN_gni |   4.781096  3.827098    1.25  0.212   -2.719879   12.28207
        Inflation |  -.0102424  .1263691   -0.08  0.935   -.2579212   .2374364
  Market_Cap_to_GDP |   .0175055  .0174427    1.00  0.316   -.0166816   .0516926
------------------------------------------------------------------------------
Instruments for differenced equation
        GMM-type: L(2/.).roae
        Standard: D.Growth_of_Total_Assets D.Cost_to_Income_ratio D.LN_y3
D.Liability_Ratio D.NPLs_to_Gross_Loan D.LN_gni D.Inflation D.Market_Cap_to_GDP
```

해석

이분산성 검정 전에 도출된 분석결과와 이분산성을 확인한 분석결과 간에 추정계수에는 변화가 없는 반면, 표준오차가 달라졌음을 확인할 수 있다. 또한 유의수준을 나타내는 p값에도 다소 변화가 발생하였다. 연구자의 엄격성을 강조한다면 이분산성 확인 이전의 결과자료보다는 오차항의 이분산성을 확인하여 이를 제거한 분석결과를 가지고 최종 가설검정을 실행하는 것이 더 바람직하다.

❷ Sargan 검정

Arellano-Bond 추정을 실행한 이후 추가적으로 진행해야 할 몇 가지 검정 과정이 있다. 우선 과대식별 조건에 대한 가설검정인 Sargan 검정을 살펴보자. 이 검정은 내생적 설명변수보다 도구변수 숫자가 많을 때 발생할 수 있는 과대식별(over-identifying) 문제를 점검하는 절차다. 과대식별 문제는 연구모형의 분석결과를 왜곡할 수 있다. 이에 연구자의 데이터가 지닌 과대식별 조건이 적절한지를 살펴볼 수 있는 Sargan 검정을 실시한다.

명령어

qui xtabond 종속변수 독립변수1 독립변수2, lags(2) noconstant

```
estat sargan

. qui xtabond roae Growth_of_Total_Assets Cost_to_Income_ratio LN_y3 Liability_Ratio
NPLs_to_Gross_LoanLN_gni Inflation Market_Cap_to_GDP, lags(2) noconstant

. estat sargan
Sargan test of overidentifying restrictions
        H0: overidentifying restrictions are valid

        chi2(75)      =  225.0664
        Prob > chi2   =    0.0000
```

해석

결과표에도 나와 있듯이 검정해야 할 귀무가설(H_0)은 "과대식별 조건이 적절하다"이다. 분석결과에 대한 해석은 Prob>chi2 값으로 시작한다. 이 값이 0.0000이므로 이는 유의수준 1%에서 귀무가설을 기각하였다. 따라서 과대식별 문제가 있는 것으로 판단할 수 있다. 따라서 모형설정을 새로 하고, 도구변수를 새로 선택해야 한다.

한 가지 유의할 점은 도구변수의 숫자가 패널그룹의 숫자보다 많은 경우에는 Sargan 검정 결과에 대한 신뢰성이 떨어진다는 점이다(Arellano & Bond 1991). 위에서 사용된 데이터는 도구변수의 숫자(Number of instruments)가 85개로, 패널그룹의 수(number of groups)(47개) 보다 많은 것으로 확인되었다. 따라서 Sargan 검정 결과에 대한 신뢰성이 떨어진다고 판단할 수 있다.

❸ 오차항 Δe_{it} 의 자기상관 검정

앞서 실행한 패널모형에서도, 그리고 Pooled OLS 모형에서도 동일하게 점검하는 사항 중 하나가 바로 오차항의 자기상관 존재 여부이다. 마찬가지로 동적패널모형에서도 오차항의 자기상관에 대한 가설검정이 필요하다. 다만 동적패널모형은 단순 오차항의 자기상관이 아니라 오차항 Δe_{it}의 자기상관을 검정하게 된다.

명령어

qui xtabond 종속변수 독립변수1 독립변수2, lags(2) noconstant

estat abond

```
. qui xtabond roae Growth_of_Total_Assets Cost_to_Income_ratio LN_y3 Liability_Ratio
NPLs_to_Gross_LoanLN_gni Inflation Market_Cap_to_GDP, lags(2) noconstant

. estat abond

Arellano-Bond test for zero autocorrelation in first-differenced errors
  +-----------------------+
  |Order |  z      Prob > z |
  |------+----------------|
  |   1  |-4.6195  0.0000  |
  |   2  | .56877  0.5695  |
  +---------------------- +
   H0: no autocorrelation
```

해석

귀무가설은 "오차항 Δe_{it}에 1계 자기상관이 없다"이다. 결과를 살펴보면 1계, 즉 Order 1에서는 유의수준 1%에서 귀무가설이 기각되었다. 따라서 1계 자기상관이 있음을 알 수 있다. 또한 2계, 즉 Order 2에서는 모든 유의수준에서 유의도가 없어 귀무가설이 기각되지 않았다. 따라서 2계 자기상관은 없는 것으로 판단할 수 있다.

나. two-step 추정

이제 점근적으로 더 효율적이라는 two-step 추정을 실습해 보자. 앞서 실습한 one-step 추정에서는 robust 검정을 필수적으로 시행하지는 않았다. 즉 옵션으로 남겨두고 연구자가 스스로 선택하게끔 유도하고 있다. 이와 달리 two-step 추정에서는 robust가 옵션이 아니라 필수품이다. 이는 표준오차 편의(bias)를 수정해야 하기 때문이다(Windmeijer 2005). 분석결과표를 살펴보면 Windmeijer의 수정된 표준오차가 제시되어 있다.

❶ xtabond 추정

명령어

xtabond 종속변수 독립변수1 독립변수2, lags(2) noconstant twostep robust

```
. xtabond roae Growth_of_Total_Assets Cost_to_Income_ratio LN_y3 Liability_Ratio
NPLs_to_Gross_Loan LN_gni Inflation Market_Cap_to_GDP, lags(2) noconstant twostep
robust

Arellano-Bond dynamic panel-data estimation  Number of obs         =       300
Group variable: id                           Number of groups      =        47
Time variable: year
                                             Obs per group:    min =         1
                                                               avg =  6.382979
                                                               max =        11

Number of instruments =     85               Wald chi2(10)         =    909.45
                                             Prob > chi2           =    0.0000
Two-step results
                                          (Std. Err. adjusted for clustering on id)
------------------------------------------------------------------------------------
                       |              WC-Robust
                  roae |      Coef.   Std. Err.      z    P>|z|     [95% Conf. Interval]
-----------------------+------------------------------------------------------------
                  roae |
                   L1. |  -.1489905   .0824704    -1.81   0.071    -.3106295    .0126485
                   L2. |  -.1154692   .0450875    -2.56   0.010    -.2038391   -.0270993
                       |
Growth_of_Total_Assets |    .104209   .0399598     2.61   0.009     .0258892    .1825288
  Cost_to_Income_ratio |  -.7111454   .1082886    -6.57   0.000    -.9233872   -.4989036
                 LN_y3 |  -17.00591   3.990864    -4.26   0.000    -24.82786   -9.183958
       Liability_Ratio |  -.8966835   .1228521    -7.30   0.000    -1.137469   -.6558978
    NPLs_to_Gross_Loan |  -.7308431   .4147834    -1.76   0.078    -1.543804    .0821174
                LN_gni |   5.313274   3.773675     1.41   0.159    -2.082993    12.70954
             Inflation |   -.027512    .131918    -0.21   0.835    -.2860665    .2310425
     Market_Cap_to_GDP |    .017054   .0183197     0.93   0.352     -.018852      .05296
------------------------------------------------------------------------------------
Instruments for differenced equation
        GMM-type: L(2/.).roae
        Standard: D.Growth_of_Total_Assets D.Cost_to_Income_ratio D.LN_y3
D.Liability_Ratio
                  D.NPLs_to_Gross_Loan D.LN_gni D.Inflation D.Market_Cap_to_GDP
```

해석

Twostep 옵션을 사용한 경우 대부분의 기업특유 변수에서는 one-step 추정 결과와 크게 다르지 않음을 알 수 있다. 다만 유의수준에서 차이를 보이기도 하고, 계수의 크기도 다소 차이가 있을 뿐이다. 그런데 통제변수로 투입된 거시경제변수에서는 일부 두드러진 변화가 나타나고 있다.

ROAE의 1년 과거값과 2년 과거값 모두 현재 ROAE에 대해 통계적으로 유의한 부(-)의 영향력을 미치는 것으로 나타났다(각각 유의수준 1%와 5%에서). 과거 1년 전 ROAE의 1% 증가가 현재 ROAE의 14.8%를 감소시키는 것으로 해석된다. 또한 과거 2년 전 ROAE의 1% 증가가 현재 ROAE의 11.5%를 감소시키는 것으로 해석된다. 나머지 변수 가운데 Grwoth_of_Total_Assets는 유의수준 1%에서 통계적으로 유의한 정(+)의 관계를 보여주었고, Cost_to_Income_ratio, LN_y3, Liability_Ration은 유의수준 1%에서 통계적으로 유의한 부(-)의 관계를 나타냈다. 또한 NPLs_to_Gross_Loan은 10% 유의수준에서 통계적으로 유의한 부(-)의 관계를 나타냈다.

한편 앞서 실행한 one-step 추정에서는 LN_gni가 유의수준 10%에서 통계적으로 유의한 정(+)의 관계를 갖는 것으로 나타났었는데, two-step 추정에서는 통계적 유의도가 없는 것으로 확인되었다. Inflation은 one-step 추정 때와 동일하게 통계적으로 유의하지 않은 것으로 확인되었다. 또한 앞서 밝힌 바와 같이 필수 옵션인 robust에 따라 분석결과표를 살펴보면 Windmeijer의 수정된 표준오차가 제시되어 있다.

결국 one-step 추정과 two-step 추정 결과 모두 기업의 수익성(ROAE)은 과거 성과가 현재 성과를 결정하는 누적 관계(-)가 존재한다는 동일한 결론을 지지한다. 즉 과거 성과가 좋았던 기업이 올해에도 성과가 좋을 가능성이 높다는 기대는 경쟁상황이 나날이 심화되는 현실 세계에서는 결코 할 수 없다는 진리를 다시 한번 단호하게 보여주고 있다.

❷ xtabond2 추정

상기 실습한 xtabond 추정은 robust 옵션을 추가하면 estat sargan 명령어가 작동하지 않는다. 그렇다고 robust 옵션을 필수로 하다보니 robust 옵션을 연구자가 선택하지 않을 수도 없다. 결국 xtabond 추정은 과대식별에 대한 Sargan 검정을 실시할 수 없다는 단점이 있다. 연구결과의 엄격성을 위해 필요한 Sargan 검정을 하기 위해서는 또 다른 방법을 모색해야만 한다. 이 문제를 해결해 줄 수 있는 것이 xtabond2 추정이다. 다만 xtabond 추정과 달리 xtabond2는 래그변수와 GMM 타입으로 사용될 도구변수를 직접 입력해야 하는 불편함이 있다. 일장일단이라는 말이 있다. 얻을게 많은 대신 불편함을 감수해야 함을 의미한다.

유의할 점은 래그변수를 생성시킨 후 직접 선택하는 것이 아니라, 래그변수를 L.종속변수 형식으로 직접 입력한다는 것이다. 즉 1년 전 래그변수는 L.종속변수로, 2년 전 래그변수는 L2.종속변수 형식으로 입력한다. 또한 noleveleq와 nomata 옵션을 포함시켜야 한다.* 이 부분은 제시한 연습데이터에 부분적인 문제점이 발견되었지만 데이터의 속성 그대로를 보여주기로 하겠다.

명령어

xtabond2 종속변수 래그변수 독립변수1 독립변수2 독립변수3, gmm(래그변수) iv(독립변수1 독립변수2 독립변수3) noleveleq nomata

```
. xtabond2 roae L.roae Growth_of_Total_Assets Cost_to_Income_ratio LN_y3 Liability_
Ratio NPLs_to_Gross_Loan LN_gni Inflation Market_Cap_to_GDP, gmm(L.roae) iv(Growth_
of_Total_Assets Cost_to_Income_ratio LN_y3 Liability_Ratio NPLs_to_Gross_Loan LN_gni
Inflation Market_Cap_to_GDP) noleveleq nomata

Building GMM instruments.
Warning: Number of instruments may be large relative to number of observations.
Suggested rule of thumb: keep number of instruments <= number of groups.
Estimating.
Performing specification tests.

Dynamic panel-data estimation, one-step difference GMM
------------------------------------------------------------------------------
Group variable: id                              Number of obs      =       326
Time variable : year                            Number of groups   =        48
Number of instruments = 86                      Obs per group: min =         1
Wald chi2(8)  =    565.26                                      avg =      6.79
Prob > chi2   =     0.000                                      max =        12
----------------------------------------------------------------------------------
                  roae |      Coef.  Std. Err.      z    P>|z|     [95% Conf. Interval]
-----------------------+----------------------------------------------------------
                  roae |
                   L1. |  -.1050481   .0421739    -2.49   0.013    -.1877074   -.0223888
                       |
Growth_of_Total_Assets |   .0840894   .0295078     2.85   0.004      .026255    .1419237
  Cost_to_Income_ratio |  -.7474313   .0866845    -8.62   0.000    -.9173298   -.5775329
                 LN_y3 |  -16.19343   2.874276    -5.63   0.000    -21.82691   -10.55995
       Liability_Ratio |  -.9773961    .069897   -13.98   0.000    -1.114392   -.8404004
    NPLs_to_Gross_Loan |  -.5823774   .1438634    -4.05   0.000    -.8643445   -.3004103
                LN_gni |   5.969578   3.022932     1.97   0.048     .0447409    11.89442
             Inflation |  -.0267436   .1472723    -0.18   0.856    -.3153921    .2619048
     Market_Cap_to_GDP |   .0126955   .0152325     0.83   0.405    -.0171596    .0425506
----------------------------------------------------------------------------------
```

* 이는 STATA 프로그램 버전에 따라 달라질 수 있다. 이 책은 STATA 11을 기준으로 서술되었다.

```
Instruments for first differences equation
  Standard
    D.(Growth_of_Total_Assets Cost_to_Income_ratio LN_y3 Liability_Ratio
    NPLs_to_Gross_Loan LN_gni Inflation Market_Cap_to_GDP)
  GMM-type (missing=0, separate instruments for each period unless collapsed)
L(1/.).L.roae
------------------------------------------------------------------------------
Arellano-Bond test for AR(1) in first differences: z =  -3.34  Pr > z =  0.001
Arellano-Bond test for AR(2) in first differences: z =  -1.14  Pr > z =  0.253
------------------------------------------------------------------------------
Sargan test of overid. restrictions: chi2(77)   = 167.24  Prob > chi2 =  0.000
  (Not robust, but not weakened by many instruments.)


. xtabond2 roae L2.roae Growth_of_Total_Assets Cost_to_Income_ratio LN_y3 Liability_
Ratio NPLs_to_Gross_Loan LN_gni Inflation Market_Cap_to_GDP, gmm(L2.roae) iv(Growth_
of_Total_Assets Cost_to_Income_ratioLN_y3 Liability_Ratio NPLs_to_Gross_Loan LN_gni
Inflation Market_Cap_to_GDP) noleveleq nomata

Building GMM instruments..
Warning: Number of instruments may be large relative to number of observations.
Suggested rule of thumb: keep number of instruments <= number of groups.
Estimating.
Performing specification tests.

Dynamic panel-data estimation, one-step difference GMM
------------------------------------------------------------------------------
Group variable: id                              Number of obs      =       300
Time variable : year                            Number of groups   =        47
Number of instruments = 74                      Obs per group: min =         1
Wald chi2(8)  =    711.39                                      avg =      6.38
Prob > chi2   =     0.000                                      max =        11
------------------------------------------------------------------------------------
                  roae |      Coef.   Std. Err.      z    P>|z|     [95% Conf. Interval]
-----------------------+------------------------------------------------------------
                  roae |
                   L2. |  -.0624043   .0335439    -1.86   0.063    -.1281491    .0033404
                       |
Growth_of_Total_Assets |   .0813827   .0294348     2.76   0.006     .0236915    .1390739
  Cost_to_Income_ratio |  -.6442932   .0816007    -7.90   0.000    -.8042277   -.4843587
                 LN_y3 |  -14.40495   2.521856    -5.71   0.000     -19.3477   -9.462203
       Liability_Ratio |  -1.039735   .0599835   -17.33   0.000      -1.1573   -.9221695
    NPLs_to_Gross_Loan |  -.5507751   .1171659    -4.70   0.000    -.7804161   -.3211342
                LN_gni |   4.560089    2.70296     1.69   0.092    -.7376148    9.857793
             Inflation |   .0254661   .1299595     0.20   0.845    -.2292499    .2801821
     Market_Cap_to_GDP |   .0121842   .0133059     0.92   0.360    -.0138948    .0382632
------------------------------------------------------------------------------------
```

```
Instruments for first differences equation
  Standard
    D.(Growth_of_Total_Assets Cost_to_Income_ratio LN_y3 Liability_Ratio
    NPLs_to_Gross_Loan LN_gni Inflation Market_Cap_to_GDP)
  GMM-type (missing=0, separate instruments for each period unless collapsed)
L(1/.).L2.roae
------------------------------------------------------------------------------
Arellano-Bond test for AR(1) in first differences: z =  -5.82  Pr > z =  0.000
Arellano-Bond test for AR(2) in first differences: z =   0.91  Pr > z =  0.365
------------------------------------------------------------------------------
Sargan test of overid. restrictions: chi2(65)    = 152.65  Prob > chi2 =  0.000
  (Not robust, but not weakened by many instruments.)
```

해석

결과표에서 알 수 있듯이 Sargan test 결과가 도출되어 있다. 그런데 한 가지 문제가 발생했다. 다음과 같은 경고 메시지가 뜬 것이다: "Warning: Number of instruments may be large relative to number of observations. Suggested rule of thumb: keep number of instruments <= number of groups." 즉 도구변수 숫자가 관측 숫자에 비해 너무 크다는 뜻이다. 도구변수 숫자는 패널그룹 숫자보다 같거나 작아야 한다고 제안하고 있다.

바람직한 통계결과를 도출하기 위해서는 도구변수 숫자가 패널그룹 숫자보다 작을 수 있도록 연구자가 통제해야 한다. 여기서는 준비된 연습데이터의 속성을 그대로 보여 주고자 한다.

한편 Hansen test 결과도 동시에 도출할 수 있는데 이를 위한 명령어는 다음과 같다.

명령어

xtabond2 종속변수 래그변수 독립변수1 독립변수2 독립변수3, gmm(래그변수) iv(독립변수1 독립변수2 독립변수3) noleveleq nomata robust

```
. xtabond2 roae L.roae Growth_of_Total_Assets Cost_to_Income_ratio LN_y3 Liability_
Ratio NPLs_to_Gross_Loan LN_gni Inflation Market_Cap_to_GDP, gmm(L.roae) iv(Growth_
of_Total_Assets Cost_to_Income_ratio LN_y3 Liability_Ratio NPLs_to_Gross_Loan LN_gni
Inflation Market_Cap_to_GDP) noleveleq nomata robust

Building GMM instruments..
Warning: Number of instruments may be large relative to number of observations.
```

```
Suggested rule of thumb: keep number of instruments <= number of groups.
Estimating.
Warning: Two-step estimated covariance matrix of moment conditions is singular.
Number of instruments may be large relative to number of groups.
Using a generalized inverse to calculate robust weighting matrix for Hansen test.
Performing specification tests.

------------------------------------------------------------------------------
                     |              Robust
                roae |      Coef.   Std. Err.      z    P>|z|     [95% Conf. Interval]
---------------------+--------------------------------------------------------
                roae |
                 L1. |  -.1050481   .0875072    -1.20   0.230    -.276559    .0664627
                     |
Growth_of_Total_Assets |   .0840894   .0391706     2.15   0.032    .0073163    .1608624
  Cost_to_Income_ratio |  -.7474313   .1656585    -4.51   0.000   -1.072116   -.4227466
                 LN_y3 |  -16.19343   4.032381    -4.02   0.000   -24.09675   -8.290111
       Liability_Ratio |  -.9773961   .1019296    -9.59   0.000   -1.177174   -.7776176
    NPLs_to_Gross_Loan |  -.5823774   .3821102    -1.52   0.127     -1.3313    .1665449
                LN_gni |   5.969578   4.008257     1.49   0.136   -1.886461    13.82562
             Inflation |  -.0267436   .1434437    -0.19   0.852   -.3078881    .2544008
      Market_Cap_to_GDP |   .0126955   .0195521     0.65   0.516   -.0256258    .0510168
------------------------------------------------------------------------------
Instruments for first differences equation
  Standard
    D.(Growth_of_Total_Assets Cost_to_Income_ratio LN_y3 Liability_Ratio
    NPLs_to_Gross_Loan LN_gni Inflation Market_Cap_to_GDP)
  GMM-type (missing=0, separate instruments for each period unless collapsed)
L(1/.).L.roae
------------------------------------------------------------------------------
Arellano-Bond test for AR(1) in first differences: z =  -1.52  Pr > z =  0.129
Arellano-Bond test for AR(2) in first differences: z =  -1.14  Pr > z =  0.253
------------------------------------------------------------------------------
Sargan test of overid. restrictions: chi2(77)    = 167.24  Prob > chi2 =  0.000
  (Not robust, but not weakened by many instruments.)
Hansen test of overid. restrictions: chi2(77)    =  39.95  Prob > chi2 =  1.000
  (Robust, but weakened by many instruments.)


. xtabond2 roae L2.roae Growth_of_Total_Assets Cost_to_Income_ratio LN_y3 Liability_
Ratio NPLs_to_Gross_Loan LN_gni Inflation Market_Cap_to_GDP, gmm(L2.roae) iv(Growth_
of_Total_Assets Cost_to_Income_ratioLN_y3 Liability_Ratio NPLs_to_Gross_Loan LN_gni
Inflation Market_Cap_to_GDP) noleveleq nomata robust

Building GMM instruments..
Warning: Number of instruments may be large relative to number of observations.
```

```
Suggested rule of thumb: keep number of instruments <= number of groups.
Estimating.
Warning: Two-step estimated covariance matrix of moment conditions is singular.
Number of instruments may be large relative to number of groups.
Using a generalized inverse to calculate robust weighting matrix for Hansen test.
Performing specification tests.

Dynamic panel-data estimation, one-step difference GMM
------------------------------------------------------------------------------
Group variable: id                              Number of obs      =       300
Time variable : year                            Number of groups   =        47
Number of instruments = 74                      Obs per group: min =         1
Wald chi2(8)  =    1417.60                                     avg =      6.38
Prob > chi2   =      0.000                                     max =        11
------------------------------------------------------------------------------------
                       |              Robust
                  roae |      Coef.  Std. Err.      z  P>|z|     [95% Conf. Interval]
-----------------------+------------------------------------------------------------
                  roae |
                   L2. |  -.0624043  .0552964   -1.13  0.259    -.1707834   .0459747
                       |
Growth_of_Total_Assets |   .0813827  .0287787    2.83  0.005     .0249774    .137788
  Cost_to_Income_ratio |  -.6442932  .0843348   -7.64  0.000    -.8095864      -.479
                 LN_y3 |  -14.40495  3.429284   -4.20  0.000    -21.12622  -7.683677
       Liability_Ratio |  -1.039735  .0714513  -14.55  0.000    -1.179777  -.8996929
    NPLs_to_Gross_Loan |  -.5507751  .3223284   -1.71  0.087    -1.182527    .080977
                LN_gni |   4.560089  3.591192    1.27  0.204    -2.478518    11.5987
             Inflation |   .0254661    .11718    0.22  0.828    -.2042024   .2551347
     Market_Cap_to_GDP |   .0121842  .0156597    0.78  0.437    -.0185083   .0428768
------------------------------------------------------------------------------------
Instruments for first differences equation
  Standard
    D.(Growth_of_Total_Assets Cost_to_Income_ratio LN_y3 Liability_Ratio
    NPLs_to_Gross_Loan LN_gni Inflation Market_Cap_to_GDP)
  GMM-type (missing=0, separate instruments for each period unless collapsed)
L(1/.).L2.roae
------------------------------------------------------------------------------
Arellano-Bond test for AR(1) in first differences: z =  -1.73  Pr > z =  0.084
Arellano-Bond test for AR(2) in first differences: z =   0.64  Pr > z =  0.523
------------------------------------------------------------------------------
Sargan test of overid. restrictions: chi2(65)   = 152.65  Prob > chi2 =  0.000
  (Not robust, but not weakened by many instruments.)
Hansen test of overid. restrictions: chi2(65)   =  39.11  Prob > chi2 =  0.995
  (Robust, but weakened by many instruments.)
```

해석

표를 보면 Sargan 검정 결과와 Hansen 검정 결과 모두 표현되어 있다. Hansen 검정 결과를 보면 1년 전 래그변수(L.roae)에 대한 검정에서 p값이 1.0으로 나와 통계적 유의도가 없는 것으로 확인되었다. 또한 2년 전 래그변수(L2.roae)에 대한 검정에서는 p값이 0.995로 나와 이 역시 통계적 유의도가 없는 것으로 나타났다. 이에 귀무가설("과대식별 제약조건이 적절하다")이 기각되지 않으며, 사용된 도구변수가 적절하다는 판단을 내릴 수 있다.

한편 Sargan 검정에서는 이분산성 문제로 인해 귀무가설이 기각될 수도 있다. 그러나 robust 옵션을 사용하게 되면 이분산성 문제가 제거되어 과대식별 문제를 해결할 수 있다. 위 분석결과에서도 hansen 검정 결과 귀무가설이 기각되지 않는 등 과대식별 문제가 없음을 잘 보여준다.

여기서 주의할 점은 Sargan 검정이나 Hansen 검정 모두 도구변수의 숫자가 패널그룹의 숫자보다 많을 경우 분석결과를 왜곡할 수 있다는 사실이다. 따라서 연구자는 도구변수의 숫자가 항상 패널그룹의 숫자보다 작게 만드는 것이 바람직하다. 하지만 본 연습데이터는 바로 이 문제를 뛰어넘지 못하고 있다. 연구결과에서 볼 수 있듯이 도구변수 숫자가 관측 숫자에 비해 너무 크다는 경고메시지가 제시되었다: "Warning: Number of instruments may be large relative to number of observations. Suggested rule of thumb: keep number of instruments <= number of groups." 그리고 위 결과표에서도 Sargan 검정과 Hansen 검정 모두 지나치게 많은 도구변수로 인해 분석결과가 취약하다는, 즉 강건성의 문제가 있다는 메시지가 제시되었다: "Not robust, but not weakened by many instruments."

❸ xtabond2 two-step 검정

이제 마지막으로 xtabond2에서 two-step 검정을 실습해 보자. twostep 옵션과 robust 옵션을 동시에 사용하는 것이 원칙이다. 이 부분 역시 제시한 연습데이터에 부분적인 문제점이 발견되었지만 데이터의 속성 그대로를 보여주기로 하겠다.

명령어

xtabond2 종속변수 래그변수 독립변수1 독립변수2 독립변수3, gmm(래그변수) iv(독립변수1 독립변수2 독립변수3) noleveleq nomata robust twostep

```
. xtabond2 roae L.roae Growth_of_Total_Assets Cost_to_Income_ratio Liability_Ratio,
gmm(L.roae) iv(Growth_of_Total_Assets Cost_to_Income_ratio Liability_Ratio) noleveleq
nomata robust twostep

Building GMM instruments..
Warning: Number of instruments may be large relative to number of observations.
Suggested rule of thumb: keep number of instruments <= number of groups.
Estimating.
Warning: Two-step estimated covariance matrix of moment conditions is singular.
Number of instruments may be large relative to number of groups.
Using a generalized inverse to calculate optimal weighting matrix for two-step esti-
mation.
Computing Windmeijer finite-sample correction.......................................
Performing specification tests.

Dynamic panel-data estimation, two-step difference GMM
------------------------------------------------------------------------------
Group variable: id                              Number of obs      =       498
Time variable : year                            Number of groups   =        39
Number of instruments = 94                      Obs per group: min =         9
Wald chi2(3)  =   1229.83                                      avg =     12.77
Prob > chi2   =     0.000                                      max =        13
------------------------------------------------------------------------------------
                       |              Corrected
                  roae |      Coef.  Std. Err.      z    P>|z|    [95% Conf. Interval]
-----------------------+------------------------------------------------------------
                  roae |
                   L1. |   .0874151  .1038328     0.84   0.400    -.1160933    .2909236
                       |
Growth_of_Total_Assets |    .133396   .034046     3.92   0.000     .0666671    .2001249
  Cost_to_Income_ratio |  -.5095155  .0692013    -7.36   0.000    -.6451476   -.3738833
       Liability_Ratio |  -1.130117  .0845806   -13.36   0.000    -1.295892   -.9643421
------------------------------------------------------------------------------------
Instruments for first differences equation
  Standard
    D.(Growth_of_Total_Assets Cost_to_Income_ratio Liability_Ratio)
  GMM-type (missing=0, separate instruments for each period unless collapsed)
L(1/.).L.roae
------------------------------------------------------------------------------
Arellano-Bond test for AR(1) in first differences: z =  -2.06  Pr > z =  0.039
Arellano-Bond test for AR(2) in first differences: z =  -0.96  Pr > z =  0.337
------------------------------------------------------------------------------
Sargan test of overid. restrictions: chi2(90)    = 218.28  Prob > chi2 =  0.000
  (Not robust, but not weakened by many instruments.)
Hansen test of overid. restrictions: chi2(90)    =  38.70  Prob > chi2 =  1.000
  (Robust, but weakened by many instruments.)
```

(3) 시스템 GMM 추정

질문 종속변수의 과거값을 도구변수로 사용했다구요? 이게 최선입니까?

❶ xtdpdsys 추정

앞서 다룬 xtabond 명령어를 사용한 GMM 추정(Arellano-Bond 추정)은 "차분(difference) GMM"으로 불리고, 이 절에서는 또 다른 "시스템 GMM"을 소개하고자 한다.

Arellano-Bond 추정에서는 종속변수의 과거값이 도구변수로 투입되었다. 즉 종속변수의 수준변수(level variable)들이 도구변수로 사용된 것이다. 그렇다면 과연 종속변수의 수준변수들이 도구변수로서 적절할까? 그렇지 않을 수도 있다. 특히 종속변수가 확률(임의)보행과정(random walk process)을 따른다면 종속변수의 과거값을 도구변수로 투입하는 것은 확률보행과정의 기본 가정에 위배된다(Arellano and Bover 1995; Blundell and Bond 1998). 물론 기업이 전략을 선택할 때 확률(임의)적으로 선택을 결정하는 경우는 없다. 따라서 종속변수의 과거값을 도구변수로 투입하는 것이 반드시 잘못된 것은 아닐 것이다. 이에 대한 논의는 좀 더 많은 고찰이 필요하다.

이제 종속변수를 차분한 후 그 차분값의 과거값을 추가적인 도구변수로 사용하는 "시스템 GMM"을 실습해보자. 시스템 GMM은 추가적인 도구변수를 사용하기 때문에 차분 GMM 보다 더 효율적인 추정량으로 평가받고 있다. 종속변수의 1년 전 값만 포함시키는 경우와 1년 전 값 및 2년 전 값을 모두 설명변수에 포함시키는 두 경우로 나누어 명령어를 투입해 보자. 이번 실습에서는 다소의 문제가 있어 Growth_of_Total_Assets 변수를 빼고 실시하였다.

명령어

```
xtdpdsys 종속변수 독립변수1 독립변수2 독립변수3, lags(1)
xtdpdsys 종속변수 독립변수1 독립변수2 독립변수3, lags(2)
```

```
. xtdpdsys roae Cost_to_Income_ratio LN_y3 Liability_Ratio NPLs_to_Gross_Loan LN_gni
Inflation Market_Cap_to_GDP, lags(1)

System dynamic panel-data estimation          Number of obs        =       339
Group variable: id                            Number of groups     =        39
Time variable: year
                                              Obs per group:    min =         1
                                                                avg =  8.692308
                                                                max =        13

Number of instruments =     98                Wald chi2(8)         =    415.20
                                              Prob > chi2          =    0.0000
One-step results
------------------------------------------------------------------------------------
                roae |      Coef.   Std. Err.      z    P>|z|     [95% Conf. Interval]
---------------------+--------------------------------------------------------------
                roae |
                 L1. |  -.0571225   .0352453   -1.62   0.105    -.1262021    .011957
                     |
Cost_to_Income_ratio |  -.7306455   .1010224   -7.23   0.000    -.9286458  -.5326452
               LN_y3 |  -8.701831   1.709562   -5.09   0.000    -12.05251   -5.35115
     Liability_Ratio |  -.8982162   .0762558  -11.78   0.000    -1.047675  -.7487576
  NPLs_to_Gross_Loan |  -.3823263   .1394274   -2.74   0.006    -.6555991  -.1090535
              LN_gni |   2.852322   1.736571    1.64   0.100    -.5512944   6.255938
           Inflation |  -.0591089   .1417842   -0.42   0.677    -.3370008    .218783
   Market_Cap_to_GDP |    .020399   .0157265    1.30   0.195    -.0104244   .0512224
               _cons |   119.6672   34.00311    3.52   0.000     53.02237   186.3121
------------------------------------------------------------------------------------
Instruments for differenced equation
        GMM-type: L(2/.).roae
        Standard: D.Cost_to_Income_ratio D.LN_y3 D.Liability_Ratio D.NPLs_to_Gross_
Loan D.LN_gni D.Inflation D.Market_Cap_to_GDP
Instruments for level equation
        GMM-type: LD.roae
        Standard: _cons

. xtdpdsys roae Cost_to_Income_ratio LN_y3 Liability_Ratio NPLs_to_Gross_Loan LN_gni
Inflation Market_Cap_to_GDP, lags(2)

System dynamic panel-data estimation          Number of obs        =       320
Group variable: id                            Number of groups     =        38
Time variable: year
                                              Obs per group:    min =         4
                                                                avg =  8.421053
                                                                max =        12
```

```
Number of instruments =      97                Wald chi2(9)          =     643.81
                                               Prob > chi2           =     0.0000
One-step results
------------------------------------------------------------------------------------
                roae |      Coef.   Std. Err.       z    P>|z|     [95% Conf. Interval]
---------------------+--------------------------------------------------------------
                roae |
                 L1. |    -.13485    .0307287    -4.39   0.000    -.1950771    -.0746229
                 L2. |   -.150156    .0229705    -6.54   0.000    -.1951773    -.1051348
                     |
Cost_to_Income_ratio |  -.6804962    .0821963    -8.28   0.000     -.841598    -.5193943
               LN_y3 |  -11.49773     1.40313    -8.19   0.000    -14.24781    -8.747641
     Liability_Ratio |  -.8089448    .0615025   -13.15   0.000    -.9294876     -.688402
   NPLs_to_Gross_Loan |  -.7469667    .1251481    -5.97   0.000    -.9922524     -.501681
              LN_gni |   4.312694    1.394832     3.09   0.002     1.578874     7.046515
           Inflation |  -.0540518    .1121793    -0.48   0.630    -.2739191     .1658156
   Market_Cap_to_GDP |     .02196    .0124867     1.76   0.079    -.0025136     .0464336
               _cons |   130.8289    27.22263     4.81   0.000     77.47354     184.1843
------------------------------------------------------------------------------------
Instruments for differenced equation
        GMM-type: L(2/.).roae
        Standard: D.Cost_to_Income_ratio D.LN_y3 D.Liability_Ratio D.NPLs_to_Gross_
Loan D.LN_gni D.Inflation D.Market_Cap_to_GDP
Instruments for level equation
        GMM-type: LD.roae
        Standard: _cons
```

해석

아래쪽 추정결과에서 보여주는 바와 같이 xtabond 추정에서는 도구변수의 숫자(Number of instruments)가 85개였으나, xtdpdsys 추정에서는 98개로 증가하였음을 알 수 있다. 또한 xtdpdsys 추정 결과에서는 GMM-type 도구변수로 종속변수 차분의 과거값인 LD.roae가 투입되었음을 보여주고 있다.

〈Growth_of_Total_Assets를 뺀 xtabond 추정 결과〉

```
. xtabond roae Cost_to_Income_ratio LN_y3 Liability_Ratio NPLs_to_Gross_Loan LN_gni
Inflation Market_Cap_to_GDP, lags(1) nocons

Arellano-Bond dynamic panel-data estimation  Number of obs         =       300
Group variable: id                           Number of groups      =        38
Time variable: year
                                             Obs per group:    min =         3
                                                               avg =  7.894737
                                                               max =        12

Number of instruments =     85                Wald chi2(8)          =    490.28
                                             Prob > chi2           =    0.0000
One-step results
------------------------------------------------------------------------------------
                 roae |      Coef.   Std. Err.      z    P>|z| [95% Conf. Interval]
---------------------+--------------------------------------------------------------
                 roae |
                  L1. | -.1084997    .0444675   -2.44   0.015   -.1956544   -.021345
                      |
 Cost_to_Income_ratio | -.7902522    .1044209   -7.57   0.000   -.9949133   -.585591
                LN_y3 | -17.03441    3.175264   -5.36   0.000   -23.25782  -10.81101
      Liability_Ratio | -.9816065     .074966  -13.09   0.000   -1.128537  -.8346758
   NPLs_to_Gross_Loan | -.6257117    .1560717   -4.01   0.000   -.9316065  -.3198169
               LN_gni |  4.780841    3.305282    1.45   0.148   -1.697392   11.25907
            Inflation |  .2530558    .1473498    1.72   0.086   -.0357446   .5418561
    Market_Cap_to_GDP |   .023247    .0161083    1.44   0.149    -.008324   7.054818
------------------------------------------------------------------------------------
Instruments for differenced equation
        GMM-type: L(2/.).roae
        Standard: D.Cost_to_Income_ratio D.LN_y3 D.Liability_Ratio D.NPLs_to_Gross_
Loan D.LN_gni D.Inflation D.Market_Cap_to_GDP
```

❷ xtabond와 xtdpdsys 추정 비교

명령어

qui xtabond 종속변수 독립변수1 독립변수2 독립변수3, lags(1)

estimates store DIFF

qui xtdpdsys 종속변수 독립변수1 독립변수2 독립변수3, lags(1)

estimates store SYS

xml_tab DIFF SYS, below save(,replace)

```
. qui xtabond roae Cost_to_Income_ratio LN_y3 Liability_Ratio NPLs_to_Gross_Loan
LN_gni Inflation Market_Cap_to_GDP, lags(1) nocons

. estimates store DIFF

. qui xtdpdsys roae Cost_to_Income_ratio LN_y3 Liability_Ratio NPLs_to_Gross_Loan
LN_gni Inflation Market_Cap_to_GDP, lags(1)

. estimates store SYS

. xml_tab DIFF SYS, below save(,replace)

note: results saved to C:\Users\sony\Documents/,replace
click here to open with Excel
```

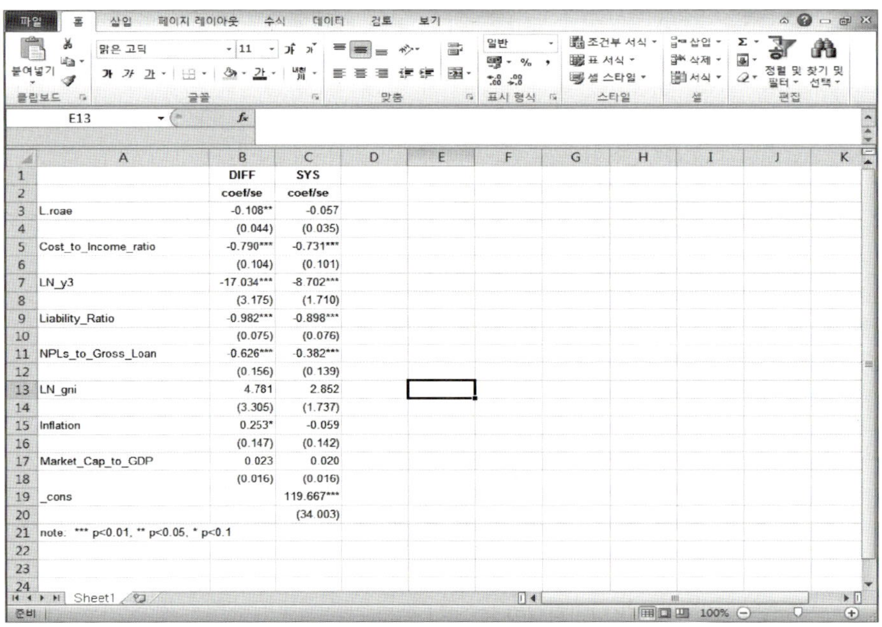

	DIFF	SYS
	coef/se	coef/se
L.roae	-0.108**	-0.057
	(0.044)	(0.035)
Cost_to_Income_ratio	-0.790***	-0.731***
	(0.104)	(0.101)
LN_y3	-17.034***	-8.702***
	(3.175)	(1.710)
Liability_Ratio	-0.982***	-0.898***
	(0.075)	(0.076)
NPLs_to_Gross_Loan	-0.626***	-0.382***
	(0.156)	(0.139)
LN_gni	4.781	2.852
	(3.305)	(1.737)
Inflation	0.253*	-0.059
	(0.147)	(0.142)
Market_Cap_to_GDP	0.023	0.020
	(0.016)	(0.016)
_cons		119.667***
		(34.003)
note: *** p<0.01, ** p<0.05, * p<0.1		

해석

분석결과 "click here to open with Excel"라는 메시지가 뜬다. 이때 click here 메시지 부분은 파란색으로 표시된다. 이 부분을 클릭하게 되면 엑셀프로그램 창이 열리면서 실행결과를 비교할 수 있도록 정리된 엑셀 표가 형성된다.

L.roae의 변수의 경우 추정계수가 xtabond 추정에 비해 다소 감소한 것으로 나타났고, 표준오차 역시 줄어들었다. Cost_to_Income_ratio, LN_y3, Liability_Ratio, NPLs_to_Gross_Loan 등 모두 추정계수가 감소하고, 표준오차 역시 줄어들었다. 한편 대부분의 변수는 동일한 부(−)의 관계를 보여주고 있는 반면 inflation은 xtabond의 경우에는 정(+)의 관계인 반면 xtdpdsys에서는 부(−)의 관계를 보여줌으로써 서로 상반되는 분석결과를 보여주고 있다.

❸ sargan 검정

시스템 GMM 추정 역시 과대식별에 대한 sargan 검정을 실시한다.

명령어

qui xtdpdsys 종속변수 독립변수1 독립변수2 독립변수3, lags(1)

estat sargan

```
. qui xtdpdsys roae Cost_to_Income_ratio LN_y3 Liability_Ratio NPLs_to_Gross_Loan
LN_gni Inflation Market_Cap_to_GDP, lags(1)

. estat sargan
Sargan test of overidentifying restrictions
        H0: overidentifying restrictions are valid

        chi2(89)      =  286.2356
        Prob > chi2   =    0.0000
```

해석

sargan 검정결과 Prob〉chi2가 0.0000으로 나와 귀무가설(과대식별 문제가 없다)이 기각되었다. 따라서 도구변수의 적절성을 의심하게 된다. 문제는 이분산성을 확인하지 않은 상태라는 점이다. 불행히도 시스템 GMM에서는 이분산성을 살펴보는 일반 robust 옵션을 사용하게 되면 estat sargan 명령어가 처리되지 않는다. 대신 robust 옵션과 함께 사용할 수 있는 estat abond 명령어를 사용할 수 있다. 주의할 것은 vce(robust) 옵션을 필수로 사용해야 한다는 점이다. vce(robust) 옵션을 사용하지 않으면 estat abond 명령어가 실행되지 않는다.

명령어

qui xtdpdsys 종속변수 독립변수1 독립변수2 독립변수3, lags(1) vce(robust)

estat abond

```
. qui xtdpdsys roae Cost_to_Income_ratio LN_y3 Liability_Ratio NPLs_to_Gross_Loan
LN_gni Inflation Market_Cap_to_GDP, lags(1) vce(robust)

. estat abond

Arellano-Bond test for zero autocorrelation in first-differenced errors
  +-----------------------+
  | Order|  z      Prob > z  |
  |------+-----------------|
  |   1  |-2.2423  0.0249   |
  |   2  |-1.2396  0.2151   |
  +-----------------------+
   H0: no autocorrelation
```

해석

Order 1에서는 유의수준 5%에서 귀무가설(Ho: 자기상관이 존재하지 않는다)이 기각되었고, Order 2에서는 귀무가설이 기각되지 않는다. 즉 차분된 모형의 오차항에 1계 자기상관이 존재하는 반면 2계 자기상관은 없는 것으로 확인되었다.

PART V 엇갈림

이 장에서 설명할 통계처리 모형은 로짓, 프로빗, 그리고 토빗 모형이다. 우선 이 세 가지에 대해 간단하게 설명하고 넘어가도록 하겠다. 로짓과 프로빗은 종속변수를 0과 1로 나눌 때, 토빗은 0 값과 1이상의 값을 지닐 때 사용하는 통계처리 방법이다. 로짓과 프로빗, 그리고 토빗의 결정적인 차이는 자료를 어떻게 이용하느냐이다. 토빗 모형의 경우 어떤 변수가 특정 구간에서 발생하는 경우가 많을 때 드물게 발생하는 구간을 잘라내고 원래 있던 숫자를 0으로 처리함으로써 자료를 일정부분 상실한다. 반면 로짓과 프로빗은 주어진 정보를 모두 사용한다. 결국 어떤 모형을 사용할지는 통계를 돌리는 사람이 데이터의 속성에 맞게 판단해야 할 것이다. 이 장에서 우리가 로짓과 프로빗, 그리고 토빗모형을 학습하기 위해 사용할 데이터는 다음에서 제시한 관련 주제 경영학 논문에서 사용된 데이터의 일부이다.

1. 로짓과 프로빗 예시 논문

은행의 해외시장 진입모드를 결정하는 요인 연구: 조직학습 관점에서

양 오 석(한동대학교 경영경제학부 교수)

국제경영리뷰 2012. Vol.16 No. 1, 49-93.

초록

이 연구는 글로벌은행의 해외시장 진입모드 결정에 관한 근본적 동기로 '지식추구' 관점에서 합작투자의 선호에 대한 실증분석을 시도한다.분석결과 진입모드로서 합작투자에 대한 은행의 선호는 기업특유우위 및 내부화우위 요소에 의해 부분적으로 정(+)의 관계를 지니며, 조직학습효과(지적자산 제고)는 진입모드 선택에 대해 정(+)의 직접효과를 미치는 동시에 특유우위–진입모드선택 간 관계를 부분적으로 조절(+)하는 것으로 나타났다.
주제어: 합작투자, 진입모드, 조직학습, 은행, 내부화, 산출된 무형가치

1. 문제제기

이 글이 다루고자 하는 주요 연구 주제는 '조직학습능력을 통한 지적 자산 증가는 은행이 국제합작투자를 하는 주요 동기인가'이다.

2. 분석모형

모델 1 (통제):

$$MODE_{i,t} = \beta_0 + \beta_1 FIRM_{i,t} + \beta_2 INTER_{i,t} + \varepsilon_{i,t}$$

모델 2 (통제+조직학습):

$$MODE_{i,t} = \beta_0 + \beta_1 CIV_{i,t} + \beta_2 FIRM_{i,t} + \beta_3 INTER_{i,t} + \varepsilon_{i,t}$$

모델 3 (통제+조직학습+리스크관리능력 • 조직학습):

$$MODE_{i,t} = \beta_0 + \beta_1 CIV_{i,t} + \beta_2 FIRM_{i,t} + \beta_3 INTERi,t + \beta_4 RISK \cdot CIV_{i,t} + \varepsilon_{i,t}$$

모델 4 (통제+조직학습+명성 • 조직학습):

$$MODE_{i,t} = \beta_0 + \beta_1 CIV_{i,t} + \beta_2 FIRM_{i,t} + \beta_3 INTER_{i,t} + \beta_4 REPU \cdot CIV_{i,t} + \varepsilon_{i,t}$$

모델 5 (통제+조직학습+비용효율성 • 조직학습):

$$MODE_{i,t} = \beta_0 + \beta_1 CIV_{i,t} + \beta_2 FIRM_{i,t} + \beta_3 INTER_{i,t} + \beta_4 COST \cdot CIV_{i,t} + \varepsilon_{i,t}$$

단, 단, *MODE*(진입모드), *CIV*(지적 자산), *FIRM*(기업특유우위), *INTER*(내부화특유우위), *RISK • CIV*(리스크관리능력 • 조직학습), *REPU • CIV*(명성 • 조직학습), *COST • CIV*(비용효율성 • 조직학습), ε_i(오차항)

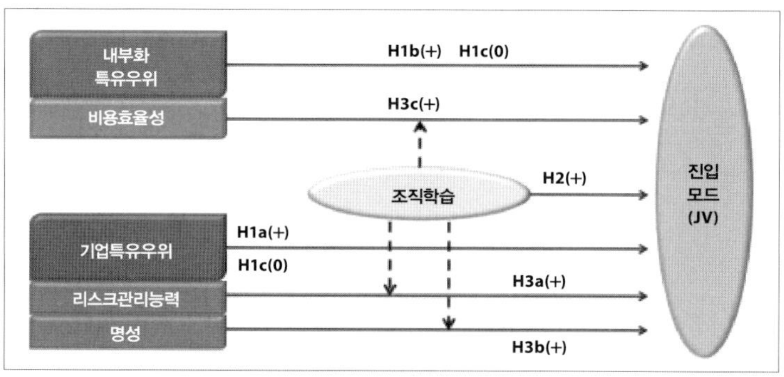

주: 실선은 직접효과를, 점선은 조절효과를 의미.

3. 분석결과

[표 3] 이항 로짓 모형의 실증분석 결과(합작투자=1)

	모델 I	모델 II	모델 III	모델 IV	모델 V
기업특유우위 통제					
재무성과(X1)	.174**	.145**	.162**	.138**	.131**
수익성(X2)	−.306***	−.318***	−.313***	−.323***	−.325***
성장성(X3)	.010	.006	.006	.008	.009
건전성(X4)	.170***	.171***	.177***	.170***	.178***
안정성(X5)	−.082***	−.092***	−.093***	−.087***	−.090***
리스크관리능력(X8)	.595***	.552***	.346	.525**	.525**
기업가치(X9)	.013**	.013**	.014**	.013**	.015**
명성(X10)	−.753**	−.639**	−.634**	−.901**	−.656
내부화우위 통제					
만기변환비용(X12)	.392	.483	.428	.448	.539
비용효율성(X13)	−.205**	−.167**	−.167**	−.164**	−.191**
성장기회(X14)	.077	−.039	−.025	−.032	−.077
직접효과					
조직학습(X15)		.028***	.071	.018*	.020
상호작용효과					
리스크관리X조직학습			.208*		
명성X조직학습				.155*	
비용효율성X조직학습					.012
상수	5.25	5.65	5.32	6.04	6.42
관측수	2357	2357	2357	2357	2357
Log−Likelihood	−84.099	−78.172	−75.431	−76.791	−79.503
Pseudo R^2	0.5851	0.6144	0.6279	0.6212	0.6078
Hosmer−Lemeshow 검정($p>\chi^2$)	0.9996	0.9996	0.9997	1.0000	0.9996
LR chi2	237.22***	249.07***	254.56***	251.84***	246.41***
LR 검정(nested)[a]					
LR chi2(1)		8.80	5.48	2.76	−2.66
Prob>chi2		0.0030	0.0192	0.096	1.000

주: 1) 수치는 회귀계수이며 *,**,***은 각각 10%, 5%, 1%에서 p값이 유의함을 나타냄.
2) a = 모델 II에 대한 각 모델의 배태성(nested) 여부를 검정.

4. 강건성 검증

본 연구는 연구결과의 일관성(consistency)을 확보하기 위해 세 차례의 강건성 검증을 실시하였다. 우선 순차적 통제변수 투입 방식, 같은 변수에 대한 다른 대용변수를 투입하는 방식으로 강건성을 검증하였다. 또한 사용한 모형의 강건성을 확인하기 위해 프로빗 모형을 통해 로짓 모형의 결과와 비교 검증하였다(생략).

프로빗 모형 검증: 사용한 모형의 강건성을 확인하기 위해 프로빗 모형을 통해 로짓 모형의 결과를 검증하였다. 이항 로짓은 다항선택의 경우처럼 잔차에 대한 독립성(즉 IIA가정=independence and irrelevance of alternatives)이 보장되지 않는다. 이와 달리 프로빗 모형은 이 가정을 완화하는 장점이 있다(Maddala, 1983). 이에 본 연구에서는 이항 프로빗 모형을 연계함수(link function)로 사용하여 강건성 검증을 실시하였다. 로짓모형 분석과 달리 프로빗 모형에서는 성장기회가 종속변수와의 관계에서 다소 변화를 보이지만 통계적 유의도가 없어 무시할 수 있다. 또한 리스크관리능력에서도 모델 III의 경우 로짓모형에서는 통계적 유의도가 없는 것으로 나타난 반면 프로빗 모형에서는 통계적 유의도가 있는 것으로 나타났다. 그러나 조절변수인 리스크관리*조직학습 항이 로짓모형과 달리 통계적 유의도가 없는 것으로 나타나 궁극적으로 조절효과의 존재 여부를 검증한 결과는 로짓모형과 다르지 않다. 결국 프로빗 모형으로 추정한 결과 로짓 모형과 계수의 차이가 작은 가운데 종속변수와의 관계가 통계적 유의성 면에서 다르지 않고 주요 변수도 다르지 않은 것으로 확인되었다.

2. 로짓과 프로빗 모형 실습

질문 종속변수가 0과 1 값으로 양분될 경우(즉, 종속변수가 더미인 경우)에는 통계처리를 어떻게 하지?

이번에는 종속변수가 0과 1로 이진법인 경우에 사용되는 회귀분석 방법인 로지스틱 회귀분석과 프로빗 회귀분석을 살펴보자. 종속변수가 이진법이라는 것은 예를 들어 실패/성공, 예/아니오 등과 같이 가질 수 있는 값이 두 개라는 것을 의미한다. 이것을 이항선택모형이라고 하는데 앞에서 말했듯이 종속변수가 두가지 중에 한가지를 선택하는 양자택일의 경우로, 주로 연구자가 관심을 갖고 있는 선택을 1, 나머지 경우를 0으로 한다. 예를 들어 설문조사에서 첫 번째 문항이 "당신은 최근에 냉장고를 구매하신 적이 있습니까?"로 시작한다면, 응답자는 첫 번째 문항에서 이미 냉장고를 산 사람과 사지 않은 사람으로 나누어진다. 이때 냉장고를 산 사람은 1값으로 처리하고, 사지 않은 사람은 0값으로 처리할 수 있다. 이제 로짓과 프로빗모형에 대해 살펴보자.

1) 로짓 모형

먼저 종속변수가 합작투자 이행여부(이행=1, 불이행=0)인 사례를 통해 로짓분석을 실습해보자(실습데이터 'logit_1.dta를 사용). 파일을 열람해 보면 종속변수인 JV 변수가 0과 1값으로 표기되어 있음을 알 수 있다. 1998~2001년 기간 동안 합작투자(Joint Venture: JV)를 이행한 은행의 경우 1값을 부여하고, 그렇지 않은 경우 0값을 부여하여 이항 변수로 처리하였다. 앞서 배운 tab 명령어를 통해 종속변수 JV에 대한 상황을 다음과 같이 살펴볼 수 있다.

```
. use logit_1.dta, clear

. tab JV

         JV |      Freq.     Percent        Cum.
------------+-----------------------------------
          0 |         84       45.16       45.16
          1 |        102       54.84      100.00
------------+-----------------------------------
      Total |        186      100.00
```

로짓모형의 명령어는 'logit 종속변수 독립변수1 독립변수2, 옵션'이다. 명령어대로 로짓모형을 돌려보면 아래와 같은 결과가 나온다.

명령어

·logit 종속변수 독립변수1 독립변수2 독립변수3

```
. logit JV ROE economyscale costefficiency CIV reputation PBRtoIndustry CIVincrease PER

Iteration 0:   log likelihood = -127.45004
Iteration 1:   log likelihood = -52.285125
Iteration 2:   log likelihood = -49.482349
Iteration 3:   log likelihood = -49.044533
Iteration 4:   log likelihood = -49.033384
Iteration 5:   log likelihood = -49.033349
Iteration 6:   log likelihood = -49.033349

Logistic regression                             Number of obs     =        185
                                                LR chi2(8)        =     156.83
                                                Prob > chi2       =     0.0000
Log likelihood = -49.033349                     Pseudo R2         =     0.6153

--------------------------------------------------------------------------------
            JV |      Coef.   Std. Err.      z    P>|z|     [95% Conf. Interval]
---------------+----------------------------------------------------------------
           ROE |   .3206382   .1292965     2.48   0.013     .0672216    .5740548
  economyscale |   21.71605    18.2171     1.19   0.233    -13.98881    57.42092
costefficiency |  -17.66118   13.21897    -1.34   0.182    -43.56988    8.247524
           CIV |   .0000657   .0000404     1.62   0.104    -.0000136    .0001449
    reputation |   -11.2795   2.110904    -5.34   0.000     -15.4168   -7.142205
 PBRtoIndustry |   -2.85708   1.517362    -1.88   0.060    -5.831055    .1168958
   CIVincrease |   .0000216   .0000427     0.51   0.612     -.000062    .0001052
```

```
         PER |  -.0161716   .0554471    -0.29   0.771    -.124846    .0925028
       _cons |   2.023323   2.109281     0.96   0.337   -2.110793    6.157438
------------------------------------------------------------------------------
```

해석

분석결과를 해석해보자. 우선 모형의 적합도 및 유의도를 살펴보면 Pseudo R2가 0.6153으로 일반적으로 수용되는 0.40 이상으로서 적정수준임을 입증해주었다(물론 이 해석에 대한 확정은 어렵다). Pseudo R2는 0과 1 사이의 값을 갖는데 그 값이 클수록 모델이 적절하다고 할 수 있다. LR chi2는 Log likelihood chi square test로서 본 연습과제에서는 LR Chi-Square(8)로 나타났다. 이때 (8)은 독립변수의 개수를 의미하고 그 값은 156.83으로 Prob > chi2 = 0.0000 이므로 유의수준 1%에서 귀무가설을 기각한다. 따라서 이 모형의 적합도는 적절하다고 판단할 수 있다.

다음으로 종속변수와 독립변수간 관계(통계적 유의도 및 상관계수의 방향)를 살펴보면 우선 ROE항목이 p>|z| 값이 0.013으로 나타나 유의수준 5%(p < 0.05를 만족)에서 통계적으로 유의한 정(+)의 관계(Coef. 값이 0.3206인 양의 값을 보임)를 보여주고, reputation은 P>|z| 값이 0.000으로 나타나 유의수준 1%(p < 0.01를 만족)에서 부(-)의 관계(Coef. 값이 -11.2795인 음의 값을 보임)를 나타냈다. 그리고 PBRtoIndustry는 P>|z| 값이 0.060으로 나타나 유의수준 10%(p < 0.10를 만족)에서 통계적으로 유의한 부(-)의 관계(Coef. 값이 -2.8570인 음의 값을 보임)를 보여주었다. 나머지 변수들은 P>|z| 값이 p<0.01, 0.05, 0.10 등 세 가지 유의수준 검정을 통과하지 못해 통계적으로 유의하지 않은 것으로 증명되었다. 따라서 기업의 합작투자(JV)는 ROE가 높은 기업이 선호하는 반면 reputation과 PBRtoIndustry가 높은 기업은 합작투자를 선호하지 않는 것으로 확인되었다(이 결과는 실습에 사용된 데이터의 차이로 인해 본 장에서 제시된 관련 사례논문의 결과와는 다소 다름을 밝혀둔다). 이들 세 가지 변수는 기업의 합작투자 실행 여부와 관련된 변수로 통계분석 결과 확인되었기에 이렇게 연구자의 해석을 위해 동원될 수 있지만, 나머지 변수들은 통계적 유의도가 나타나지 않았기 때문에 인과 설명에 있어서 이들 변수를 사용할 수 없음을 명심해야 한다.

지금까지 우리는 로짓모형을 살펴보았다. 이제는 같은 스타일의 종속변수를 갖지만 다른 통계처리 모형인 프로빗 모형을 살펴볼 것이다. 앞서 제시한 논문에서도 언급하고 있듯이 프로빗모형과 로짓모형의 결과 값은 일반적으로 크게 다르지 않다. 프로빗모형은 오차항이 표준정규분포를 따른다고 가정하고, 로짓모형은 로지스틱 분포(평균이 0이고 0을 중심으로 대칭분포를 이룬다)를 가정한다는 차이가 있다. 두 모형의 분석결과에서 나타나는 해당 변수의 계수의 차이는 통계적 유의도를 벗어나지 않는 한 통계적으로 큰 의미가 없다. 위의 논문에서 제시한대로 과연 로짓모형과 프로빗 모형이 보여주는 통계 결과가 유사한지 직접 프로빗 모형을 돌려서 확인해보자.

2) 프로빗모형

명령어

- **probit 종속변수 독립변수1 독립변수2 독립변수3**

```
. probit JV ROE economyscale costefficiency CIV reputation PBRtoIndustry CIVincrease PER

Iteration 0:   log likelihood = -127.45004
Iteration 1:   log likelihood = -51.140401
Iteration 2:   log likelihood = -48.843442
Iteration 3:   log likelihood = -48.631415
Iteration 4:   log likelihood = -48.626683
Iteration 5:   log likelihood = -48.626666
Iteration 6:   log likelihood = -48.626666

Probit regression                               Number of obs     =        185
                                                LR chi2(8)        =     157.65
                                                Prob > chi2       =     0.0000
Log likelihood = -48.626666                     Pseudo R2         =     0.6185

--------------------------------------------------------------------------------
            JV |      Coef.   Std. Err.      z    P>|z|     [95% Conf. Interval]
---------------+----------------------------------------------------------------
           ROE |   .1733191   .0677739     2.56   0.011     .0404848    .3061534
  economyscale |   11.91807    10.1109     1.18   0.239    -7.898939    31.73507
costefficiency |  -9.692579   7.219198    -1.34   0.179    -23.84195    4.456789
           CIV |   .0000351   .0000226     1.56   0.120    -9.12e-06    .0000793
    reputation |   -6.64688   1.165397    -5.70   0.000    -8.931016   -4.362745
 PBRtoIndustry |  -1.604424   .8121193    -1.98   0.048    -3.196148   -.0126991
   CIVincrease |   9.71e-06   .0000209     0.46   0.643    -.0000313    .0000508
           PER |  -.0086633   .0291001    -0.30   0.766    -.0656985    .0483719
         _cons |   1.329014   1.170053     1.14   0.256    -.9642482    3.622277
--------------------------------------------------------------------------------
Note: 0 failures and 1 success completely determined.
```

해석

프로빗모형의 분석결과를 살펴보면 앞서 제시한 로짓모형의 결과와 크게 다르지 않음을 확인할 수 있다. 다만 PBRtoIndustry 변수의 경우 관계의 방향성은 같지만 통계적 유의수준이 로짓모형에서는 10%($p < 0.10$를 만족)였던 것이 프로빗모형에서는 5%($p < 0.05$를 만족)로 나타났다. 이 정도의 차이는 일반적으로 경영학 분석에 있어서 동일한 분석결과로 수용할 수 있다. 그러나 연구자에 따라서는 유의수준 10% 자체를 무의미한 것으로 치부하는 경우도 있다.

3. 패널로짓모형과 패널프로빗모형

질문 어느 한 시점이 아닌 시간의 흐름에 따라 종속변수가 0과 1로 이루어져 있다면 어떻게 통계 처리를 해야 할까?

앞서 살펴본 데이터는 사실 패널 자료이다. Data Editor를 클릭해서 살펴보면 id인 38개의 bank에 각각 2002~2007년의 연간자료가 붙어있는 모습을 확인할 수 있다. 이는 횡단면자료와 시계열자료가 정리되어 있는 패널데이터이다. 즉, 여러 개체들이 여러시점에 걸쳐 데이터를 기록하고 있는 모습이다. 패널데이터인 경우에도 프로빗 또는 로짓모형으로 통계처리를 할 수 있지만, 오차항에서 패널의 개체특성을 추가로 고려해야 하는 문제가 생길 수 있다. 따라서 일반 프로빗 또는 로짓이 아니라 패널의 오차항을 고려하는 패널프로빗 또는 패널로짓모형으로 통계처리하는 것이 더 적절하다.

그러면 이제 패널로짓과 패널프로빗모형으로 데이터를 처리해 보자. 패널데이터를 통계처리하기 위해서는 먼저 tsset 설정을 해주어야 한다. 앞서 많은 경우 tsset id year로 명령어를 처리했지만 이는 연구대상인 개체가 id로 네이밍되어 있기 때문이다. 이번 연습 데이터에서는 id를 bank라고 네이밍했으므로 bank가 id자리에 위치하게 된다(실습데이터 logit_1.dta 사용).

```
. tsset bank year
       panel variable:  bank (strongly balanced)
        time variable:  year, 2002 to 2007
                delta:  1 unit
```

1) 패널로짓모형

(1) 고정효과모형과 임의효과모형(확률효과모형)

패널로짓모형은 앞서 다룬 패널모형과 동일하게 고정효과모형과 임의효과모형으로 다시 나누어진다. 각각의 명령어는 다음과 같다. “nolog” 옵션은 로그우도함수(log-likelihood function)를 최대화하는 과정을 result 창에 보일 필요 없이 최종 추정결과만을 제시하라는 명령어이다.

명령어

xtlogit 종속변수 독립변수1 독립변수2, nolog fe

xtlogit 종속변수 독립변수1 독립변수2, nolog re

우선 고정효과모형으로 패널로짓모형을 처리하면 다음과 같다.

```
. xtlogit JV ROE economyscale costefficiency CIV reputation PBRtoIndustry CIVin-
crease PER, nolog fe

outcome does not vary in any group
r(2000);
```

해석

분석결과 해당 실습 데이터는 패널로짓모형 가운데 고정효과모형에는 적합하지 않은 것으로 나타났다. 분석결과에서 말해주듯이 "outcome does not vary in any group"인 것으로 판명되어 고정효과모형이 처리되지 못하였다. 즉 개체특성을 나타내는 u_i항을 추정해야 하는 모수로 간주할 수 없다는 결론에 도달한다.

이제 임의효과모형으로 패널로짓모형을 처리해 보자.

```
. xtlogit JV ROE economyscale costefficiency CIV reputation PBRtoIndustry CIVin-
crease PER, nolog re

Random-effects logistic regression              Number of obs      =       185
Group variable: bank                            Number of groups   =        31

Random effects u_i ~ Gaussian                   Obs per group: min =         5
                                                               avg =       6.0
                                                               max =         6

                                                Wald chi2(8)       =     64.83
Log likelihood  = -14.938746                    Prob > chi2        =    0.0000
```

```
------------------------------------------------------------------------------
          JV |      Coef.   Std. Err.      z    P>|z|     [95% Conf. Interval]
-------------+----------------------------------------------------------------
         ROE |   1.393735    .5150074     2.71   0.007     .3843388    2.403131
economyscale |   114.5518    103.3865     1.11   0.268    -88.08198    317.1857
costefficiency | -29.13622  68.56096    -0.42   0.671    -163.5132    105.2408
         CIV |   .0004364    .0001759     2.48   0.013     .0000917    .0007811
  reputation |  -59.63236    9.999642    -5.96   0.000    -79.2313    -40.03342
PBRtoIndustry |  -13.45305   6.959653    -1.93   0.053    -27.09372    .1876152
 CIVincrease |   .0000148    .0001015     0.15   0.884    -.0001841    .0002137
         PER |   .0073503     .119941     0.06   0.951    -.2277298    .2424304
       _cons |   4.929048    9.081317     0.54   0.587    -12.87001     22.7281
-------------+----------------------------------------------------------------
    /lnsig2u |   5.184112    .6424863                      3.924862    6.443362
-------------+----------------------------------------------------------------
     sigma_u |    13.3572    4.290911                      7.116606    25.07023
         rho |   .9818944     .011422                      .9390042    .9947929
------------------------------------------------------------------------------
Likelihood-ratio test of rho=0: chibar2(01) =    68.19 Prob >= chibar2 = 0.000
```

해석

앞서 진행된 일반 로짓모형 분석과 분석결과가 다르다는 것을 알 수 있다. 우선 모형의 적합도 및 유의도를 살펴보면 Wald chi2(8)가 Prob > chi2 = 0.0000로 유의수준 1%에서 모형 적합도가 적절한 것으로 판단할 수 있다. 이는 로짓모형과 패널로짓모형 간 차이가 없다. 이제 변수의 영향력을 살펴보도록 하자. 우선 ROE 항목은 P>|z| 값이 0.007으로 나타나 유의수준 1%(p < 0.01를 만족)에서 통계적으로 유의한 정(+)의 관계(Coef. 값이 1.3937인 양의 값을 보임)를 보여주고, reputation은 P>|z| 값이 0.000으로 나타나 유의수준 1%(p < 0.01를 만족)에서 부(−)의 관계(Coef. 값이 −59.632인 음의 값을 보임)를 나타냈다. 그리고 PBRtoIndustry는 P>|z| 값이 0.053으로 나타나 유의수준 10%(p < 0.10를 만족)에서 통계적으로 유의한 부(−)의 관계(Coef. 값이 −13.453인 음의 값을 보임)를 보여주었다. 나머지 변수들은 P>|z| 값이 p<0.01, 0.05, 0.10 등 세 가지 유의수준 검정을 통과하지 못해 통계적으로 유의하지 않은 것으로 증명되었다.

그런데 흥미롭게도 로짓모형에서는 나타나지 않던 CIV 변수의 통계적 유의도가 0.013으로 유의수준 5%(p < 0.05를 만족)에서 통계적으로 유의한 정(+)의 관계(Coef. 값이 0.0004인 양의 값을 보임)를 보여주었다. 따라서 기업의 합작투자(JV)는 ROE가 높은 기업

외에도 CIV가 높은 기업 역시 선호한다. 반면 reputation과 PBRtoIndustry가 높은 기업은 합작투자를 선호하지 않는다는 사실은 로짓모형에서 발견된 내용과 동일하다.

이제는 변수 아래 쪽에 있는 결과들을 살펴보자. sigma_u는 패널개체의 특성을 반영하는 오차항의 표준편차 추정치를 나타내고 /lnsig2u는 sigma_u의 제곱값의 자연로그값을 나타낸다. rho값은 전체 오차항의 분산에서 Ui의 분산이 차지하는 비중을 추정한 것이다. rho값이 1에 가까울 수록 즉, 전체 오차항의 분산에서 Ui(개체특성 오차항)의 분산이 차지하는 몫이 클수록 패널의 개체특성을 모형에서 고려하는 것이 중요하다는 의미이다.

결과표의 제일 아래에 있는 Likelihood-ratio test of rho=0를 살펴보면 패널로짓을 돌리기 전에 위에서 확인했던대로 Prob > = chibar2 = 0.000으로 유의수준 1%에서 "임의효과가 존재하지 않는다"는 귀무가설을 기각하여 임의효과(확률효과)가 존재한다는 것을 알 수 있다. 즉, 우리가 연습한 데이터는 패널데이터의 개체특성을 고려한 임의효과(확률효과) 패널로짓 모형이 합동패널로짓모형보다 적절함을 확인할 수 있다.

(2) 하우즈만 검정

❶ 모형 결과 비교

패널로짓모형 역시 패널모형과 동일하게 고정효과모형과 임의효과모형으로 세분된다. 우선 각 모형의 결과가 POOL(패널의 개체특성을 고려하지 않은 합동 로짓모형)과 어떤 차이를 보이는 지를 살펴보도록 하자. 이들 모형의 결과를 비교분석하기 위한 작업은 다음과 같다.

```
. eststo RE: qui xtlogit JV ROE economyscale costefficiency CIV reputation PBRtoIn-
dustry CIVincrease PER, nolog re

. eststo FE: qui xtlogit JV ROE economyscale costefficiency CIV reputation PBRtoIn-
dustry CIVincrease PER, nolog fe
r(2000);

. eststo POOL: qui logit JV ROE economyscale costefficiency CIV reputation PBRtoIn-
dustry CIVincrease PER, nolog

. estimates table POOL RE, b(%9.3f) star(0.01 0.05 0.1) stat(N) eq(1)
```

```
------------------------------------------
    Variable |     POOL            RE
-------------+----------------------------
#1           |
         ROE |    0.321**        8.627
economyscale |   21.716         83.197
costeffici~y |  -17.661        -74.377
         CIV |    0.000          0.001
  reputation |  -11.280***    -211.874*
PBRtoIndus~y |   -2.857*       -62.360
  CIVincrease |    0.000         -0.001
         PER |   -0.016          0.846**
       _cons |    2.023         22.077
-------------+----------------------------
lnsig2u      |
       _cons |                   8.978
-------------+----------------------------
Statistics   |
           N |      185            185
------------------------------------------
         legend: * p<.1; ** p<.05; *** p<.01
```

해석

분석결과 해당 데이터는 고정효과모형이 적합하지 않은 것으로 나타났다. 대신 임의효과모형과 POOL모형(패널의 개체특성을 고려하지 않은 합동 로짓모형)의 분석결과를 비교해볼 수 있다. ROE의 경우 POOL모형에서는 5% 유의수준에서 정(+)의 관계를 보인 반면 RE모형에서는 유의도가 나타나지 않았다. reputation의 경우 POOL모형에서는 유의수준 1%에서 부(-)의 관계를, RE모형에서는 유의수준 10%에서 부(-)의 관계를 보여주었다. PBRtoIndustry 변수는 POOL모형에서만 유의수준 10%에서 부(-)의 관계가 확인되었다. PER는 RE모형에서만 유의수준 5%에서 정(+)의 관계를 보여주었다.

❷ 합동 로짓모형과의 적합성 비교

하우즈만 검정에 앞서 합동 로짓모형과 고정효과 로짓모형 간 적합성을 비교해 보자. 이때 귀무가설(H_0)은 "고정효과가 존재하지 않는다"이다.

```
. eststo POOL: qui logit JV ROE economyscale costefficiency CIV reputation PBRtoIn-
dustry CIVincrease PER, nolog

. eststo FE: qui xtlogit JV ROE economyscale costefficiency CIV reputation PBRtoIn-
dustry CIVincrease PER, nolog fe
r(2000);
```

해석

분석결과 해당 데이터는 고정효과모형이 적합하지 않아 POOL모형과는 적합성을 비교하지 못하는 것으로 나타났다.

이어서 합동 로짓모형과 임의효과 로짓모형 간 적합성을 비교해 보자. 이때 귀무가설(H_0)은 "임의효과가 존재하지 않는다"이다. Equations 옵션을 사용하여 기입한 eq(1:1) 명령어는 xtlogit, re와 logit 명령문 추정결과에서 첫 번째 추정식의 추정계수를 서로 비교하는데 사용된다.

```
. eststo POOL: qui logit JV ROE economyscale costefficiency CIV reputation PBRtoIn-
dustry CIVincrease PER, nolog

. eststo RE: qui xtlogit JV ROE economyscale costefficiency CIV reputation PBRtoIn-
dustry CIVincrease PER, nolog re

. hausman RE POOL, eq(1:1)

Note: the rank of the differenced variance matrix (4) does not equal the number
of coefficients beingtested (6); be sure this is what you expect, or there may be
problems computing the test.Examine the output of your estimators for anything unex-
pected and possibly consider scalingyour variables so that the coefficients are on a
similar scale.

                    ---- Coefficients ----
             |      (b)          (B)            (b-B)     sqrt(diag(V_b-V_B))
             |      RE           POOL         Difference         S.E.
-------------+----------------------------------------------------------------
         ROE |   42.97601     .3206382        42.65537        8.45e+07
         CIV |   .0106893     .0000657        .0106237        34510.71
  reputation |  -873.0616    -11.2795        -861.7821        1.52e+09
PBRtoIndus~y |  -282.7267    -2.85708        -279.8696        5.82e+08
 CIVincrease |   -.004604     .0000216       -.0046257        17311.72
```

```
         PER |    .8324806    -.0161716        .8486522        4236174
------------------------------------------------------------------------------
                          b = consistent under Ho and Ha; obtained from xtlogit
           B = inconsistent under Ha, efficient under Ho; obtained from logit

    Test:  Ho:  difference in coefficients not systematic

                  chi2(4) = (b-B)'[(V_b-V_B)^(-1)](b-B)
                          =        0.00
                Prob>chi2 =      1.0000
```

해석

하우즈만 검정통계량의 p값이 유의수준 1%, 5%, 10% 모두에서 통과되지 않아 귀무가설이 기각되지 못했다. 따라서 임의효과 로짓모형보다 선택 합동 로짓(POOL)이 적절함을 의미한다.

❸ 고정효과모형과 임의효과모형 간 적합성 비교

패널로짓모형 역시 패널모형에 관한 설명에서 처럼 고정효과모형(개체속성을 반영한 모형)과 임의효과모형 간 적합성 비교를 실시하게 된다. 즉 하우즈만 검정이 필요하다. 패널로짓모형으로 통계처리를 할 때는 오차항을 고정효과(fixed effect: fe)와 임의효과(확률효과, random effect: re) 중 어느 것으로 가정하느냐에 명령문이 달라진다. 하우즈만 검정을 이용하면 고정효과모형이 적합한지 확률효과모형이 더 적절한지 판단할 수 있다. 위에서 사용한 실습 데이터는 이미 합동 로짓 모형이 고정 및 임의효과 로짓 모형보다 더 적절한 것으로 확인되어, 여기서 다시 고정효과모형과 임의효과모형의 적합도를 비교 검정할 수 있는 실습데이터를 따로 주도록 하겠다(실습데이터 FE_RE_hausman_1.dta 사용). 실습데이터는 GDPperCapita를 종속변수로 하며, 이 변수는 평균값을 기준으로 상위 그룹을 1로, 하위 그룹을 0으로 나눈 경우이다. 이렇게 해서 GDPpercapita가 높은 집단과 낮은 집단 간 차이를 살펴보고자 하며 잠재적 요인변수로 secondary, tertiary, agriculture, industry, service, fifteen, ListedDomestiCompaniesTotal 등을 고찰하였다.

```
. tsset id year
       panel variable:  id (unbalanced)
        time variable:  year, 1991 to 2012
                delta:  1 unit

. eststo FE: qui xtlogit dum_GDPperCapita secondary tertiary agriculture industry
service fifteen ListedDomestiCompaniesTotal, nolog fe

. eststo RE: qui xtlogit dum_GDPperCapita secondary tertiary agriculture industry
service fifteen ListedDomestiCompaniesTotal, nolog re

. hausman FE RE, eq(1:1)
                 ---- Coefficients ----
             |      (b)          (B)            (b-B)     sqrt(diag(V_b-V_B))
             |       FE           RE         Difference          S.E.
-------------+----------------------------------------------------------------
   secondary |  -.0149822     .2531667       -.2681489        .1045124
    tertiary |    .300992     .1629904        .1380015        .0809418
 agriculture |  -.6185273     -.276595       -.3419323        .6341086
    industry |   .0878927    -.2991838        .3870766        .6691858
     service |   .0885479     .0688907        .0196572         .618033
     fifteen |   1.193928    -.0823516         1.27628        .3853797
------------------------------------------------------------------------------
                          b = consistent under Ho and Ha; obtained from xtlogit
           B = inconsistent under Ha, efficient under Ho; obtained from xtlogit

    Test:  Ho:  difference in coefficients not systematic

                  chi2(6) = (b-B)'[(V_b-V_B)^(-1)](b-B)
                          =       16.25
                Prob>chi2 =      0.0125
```

해석

하우즈만 검정결과 Prob>chi2 = 0.0125로 나타나 0.05보다 작기 때문에 5% 유의수준에서 귀무가설(Ho: difference in coefficients not systematic)이 기각되었다. 즉 이 패널데이터는 고정효과모형(fe)으로 통계처리하는 것이 더 적절하다고 판단할 수 있다.

2) 패널프로빗모형

이번에는 패널프로빗모형으로 통계처리를 해보자. 패널프로빗모형의 기본 명령어는 다음과 같다. 패널프로빗모형도 패널로짓모형과 마찬가지로 고정효과모형인지 임의효과

모형인지에 따라 명령어가 달라진다 (실습데이터 'logit_1.dta를 사용).

명령어

xtprobit 종속변수 독립변수1 독립변수2, nolog fe

xtprobit 종속변수 독립변수1 독립변수2, nolog re

앞서 동일한 실습데이터로 확인한 결과 본 데이터는 고정효과모형에 적합하지 않는 것으로 나타났다. 본 실습데이터를 가지고 고정효과 패널프로빗 모형을 돌려보면 다음과 같은 오류 메시지가 나타난다.

```
. xtprobit JV ROE economyscale costefficiency CIV reputation PBRtoIndustry CIVin-
crease PER, nolog fe
Fixed-effects model not available
r(198);
```

이에 여기서도 본 데이터의 성격 상 임의효과모형을 살펴보도록 하자. 임의효과모형 명령어로 실습데이터를 처리하면 다음과 같은 결과가 나온다.

```
. tsset bank year
       panel variable:  bank (strongly balanced)
        time variable:  year, 2002 to 2007
                delta:  1 unit

. xtprobit JV ROE economyscale costefficiency CIV reputation PBRtoIndustry CIVin-
crease PER, nolog re

Random-effects probit regression              Number of obs      =       185
Group variable: bank                          Number of groups   =        31

Random effects u_i ~ Gaussian                 Obs per group: min =         5
                                                             avg =       6.0
                                                             max =         6

                                              Wald chi2(8)       =     76.95
Log likelihood  = -14.303125                  Prob > chi2        =    0.0000
```

```
------------------------------------------------------------------------------
             JV |      Coef.   Std. Err.      z    P>|z|     [95% Conf. Interval]
----------------+-------------------------------------------------------------
            ROE |   .8869368   .3022667     2.93   0.003      .2945048    1.479369
  economyscale |   63.55936   59.95542     1.06   0.289      -53.9511    181.0698
costefficiency |  -22.96097   37.11684    -0.62   0.536     -95.70865     49.7867
            CIV |   .0002441   .0001125     2.17   0.030      .0000236    .0004647
     reputation |  -36.72369   5.532834    -6.64   0.000     -47.56784   -25.87953
  PBRtoIndustry |  -9.495524   4.037461    -2.35   0.019      -17.4088   -1.582246
    CIVincrease |   8.22e-06   .0000557     0.15   0.883     -.0001009    .0001173
            PER |   .0085166   .0636667     0.13   0.894     -.1162679    .1333011
          _cons |   5.158489    5.13509     1.00   0.315     -4.906102    15.22308
----------------+-------------------------------------------------------------
       /lnsig2u |   4.068821   .6345256                        2.825174    5.312468
----------------+-------------------------------------------------------------
        sigma_u |   7.647742   2.426344                        4.106565    14.24255
            rho |   .9831899   .0104871                        .9440211    .9950944
------------------------------------------------------------------------------
Likelihood-ratio test of rho=0: chibar2(01) =    68.65 Prob >= chibar2 = 0.000
```

해석

결과표를 보면 PBRtoIndustry 항목의 경우 통계적 유의수준이 패널로짓모형에서는 10%였던 것이 패널프로빗모형에서는 P>|z|가 0.019로 나타나 5%인 것으로 확인되었다. 그 외 변수들은 동일한 결과를 보여주고 있다. 또한 rho값이 1에 가까우므로 Ui(개체특성 오차항)의 의미가 강해져 패널의 개체특성을 모형에서 고려해야 한다는 판단이다. 위의 추정결과 하단에 나와있는 LR검정, 즉, Likelihood-ratio test of rho=0이 Prob >= chibar2가 0.000으로 유의수준 1%를 만족시켜 "패널의 개체특성을 모형에서 고려할 필요가 없다"는 귀무가설을 기각한다. 따라서 확률효과 패널프로빗모형이 합동프로빗모형보다 적절하다고 판단할 수 있다.

4. 토빗모형

1) 논문예제

현지국의 경제발전과 집단주의 수준이 한국 다국적기업의
해외자회사 소유자분 결정에 미치는 영향

배준영, 이강표

國際經營硏究, Vol.22 No.1, [2011]

1. 요약

본 논문은 사회심리학 이론 중 사회정체성 이론에 근거하여 현지국의 경제발전과 집단주의 수준이 한국 다국적기업 해외자회사의 소유지분 결정에 미치는 영향을 살펴보고자 한다. 본 연구는 현지국에 비해 상대적으로 경제적으로 덜 발전된 국가에서 유래한 다국적기업들은 출신 국가로 인한 비용을 줄이기 위해 보다 높은 수준의 지분을 선택한다고 주장한다. 뿐만 아니라 현지국의 집단주의 수준이 현지국의 경제발전 정도와 해외자회사의 지분율 간의 관계를 정(+)의 방향으로 조절한다고 주장한다. 32개국에 위치한 235개의 해외자회사를 대상으로 서열 로지스틱 회귀분석과 토빗 분석을 통해 이상의 주장을 실증적으로 검증한다.

Key Words: 해외자회사 소유지분 결정, 사회정체성 이론, 집단주의

2. 토빗회귀분석 결과

〈Table 3〉 Results of Tobit regression analyses

Variables	Model 1	Model 2	Model 3	Model 4	Model 5
Economic development					
In–group collectivism culture value		5.29(11.97)	15.36(12.48)		
In–group collectivism culture practice				–5.05(8.71)	2.93(9.85)
Economic development In–group collectivism culture value					
Economic development In–group collectivism culture practice					–8.88(5.51)

R&D intensity				2.66(1.26)	
Advertising intensity	3.49(3.25)	4.43(3.49)	3.62(3.48)	4.13(3.52)	4.02(3.50)
Parent firm size	−5.74(2.08)				
Subsidiary size	−1.50(1.97)	−2.02(1.96)	−2.31(1.93)	−2.21(1.99)	−1.92(1.99)
Mining		14.75(20.45)	10.61(20.30)	13.52(20.68)	14.85(20.91)
Construction	−23.60(19.51)	−29.16(19.77)	−23.49(19.90)	−26.71(19.35)	−29.10(19.30)
Transportation, communications, et, al.	36.49(22.47)	22.25(21.70)	29.49(22.26)	23.27(21.53)	19.75(21.71)
Wholesale trade					
Finance, insurance, and real estate	0.99(24.51)	9.00(23.91)	3.64(23.52)	7.46(23.86)	5.53(23.80)
Services	−16.99 (12.40)				
Constant			68.81 (71.68)		102.26 (104.28)
LR Chi−Square					
Log Likelihood(LL)	−415.23	−406.23	−403.67	−406.16	−404.84
Likelihood Ratio					
Pseudo R−Square	0.05	0.07	0.08	0.07	0.07

2) 토빗모형 실습

(1) 토빗모형

질문 종속변수가 절삭되어 있는 경우도 있다는데 무슨 뜻인가요?

종속변수값이 '0'과 양(+)의 값을 가지면 토빗 회귀모형을 사용하여 분석한다. 예를 들어 종속변수가 구입한 냉장고 개수라고 할 때 냉장고를 사지 않으면 그 값이 '0', 사면 그 값이 0보다 크다 (예, 1대 구입의 경우 1, 10대 구입의 경우 10). 즉 종속변수가 0의 값이나 0 이상의 수치를 보이는 연속변수인 경우도 있다. 이때 0의 값은 구매를 하지 않은 경우이지만 무시할 수 없을 정도로 경우의 수가 클 수 있다. 하지만 데이터는 0의 값을 기준으로 한쪽으로 절삭되어 있는 상황이다. 이 경우 데이터의 평균은 0의 경우를 포함할 때와 그렇지 않을 때 사뭇 다르다. 이와 같은 경우 분석결과의 엄밀성을 높이기 위해 이 같은 데이터의 구도를 반영하여 토빈(J. Tobin)이 개발한 토빗모형을 사용해야 한다. 여기서는 토빗모형으로 회귀분석하기 위해 우리가 열었던 데이터파일의 변수 중 종속변수인 JV를 토빗모형에 맞게 임의로 수정하였다. 따라서 종속변수인 JV가 본 저자가 임의로 제시한 0 이상의 정수로 이루어져 있다.

토빗모형은 왼쪽 절삭과 오른쪽 절삭으로 구분되며 명령어는 다음과 같다.

명령어

tobit 종속변수 독립변수1 독립변수2, ll(최저값)
tobit 종속변수 독립변수1 독립변수2, ul(최대값)

로짓모형과 프로빗모형의 경우에는 옵션을 꼭 입력하지 않아도 통계처리가 되는데 토빗모형은 ll 옵션 또는 ul 옵션을 꼭 사용해야 한다. 만약 ll(최저값)과 ul(최대값)을 동시에 사용한다면 최저값으로 절삭되는 동시에 최대값도 절삭되는 모형이 된다. 우리가 실습할 데이터는 종속변수가 0을 기준으로 왼쪽 절삭된 경우이다. 즉, 종속변수의 최저값이 0인 경우이다.

다음은 토빗모형을 돌린 결과이다(실습데이터 tobit_1.dta 사용).

```
. tobit JV ROE economyscale costefficiency CIV reputation PBRtoIndustry CIVincrease
PER, ll(0)

Tobit regression                                  Number of obs   =        185
                                                  LR chi2(8)      =      14.30
                                                  Prob > chi2     =     0.0743
Log likelihood = -634.54782                       Pseudo R2       =     0.0111

------------------------------------------------------------------------------
          JV |      Coef.   Std. Err.      t    P>|t|     [95% Conf. Interval]
-------------+----------------------------------------------------------------
         ROE |  -.1634958   .1431797    -1.14   0.255    -.4460548    .1190632
economyscale |   1.879805    24.7447     0.08   0.940    -46.95281    50.71242
costeffici~y |  -4.905225   15.78848    -0.31   0.756    -36.06312    26.25266
         CIV |   9.86e-06   .0000389     0.25   0.800    -.0000668    .0000865
  reputation |  -10.37805    3.71694    -2.79   0.006    -17.71327   -3.042828
PBRtoIndus~y |  -2.763234    2.59457    -1.07   0.288    -7.883507    2.357039
```

```
CIVincrease |   .0000161   .0000382     0.42   0.674    -.0000592    .0000914
        PER |   .0700034   .0468126     1.50   0.137    -.0223792     .162386
      _cons |   26.53203   3.164176     8.39   0.000     20.28766    32.77639
-------------+----------------------------------------------------------------
     /sigma |   7.697979   .4058854                      6.896982    8.498976
------------------------------------------------------------------------------
  Obs. summary:          3  left-censored observations at JV<=0
                       182     uncensored observations
                         0 right-censored observations
```

해석

분석 결과를 보면 맨 아래의 Obs. Summary에서 절삭 상태를 알려주고 있다. 전체 표본 185개 중 종속변수인 JV가 0 이하인 것이 3개이고 이는 절삭되었음을 알려준다. 또한 종속변수가 0보다 큰 것은 182개임을 알 수 있다. 이 때 '절삭된 표본의 개수/절삭되지 않은 표본의 개수'의 비율이 0에 가까울 수록 OLS모형의 결과에 가깝다. 따라서 이 비율이 낮은 경우에는 토빗 모형으로 추정할 필요가 없다. Obs. Summary 위에 있는 /sigma는 토빗모형 오차항의 표준편차 추정치를 나타낸다.

한편 모형 적합도를 나타내는 Pseudo R2 = 0.0111가 상당히 낮은 수준을 보여주고 있다(이에 대한 엄밀성은 논쟁의 여지가 있음을 앞서 밝힌 바 있다). 또한 종속변수와 독립변수간 관계(통계적 유의도 및 상관계수의 방향)를 살펴보면 reputation만 P>|t| 가 0.006으로 유의수준 1%($p < 0.01$ 조건을 만족)에서 부(−)의 관계(Coef.가 −10.378)를 나타낸다.

(2) 패널 토빗모형

패널데이터에서도 역시 토빗모형을 이용해 통계처리를 할 수 있다. STATA에서 패널 토빗 모형 추정은 확률효과모형(re)인 경우에만 명령어가 제공된다. 패널 토빗모형을 통계처리할 때는 패널로짓, 패널프로빗 모형과 마찬가지로 tsset을 통해 개체와 시계열 자료임을 인식시킨 후에 xttobit명령어를 입력해야 한다. 명령어는 다음과 같다. "nolog" 옵션은 로그우도함수(log-likelihood function)를 최대화하는 과정을 Result 창에 보일 필요 없이 최종 추정결과만을 제시하라는 명령어이다.

명령어

xttobit 종속변수 독립변수1 독립변수2, ll(0) tobit nolog

xttobit 종속변수 독립변수1 독립변수2, ll(0) tobit nolog re

```
. tsset bank year
       panel variable:  bank (strongly balanced)
        time variable:  year, 2002 to 2007
                delta:  1 unit

. xttobit JV ROE economyscale costefficiency CIV reputation PBRtoIndustry CIVin-
crease PER, ll(0) tobit nolog

Random-effects tobit regression                 Number of obs      =       185
Group variable: bank                            Number of groups   =        31

Random effects u_i ~ Gaussian                   Obs per group: min =         5
                                                               avg =       6.0
                                                               max =         6

                                                Wald chi2(8)       =     14.60
Log likelihood  = -634.54636                     Prob > chi2        =    0.0673

--------------------------------------------------------------------------------
            JV |      Coef.   Std. Err.      z    P>|z|     [95% Conf. Interval]
---------------+----------------------------------------------------------------
           ROE |  -.1647101   .1451324    -1.13   0.256    -.4491642    .1197441
  economyscale |   1.740194   24.96207     0.07   0.944    -47.18457    50.66496
costefficiency |  -4.883262   15.85346    -0.31   0.758    -35.95546    26.18894
           CIV |     .00001    .000039     0.26   0.797    -.0000665    .0000866
    reputation |  -10.42033   3.813557    -2.73   0.006    -17.89476   -2.945896
 PBRtoIndustry |  -2.730085   2.669999    -1.02   0.307    -7.963187    2.503017
   CIVincrease |    .000016   .0000382     0.42   0.676    -.0000589    .0000908
           PER |   .0701316   .0468657     1.50   0.135    -.0217235    .1619867
         _cons |   26.52996   3.173705     8.36   0.000     20.30961    32.75031
---------------+----------------------------------------------------------------
      /sigma_u |   .4015671   3.731485     0.11   0.914     -6.91201    7.715144
      /sigma_e |   7.687546    .448446    17.14   0.000     6.808608    8.566484
---------------+----------------------------------------------------------------
           rho |   .0027212   .0505691                      1.23e-48           1
--------------------------------------------------------------------------------
Likelihood-ratio test of sigma_u=0: chibar2(01)= 2.9e-03 Prob>=chibar2 = 0.478

  Observation summary:          3  left-censored observations
                              182     uncensored observations
                                0 right-censored observations
```

```
. xttobit JV ROE economyscale costefficiency CIV reputation PBRtoIndustry CIVin-
crease PER, ll(0) tobit nolog re

Random-effects tobit regression                 Number of obs      =       185
Group variable: bank                            Number of groups   =        31

Random effects u_i ~ Gaussian                   Obs per group: min =         5
                                                               avg =       6.0
                                                               max =         6

                                                Wald chi2(8)       =     14.60
Log likelihood  = -634.54636                    Prob > chi2        =    0.0673

------------------------------------------------------------------------------
          JV |      Coef.   Std. Err.      z    P>|z|     [95% Conf. Interval]
-------------+----------------------------------------------------------------
         ROE |  -.1647072    .1451349    -1.13   0.256    -.4491665    .1197521
economyscale |   1.740519      24.962     0.07   0.944    -47.18409    50.66513
costefficiency | -4.883311   15.85322    -0.31   0.758    -35.95504    26.18842
         CIV |     .00001     .000039     0.26   0.797    -.0000665    .0000866
  reputation |  -10.42023    3.813659    -2.73   0.006    -17.89487   -2.945599
PBRtoIndustry |  -2.730162   2.670125    -1.02   0.307    -7.963511    2.503187
 CIVincrease |    .000016    .0000382     0.42   0.676    -.0000589    .0000908
         PER |   .0701313    .0468658     1.50   0.135    -.0217239    .1619865
       _cons |   26.52996    3.173665     8.36   0.000     20.30969    32.75023
-------------+----------------------------------------------------------------
    /sigma_u |   .4008156    3.742123     0.11   0.915    -6.933611    7.735243
    /sigma_e |   7.687571    .4485356    17.14   0.000     6.808457    8.566684
-------------+----------------------------------------------------------------
         rho |    .002711    .0506186                      5.67e-49           1
------------------------------------------------------------------------------
Likelihood-ratio test of sigma_u=0: chibar2(01)= 2.9e-03 Prob>=chibar2 = 0.478

  Observation summary:          3  left-censored observations
                              182     uncensored observations
                                0 right-censored observations
```

해석

명령어의 옵션으로 re를 덧붙이지 않은 경우와 덧붙인 경우 모두 동일한 분석결과를 보여주고 있다. 이는 STATA 프로그램이 re 모형만을 위해 개발되었기 때문인 것으로 짐작된다. 위의 결과표에서는 LR 검정결과를 찾아볼 수 있다. tobit 명령어를 삽입하지 않으면 LR 검정 값이 도출되지 않는다. LR 검정은 토빗모형과 임의효과모형(re) 패널

토빗 모형 중 어느 것이 더 적절한지 판단할 수 있게 해준다. “Likelihood-ratio test of sigma_u=0”의 p값이 0.478로 “임의효과가 존재하지 않는다”는 귀무가설을 기각하지 못한다. 따라서 임의효과가 존재하지 않으며, 우리가 연습한 데이터는 합동 토빗 모형이 적절하다고 최종 판단할 수 있다. rho값 역시 0에 가까운 수치를 보여 개체특성을 고려한 패널모형이 적합하지 않음을 말해준다.

한편 패널토빗모형의 분석결과를 보면 reputation만 유의수준 1%에서 부(−)의 관계를 나타냄으로써 앞서 실행한 토빗모형과 그리 큰 차이가 없는 것으로 나타났다. 다만 reputationdml P>|t|가 0.006으로 유의수준 1%(p < 0.01 조건을 만족)에서 통계적 유의도를 보여준 결과는 동일한 반면 Coef.가 −10.378이었던 것이 −10.420으로 다소 차이를 나타냈다.

PART VI 기억의 습작

최근 경영정보학 분야를 비롯하여 경영 연구에서 사용이 증가되고 있는 구조방정식 모형(SEM: Structural Equation Modeling)은 잠재변수(latent variables) 간의 인과관계를 분석하는 데 효과적이라는 주장이 있다(김병수 외. 2010). 이는 표본크기(sample size)와 잔차분포(Residual Distributions)에 대한 요구 사항이 비교적 엄격하지 않고, 이론적 구조모형에 대한 평가와 측정모형에 대한 평가를 동시에 측정할 수 있는 장점에서 비롯된다(Chin 1998). 그럼에도 불구하고 구조방정식 모형에 대한 우리의 이해는 분석 절차에서 나타나는 검정기술과 관련 결과에 대한 통계적 기준이 모호할 때가 많다. 이에 이 장에서는 많은 연구자들이 간과하거나 오류를 범해온 사안들을 재검토하고 구조방정식 모형에 대한 신뢰성과 타당성 검증 방법을 충분히 설명하고자 한다.

구조방정식모형(SEM)은 확인적 요인분석(CFA : Confirmatory Factor Analysis)과 계량경제학에서 개발된 연립방정식에 토대를 둔 다중회귀분석 및 경로분석 등이 결합된 방법론이다. 구조방정식모형을 분석하기 위한 프로그램은 Lisrel, AMOS, PLS 등 다양하며, PLS는 다시 Visual PLS, SPAD, Smart PLS, PLS-GUI, PLS-Graph, LVPLS (Latent Variables Path Analysis with PLS) 여러 가지 통계프로그램으로 개발되었다.

기본적으로 LISREL과 AMOS는 공분산분석을 기본으로 하며 동일한 원리의 분석 개념을 적용하기 때문에 대부분 유사한 기능을 탑재하고 있다. 다만 LISREL(LInear Structural RELationship)은 복잡한 프로그래밍과 어려운 그리스 문자를 사용해야 하는 한계점을 지닌다. AMOS는 이러한 LISREL의 단점을 보완하기 위해 개발되었으며, AMOS는 LISREL의 복잡한 프로그래밍과 어려운 그리스 문자를 사용해야 하는 한계점을 그래픽사용환경(GUI : Graphic User Interface)으로 해결하였다. 또한 모든 모수추정치에 대하여 표준오차와 신뢰구간의 부트스트랩(Bootstrap) 추정치를 생성할 수 있다는 장점이 있다. 이와 달리 PLS는 다변량 분석을 위한 2세대 구조방정식모형의 하나로, LISREL이나 AMOS와 같이 공분산분석을 기본으로 하는 기존 구조방정식 모형과는 차이가 있다. 가장 큰 차이는 대부분의 공분산분석모형(LISREL, AMOS)은 잠재변수와 측정 항목의 관계 분석시 요인분석법을 사용하는 데 반해, PLS는 가중평균법을 사용한다는 점이다. 이로써 PLS는 LISREL이나 AMOS의 큰 제약인 수집된 자료의 정규 분포에 대한 엄격한 가정으로부터 자유롭다.

어떤 모형으로 경로 분석을 실시할 것인지는 온전히 연구형태나 데이터 속성에 따른 연구자의 선택에 달려있다. 예를 들어 연구형태가 과거모델을 목표로 모든 변수가 동일하거나(replication study), 하나 이상의 주요변수를 변경하여 진행하는 경우(extension study)에는 LISREL이나 AMOS가 적합하다. 반면 모든 변수를 변경하여 연구를 진행하는 경우(generation study)에는 PLS가 적합하다.

1. 논문예제

은행의 서비스품질-고객만족도-고객충성도 구조에 대한 자국편의(Home Bias)의 조절효과 연구

양 오 석(한동대학교), 박 설 우(연세대학교)

미게재 발표논문

1. 연구목적

이 글에서는 은행고객의 국내은행에 대한 선호를 설명하는 동기의 하나로 자국편의(Home Bias)가 지닌 의미를 살펴보고자 한다. 선행연구들을 살펴보면, 은행의 서비스품질이 고객만족도에 미치는 영향이나 고객만족도가 고객충성도에 미치는 영향에 대한 다양한 연구가 존재하였으나, 아직까지 고객들이 은행을 이용함에 있어서 자국편의가 미치는 직접효과와 조절효과에 대한 연구는 일천한 상황이다. 자산, 채권 시장에서의 자국편의 현상은 다양하게 연구되어 왔으나, 일반 은행의 상품 및 서비스를 이용하는데 미치는 자국편의의 현상이 아직 규명되지 않은 상황 속에서 이 연구의 학문적·경영적

기여도를 찾아볼 수 있다. 상기한 목적에 상응하여 이 글은 다음과 같이 구성된다. 우선 2장에서는 서비스품질–고객만족–고객충성도에 관한 일반 및 은행에 특화된 선행연구를 정리하는 한편 본 연구를 위한 가설을 제시하였다. 이어지는 3절에서는 분석모형을 위한 기초회귀식과 경쟁 관점을 정리하고 자료수집 및 변수 측정 방법을 서술하였다. 4절에서는 통계 분석결과를 해석하고 은행경영을 위한 몇 가지 토론과 함의를 제시하였다. 이러한 일련의 검토는 마지막 절에 이르러 앞으로 다루어야 할 미래 연구주제를 제시하는 것으로 이어진다.

2. 연구가설

가설 1(H1) : 고객이 지각한 서비스 품질이 높게 평가될수록, 고객 만족은 양 (+)의 방향으로 나타난다.
가설 2(H2) : 고객이 지각한 만족수준이 높을수록 고객 충성도는 양 (+)의 방향으로 나타난다.
가설 3(H3) : 고객이 지각한 서비스품질과 고객만족 간 관계는 자국편의 (Home bias)에 의해 양(+)의 관계로 조절된다.

3. 연구방법

3.1 연구모형

본 연구에서는 서비스 품질과 고객만족, 고객충성도의 관계에서 서비스 품질과 고객만족간 관계에 대한 자국편의(Home bias)의 조절효과를 연구하고자 하며, 고객만족이나 고객충성도의 포괄적 성격으로 인해 실증분석은 고객의 관점에서 측정 가능한 변수들을 대상으로 하였다. 상기한 가설에 포함된 변수들 간 관계를 나타내는 실증연구를 위한 개념적 연구모형을 제시하면 〈그림 1〉과 같다. 즉, 서비스 품질의 향상은 고객만족, 고객충성도의 향상을 가져온다. 그리고 서비스 품질의 고객만족에 대한 자국편의의 영향력이 뚜렷하게 나타날 것이다.

〈그림 1〉 연구모형

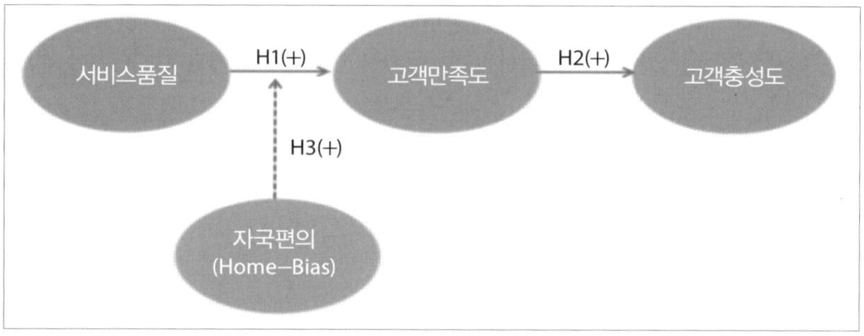

주: 실선은 직접효과를, 점선은 조절효과를 나타냄

3.2 연구모형 평가

연구모형의 적합성 평가는 요인분석으로 출발한다. 이는 다시 개별 측정항목들이 각각의 구성개념으로 제대로 묶였는지 여부를 확인하기 위한 탐색적 요인분석(exploratory factor analysis)과 개발된 측정도구(측정모형)에 대한 적합성을 확인하기 위한 확인적 요인분석(confirmatory factor analysis)으로 이루어진다. 우선 탐색적 요인분석에서는 변수 쌍들 간 상관관계가 다른 변수에 의해 잘 설명되는 정도를 나타내는 KMO(Kaiser–Meyer–Olkin Measure of Sampling Adequacy) 표본 적합치와, 상관계수의 다양성이 공통인자를 가질 수 있는지를 확인하는 BTS(Bartlett's Test of Sphericity)의 구상검정치 검사를 실시한다.

한편 연구모형의 적합도를 평가하는 확인적 요인분석에서는 경로분석을 사용하는 AMOS, LISREL에서는 카이자승치(X2), RMR(root mean square residual), GFI(goodness of fit index), AGFI(adjusted goodness of fit index), NNFI(non–normed fit index), CFI(comparative fit index), RMSEA(root mean square error of approximation), TLI(Turker–Lewis index) 등으로 측정모형의 적합도가 우수한지 여부를 판단한다. 이와 달리 PLS에서는 개념 타당성과 신뢰도 검증으로 이루어진다. 개념 타당성 검증은 연구에 채택된 측정지표들이 구성개념을 설명하는 정도를 확인한다. 개념 타당성 검증은 다시 한 구성개념에 속한 측정지표들 간에 높은 상관관계가 존재하는지의 여부(수렴 타당성, convergent validity)와 서로 다른 구성개념에 속한 측정지표들 간에 낮은 상관관계가 존재하는지의 여부(판별 타당성, discriminant validity)를 확인하는 작업으로 세분된다. 한편 신뢰도란 측정지표가 잠재변인의 내용을 일관성 있게 측정하고 있는지를 의미하며, 신뢰도 검증은 내적 일관성(internal consistency)을 평가하는 Cronbach's Alpha 값을 사용한다.

1) 탐색적 요인분석(EFA)

본 연구에서 사용하는 서비스 품질은 모두 세 가지 차원이고, 각 차원별로 네 가지 측정항목(요인)으로 세분된다. 이러한 구분이 타당한지를 조사하기 위해 요인분석을 실시하였다. 이를 위해 세 가지 차원의 측정항목인 총 12가지 서비스 품질 속성을 자료로 사용하였다. 요인분석모형으로는 주성분요인추출모형(Principal Component Model)을 사용하였고, 직교회전(orthogonal rotation) 방법의 하나인 Varimax 요인회전방식을 이용하였다. 이를 위해서는 우선 수집된 자료의 요인분석 적용 가능성에 대한 분석이 이루어져야 한다. 따라서 변수 쌍들 간 상관관계가 다른 변수에 의해 잘 설명되는 정도를 나타내는 KMO(Kaiser–Meyer–Olkin Measure of Sampling Adequacy) 표본 적합치와, 상관계수의 다양성이 공통인자를 가질 수 있는지를 확인하는 BTS(Bartlett's Test of Sphericity)의 구상검정치 검사를 실시하였다. 분석결과 KMO 값은 0.927로, 우수한 수준으로 확인되었다. 또한 BTS 값은 0.000으로 1% 유의수준에서 통계적으로 유의미한 것으로 확인되어 귀무가설("상관계수 행렬이 단위행렬이다")이 기각되었고, 이에 요인분석 모형을 사용할 수 있는 것으로 판단되었다.

요인분석 결과 애초에 서비스품질 가운데 결과품질의 측정항목으로 투입한 '금융상품의 안정성' 항목은 '상호작용품질' 개념에 묶이는 것으로 나타났다. 본 연구에서 설문을 통해 획득한 '금융상품의 안정성' 지표는 '내가 이용하는 은행의 금융상품은 안전하다'는 질문에 대한 응답으로 측정하였다. 이 질문은 사실 과정 또는 상호작용품질에 관한 '신뢰성' 문제와도 접목된다. 따라서 '금융상품의 안정성' 측정지표는 잠재적으로 상호작용 품질과 크게 다르지 않을 수 있다. 금융상품의 안정성 항목이 요인분석에서 상호작용품질 개념에 묶이는 것으로 나타난 것도 바로 이러한 측면을 반영한다. 이에 이 연구에서는 '금융상품의 안정성' 지표를 연구모형에서 최종적으로 제거하였다.

2) 개념 타당성

수렴 타당성(convergent validity)

PLS분석에서 수렴 타당성은 합성신뢰도(Composite Reliability), 평균분산추출값(average variance extracted: AVE) 요인적재값(요인부하량, factor loadings) 등 세 기준으로 평가된다(Xu et al. 2010). 서비스품질 12개 측정항목, 고객만족도 4개 측정항목, 고객충성도 4개 측정항목, 자국편의 6개 측정항목으로 구성된 이 연구의 초기 모형은 평균분산추출값에 있어서 자국편의(0.47)와 서비스품질(0.46)이 절사분계치(0.5)를 하위하였다. 이에 서비스품질 측정개념 가운데 전반적인 수렴 타당성을 저해하는 결과품질 네 가지 측정항목(SER5, SER6, SER7, SER8)을 연구모형에서 제거하였고, 자국편의 측정항목에서도 두 가지 측정항목(HOME1, HOME2)을 제거하였다. 〈표 7〉은 조정된 측정항목으로 구성된 모형에 대한 평가 자료를 보여준다.

〈표 7〉에서 볼 수 있듯이 최종 연구모형은 합성신뢰도의 측정 결과로서 Nunnally and Bernstein(1994)에 의해 제시된 기준치 0.7 이상을 만족하는 것으로 나타났다. 또한 수렴 타당성 판단의 기준으로 제시된 평균분산추출값의 기준치인 0.5 이상(Fornell and Larcker, 1981; Chin, 1998)을 적용하면, 본 연구모형의 구성개념은 모두 0.5607, 0.7214, 0.7062, 0.6002 등 0.5 이상 값을 나타내어 수렴 타당성이 우수한 것으로 나타났다.

한편 〈표 8〉에서와 같이 각 측정지표의 요인적재값(음영으로 표시)을 살펴보면 모두 절사분계치인 0.7 이상(Hair et al. 1995)으로 조건을 만족시켰다. 이로써 본 연구에 투입된 변수와 요인들을 연결하는 수렴타당성은 유효한 것으로 판단할 수 있다.

〈표 8〉 요인적재값

측정지표	Home Bias	고객충성도	고객만족도	서비스품질
Home3	0.7194	0.4171	0.3645	0.3435
Home4	0.8534	0.4724	0.4712	0.402
Home5	0.7387	0.3016	0.2632	0.2703
Home6	0.7804	0.3594	0.3163	0.2647
Loyal1	0.4209	0.8673	0.6567	0.5636
Loyal2	0.4477	0.8547	0.6729	0.5826
Loyal3	0.3878	0.8109	0.5433	0.4734
Loyal4	0.4674	0.8275	0.5982	0.5177
Sat1	0.4347	0.5446	0.8347	0.5337
Sat2	0.4534	0.5852	0.848	0.5306
Sat3	0.3324	0.6648	0.8396	0.6498
Sat4	0.4019	0.6979	0.8746	0.6596
Ser1	0.2523	0.4794	0.5346	0.773
Ser10	0.3589	0.4533	0.4977	0.7507
Ser11	0.3242	0.4491	0.4738	0.6955
Ser12	0.2394	0.474	0.5218	0.7581
Ser2	0.3719	0.5196	0.5717	0.7471
Ser3	0.3025	0.4685	0.5623	0.7761
Ser4	0.3938	0.5174	0.5532	0.7366
Ser9	0.2965	0.4576	0.486	0.7506

판별 타당성(discriminant validity)

판별 타당성 검증을 위해 필요한 두 가지 분석 가운데 우선 측정변수의 구성개념에 대한 요인적재값과 교차요인적재값(cross-loading)을 비교하였다. 상기 언급하였듯이 판별 타당성이 존재하기 위해서는 서로 다른 구성개념에 속한 측정지표 사이에는 낮은 상관관계가 존재해야 하는데, 이 조건을 충족시키기 위해서는 교차요인적재값이 요인적재값(관련 구성개념에 대한)보다 낮게 나타나야 한다(Fornell and Larcker, 1981). 확인결과 본 연구모형에서는 교차요인적재값이 관련 구성개념에 대한 요인적재값보다 모두 낮은 것으로 나타나 이를 만족시킨다(〈표 8〉참조).

추가적으로 각 구성개념의 평균분산추출값(AVE)의 제곱근 값이 조절변수 및 상호작용항을 제외한 각 구성개념 간 상관계수들보다 큰 것으로 나타났다(〈표 9〉참조). 이는 각 구성개념의 관련 측정항목들이 공유하는 분산이, 다른 구성개념들과 공유하는 분산보다 더 크다는 의미이다(방영석 외, 2011, p. 367). 최종적으로 이들 두 가지 검증을 통해 본 연구에 투입된 구성개념들은 모두 충분한 판별타당성 조건을 지닌 것으로 판단할 수 있다.

〈표 9〉상관계수 및 평균분산추출값(AVE)의 제곱근 값

	서비스품질	고객만족도	고객충성도	자국편의(Home Bias)
서비스품질	0.7609			
고객만족도	0.7015	0.8493		
고객충성도	0.6335	0.739	0.8403	
자국편의(Home Bias)	0.4168	0.4741	0.5134	0.7747

주: 상관계수 행렬의 대각선상의 값(음영으로 표시)은 평균분산추출값의 제곱근임.

이상과 같은 일련의 검토를 통해 본 연구에서 사용하는 서비스 품질은 애초 모두 세 가지 차원이었으나 탐색적 요인분석 결과 모형 적합성을 위해 결과품질은 기각되었고 상호작용품질(네 가지 측정항목)과 물리적 환경품질(네 가지 측정항목) 등 두 가지 차원만 채택되었다. 한편 고객만족도에 대한 평가에서 충족과 소비정서를 구성하는 측정항목들 모두가 타당한 것으로 판단되었고, 충성도 역시 모든 측정항목들의 타당성이 확인되었다. 이와 달리 자국편의에 대한 구성개념과 측정항목의 대표성은 애향적 태도에 관한 한 개 항목과 정보비대칭성에 관한 세 가지 항목이 타당성을 입증 받았다.

경로	경로계수	t-value	p-value
서비스품질 → 만족도	0.613***	17.028	0.000
만족도 → 충성도	0.739***	31.490	0.000
Home Bias → 만족도	0.209***	5.331	0.000
서비스품질*Home Bias → 만족도	0.031	0.427	0.669

* p〈0.1, ** p〈0.05, *** p〈0.01

2. 실습예제

경로분석(path analysis)이란 변수들 간의 공분산 또는 상관관계를 통해 인과관계를 분석해내는 통계적 분석 방법을 말한다. 경로분석은 변수가 적어도 세 개 이상일 때 행해지는 분석 방법으로, 변수들 간의 관계, 즉 독립변수와 종속변수의 구별을 쉽게 확인할 수 있다는 장점이 있다. 경로분석에는 관측 변수들 간의 경로를 간단하게 보여주는 단순 경로분석으로부터 시작하여, 잠재변수를 포함하는 구조방정식 모형 경로분석까지 크게 두 종류로 나뉜다.

경로분석은 STATA, AMOS, LISREL등의 다양한 통계패키지에서 실행 가능하다. 실행결과 나타나는 관측값의 종류와 그 수치가 완전히 동일하지는 않지만, 공통된 측정결과값의 경우에는 수치가 대체로 일치하고 있음을 확인할 수 있다. 따라서 사용자의 판단에 따라 통계 프로그램을 선택하여 실행하면 된다.

STATA 상에서의 경로분석은 현재 그리 널리 사용되지는 않고 있다. 하지만 STATA 버전 12의 출시와 함께 구조방정식 모형(Structural Equation Model)의 경로분석이 가능해지면서, 다양한 분야에서 STATA 활용에 흥미를 갖기 시작했다. 이에 따라 본 책에서는 STATA 버전 11과 버전 12의 경로분석을 함께 보여주고, 이를 또 다른 신뢰 가능한 통계패키지인 AMOS에서 분석한 내용과 비교함으로써 STATA 경로분석 결과에 대한 엄밀성 및 편리성을 보여주고자 한다.

1) 경로모형 그리기

(1) Pathreg의 습작

STATA 프로그램을 실행하여, 연습용 데이터 파일 '6_1.dta'를 열어 다음 설명을따라해 보도록 하자. STATA 버전 11을 실행하면, 창 왼쪽 아랫부분에 해당 데이터 파일의 변수들이 다음 그림과 같이 나타난다. 여기서 'SER1', 'SER2', 'SER3', 'SAT', 그리고 'LOYAL'은 바로 관측 변수를 의미한다.

Variables

Name	Label
id	
ser1	
ser2	
ser3	
sat	
loy	

지금부터 행할 경로분석은 다음과 같은 형태로 실행될 예정이다(참고로, 다음 그림은 STATA 버전 12의 'sembuilder' 명령어를 통해 그린 경로 그림인데, 독자의 경로분석 이해를 돕기 위해 미리 보여주는 것이다). 다음의 그림을 살펴보자. 세 개의 개별 관측변수인 'ser1', ser2', 'ser3'가 관측변수 'sat'으로 이어지는 경로, 그리고 관측변수 'sat'가 또다른 관측변수 'loy'로 연결되는 두 가지 경로 구도를 확인하자.

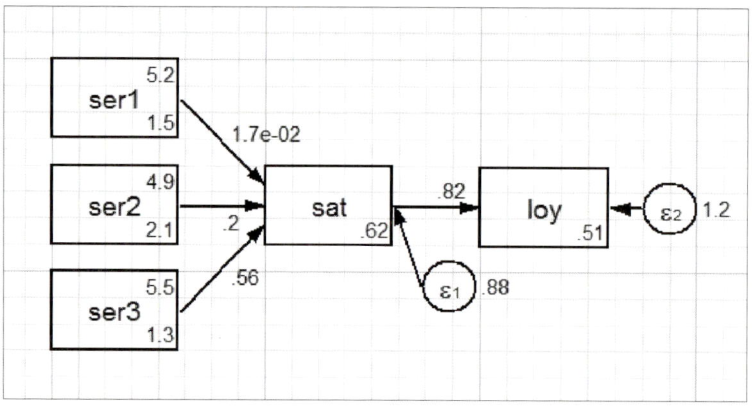

명령어

Pathreg (관측변수3 관측변수2 관측변수 1) (관측변수4 관측변수3 관측변수 2 관측변수 1)

해당 그림과 같은 단순한 관측 변수 간의 경로 분석은 기존의 STATA 11 버전에서도 명령어 'pathreg'을 통해 분석이 가능하다. pathreg 명령어 사용을 위해 우선 findit명령어를 사용하여 필요한 화일들을 설치해야 한다. 명령어는 "findit pathreg"이고, 이후 나타나는 화일들을 모두 클릭해서 install하면 된다. 명령문은 "pathreg (관측변수3 관측변수 2 관측변수 1) (관측변수4 관측변수3 관측변수 2 관측변수 1)"의 형태를 가지며, 다음 자료 예제를 보면 확인할 수 있듯이, 추정 경로에서 결과에 해당되는 관측변수를 원인에 해당되는 관측변수 앞에 추가하고, 경로 숫자만큼 새로운 괄호를 열어 다음 결과에 해당되는 관측변수를 가장 앞에 추가하고 앞서 추가한 관측변수들을 반복하여 삽입하면 된다. 위의 예시는 경로가 두 개이므로 첫 번째 경로에서는 결과에 해당되는 관측변수가 sat이고 원인에 해당되는 관측변수가 ser3, ser2, ser1이다. 또한 두 번째 경로에서는 결과에 해당되는 관측변수가 loy이고 원인에 해당되는 관측변수가 sat, ser3, ser2, ser1이 된다. Command 창에 "pathreg (sat ser3 ser2 ser1) (loy sat ser3 ser2 ser1)"를 입력해보자.

```
. pathreg (sat ser3 ser2 ser1) (loy sat ser3 ser2 ser1)

------------------------------------------------------------------------------
         sat |      Coef.   Std. Err.       t    P>|t|                    Beta
-------------+----------------------------------------------------------------
        ser3 |   .5620615   .1155315     4.87   0.000                 .5084723
        ser2 |   .2042919   .0982041     2.08   0.040                  .230261
        ser1 |   .0174344   .1300751     0.13   0.894                 .0165568
       _cons |   .6204445   .4839924     1.28   0.203                        .
------------------------------------------------------------------------------
                 n = 100   R2 = 0.4670   sqrt(1 - R2) = 0.7300

------------------------------------------------------------------------------
         loy |      Coef.   Std. Err.       t    P>|t|                    Beta
-------------+----------------------------------------------------------------
         sat |   .7987451   .1124977     7.10   0.000                 .6775702
        ser3 |  -.285743    .1421784    -2.01   0.047                -.2192831
        ser2 |   .2566249   .1106582     2.32   0.023                 .2453658
        ser1 |   .0731642   .1433884     0.51   0.611                 .0589405
       _cons |    .582116   .5380264     1.08   0.282                        .
------------------------------------------------------------------------------
                 n = 100   R2 = 0.5389   sqrt(1 - R2) = 0.6790
```

해석

결과 창에 나타나는 Coef.가 경로계수를 의미하며, 실제 분석에서는 Beta 값을 통해 수치 해석을 하게 된다. 명령어 'pathreg'를 사용하면, '관측 대상의 수'를 비롯하여 R^2 값까지 확인할 수 있다. 구조방정식모형 가운데 내생 잠재변수별 방정식에 대한 결정계수, 즉 R^2를 통해 모형 적합도를 판단하는 것은 PLS이다.

(2) 쌤(SEM: Structural Equation Model)의 그림솜씨

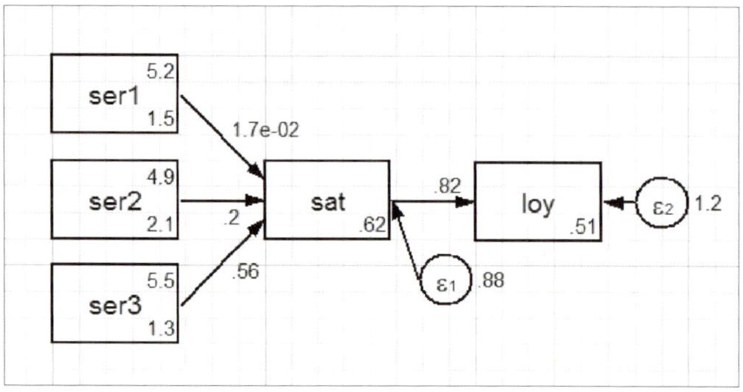

STATA 버전 12에서는 명령어 'pathreg' 뿐만 아니라, 명령어 'sem'을 사용하는 것이 가능하다. 명령어 'sem'은 구조방정식 모형을 대상으로 사용되는 명령어이나 이와 같은 단순 경로분석에서도 경로계수 및 chi2 값을 확인할 수 있게 해주기에 여기에서도 사용해 보도록 한다. STATA 버전 12에서 명령어 'sembuilder'와 'db sem'을 통해 다음과 같은 경로 모형을 그릴 수 있다.

명령어

sembuilder
db sem

01. 실습용 예제 파일 '6_1.dta'를 불러온 상태에서, Command 창에 명령어 'sembuilder' 또는 'db sem'을 입력하자. 그러면 다음 그림과 같은 모눈종이 형태의 캔버스(Canvas)가 나타난다.

캔버스 왼쪽 부분을 살펴보면, 여러 모양의 도구모음들이 배치되어 있음을 확인할 수 있다. 우리는 본 도구모음을 사용하여 얼마든지 원하는 형태의 경로 모형을 그릴 수 있다. 도구모음에 대해 설명하자면, [선택 아이콘] 버튼은 개체를 선택할 때 쓰이며, [사각형 아이콘]는 관측변수(Observed Variable)를 추가할 때, [원 아이콘]는 잠재변수(Latent Variable)를 추가할 때 쓰인다.

또한 [→]는 경로를 지정할 때 쓰이며 [⌒]는 공분산을 더해줄 때 쓰인다. 도구모음 중 가장 유용하게 쓰이는 것은 바로 [icon]버튼이다. 별다른 추가적인 설정 없이 단순히 클릭만으로 잠재편수와 관측변수를 함께 그려주는 버튼이다. [icon]는 관측변수의 나열을, [icon]는 잠재변수의 나열을 보다 편리하게 도와준다. 마지막으로 [icon]는 회귀 성분을 추가하는데 쓰이며, [T]는 텍스트를 추가하는데 사용된다. [icon] 버튼을 이용하여 다음과 같이 관측변수를 담아낼 사각형을 그려보자.

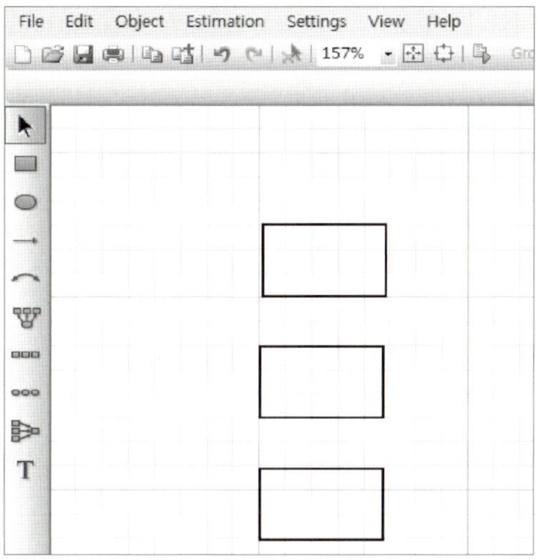

02. 원하는 만큼 사각형을 다 그렸으면, 사각형의 중간 지점에서 왼쪽 마우스를 더블 클릭 해보자. 그리하면 다음과 같은 새로운 팝업창이 생성될 것이다.

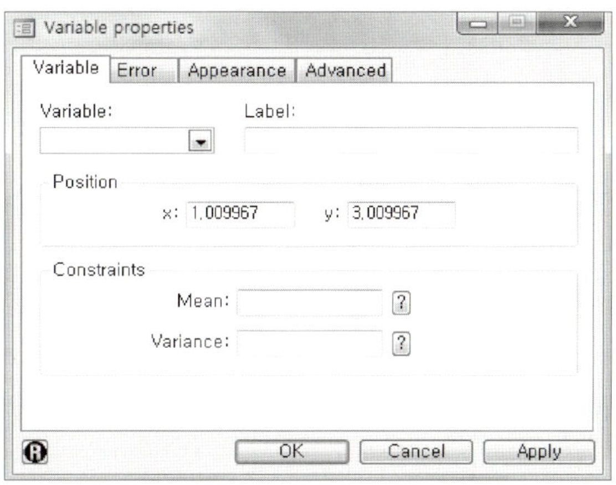

03. 이 때, 사각형에 들어갈 관측변수를 Variable 메뉴에서 선택해주고, 간략한 설명을 Label 에 덧붙여 주면 추후 데이터를 구분하는데 도움이 될 것이다. 그 다음 'OK'를 누르고 또다른 관측변수의 사각형으로 이동하자. 계속해서 사각형에 해당 변수들을 연결시키고, → 버튼을 통해 경로를 이어주고, 다음 그림에 선택된 것과 같이 메뉴에서 'Estimation'–'Estimate'를 선택해보자.

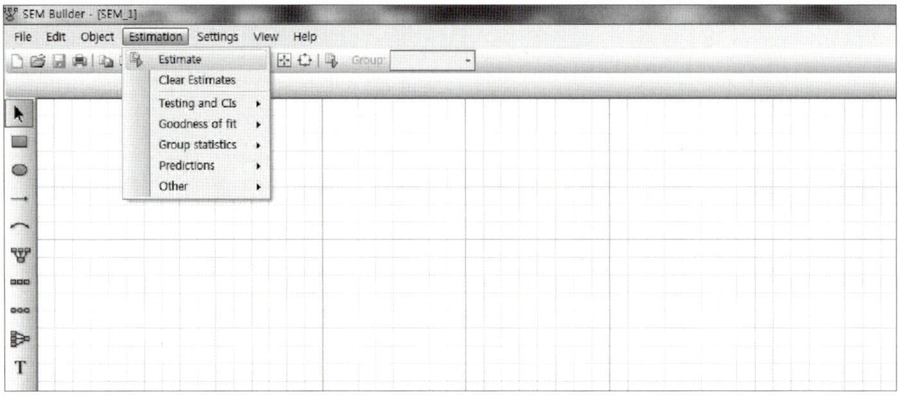

04. 마지막으로 'SEM estimation options' 팝업창이 실행되면 별다른 옵션 선택 없이 아래 부분의 OK 버튼을 눌러 바로 측정값을 확인하도록 하자.

05. 실행이 완료되면 그림으로 표현된 경로 모형 상에 경로계수를 비롯한 여러 측정값들이 입력됨을 확

인할 수 있다.

경로분석은 앞서 다룬 바와 같이 그림으로 직접 나타내는 것 외에도 명령어로 표현할 수도 있다. 지금까지 그림으로 작성한 경로분석을 Command 창에 입력하는 명령어로 나타내보자.

```
. sembuilder
. sem (ser1 -> sat) (ser2 -> sat) (ser3 -> sat) (sat -> loy), nocapslatent
Endogenous variables
Observed:  sat loy
Exogenous variables
Observed:  ser1 ser2 ser3
Fitting target model:
Iteration 0:   log likelihood = -710.73108
Iteration 1:   log likelihood = -710.73108

Structural equation model                       Number of obs      =       100
Estimation method  = ml
Log likelihood     = -710.73108
------------------------------------------------------------------------------
             |                 OIM
             |      Coef.   Std. Err.      z    P>|z|     [95% Conf. Interval]
-------------+----------------------------------------------------------------
Structural   |
  sat <-     |
        ser1 |   .0174344   .1274471     0.14   0.891    -.2323573     .267226
        ser2 |   .2042919     .09622     2.12   0.034     .0157042    .3928797
        ser3 |   .5620615   .1131973     4.97   0.000     .3401989    .7839241
       _cons |   .6204445   .4742137     1.31   0.191    -.3089973    1.549886
  -----------+----------------------------------------------------------------
  loy <-     |
         sat |   .8232581   .0843744     9.76   0.000     .6578873    .9886288
       _cons |   .5118961   .4208583     1.22   0.224    -.3129709    1.336763
-------------+----------------------------------------------------------------
Variance     |
       e.sat |   .8781067    .124183                      .6655324    1.158578
       e.loy |   1.172933   .1658777                      .8889862    1.547573
------------------------------------------------------------------------------
LR test of model vs. saturated: chi2(3)   =     10.53, Prob > chi2 = 0.0146
```

명령어 'sembuilder' 또는 'db sem'을 이용해 경로그림을 그리게 되면 위에 나타난 것과 같이 자동으로 명령문이 입력된다. 명령어 'sembuilder' 또는 'db sem'를 사용하게 되면 자동으로 복잡한 명령문 및 옵션명령어들이 입력되는데, 그 중에서도 마지막에 입력되어 있는 옵션명령어 'latent'와 'nocapslatent'에 대해 이해할 필요가 있다.

구조방정식모형에서는 '잠재변수'를 포함하기 때문에, STATA 작업창의 변수 리스트에 직접적으로 나타나지 않는 잠재변수를 지정해 줄 필요가 생긴다. 이를 위한 옵션명령어가 바로 'latent'이다. 옵션명령어 'latent'의 경우에는 해당 명령어 입력 후 바로 다음으로 괄호를 지정하여 그 안에 잠재변수를 나열해 주면 된다. 그 다음에는 nocapslatent를 입력함으로써 명령문을 마무리하면 된다.

옵션명령어 'nocapslatent'는 latent 옵션에서 괄호 안에 입력한 변수 외에는 잠재변수로 인식하지 않는다는 의미의 옵션이다. 또한 옵션명령어 'latent'를 먼저 입력하게 되면 다음으로 'nocapslatent'를 입력할 때 추가로 콤마를 표시할 필요 없이 스페이스를 한 번 누른 후 바로 입력하면 된다는 점을 알아두길 바란다.*

2) AMOS와 결과값 비교

STATA에서 사용하는 경로분석에 대해서는 아직까지 많은 사용자들이 어색해 하는 경우가 많다. 그래서 그 결과값을 신뢰 가능한 통계 패키지 AMOS에서 실행한 결과값과 비교하여 사용자에게 확인해주는 과정이 필요하다고 생각하여 AMOS 경로모형 분석결과를 비교해보고자 한다.

다음 그림은 AMOS 통계 프로그램을 통해 그린 경로모형과 측정치를 보여준다. 분석결과를 살펴보면 STATA에서 그린 경로모형 및 관측값과 유사한 형태를 갖고 있음을 알 수 있다. STATA의 경로모형과 동일하게 화살표를 통해 경로의 방향성을 보여주고 있으며, 각각의 화살표 옆에 경로계수를 보여주고 있다. 참고로, 변수 'sat'와 'loy' 옆에 반대 방향의 화살표로 이어진 원 모양의 개체는 경로 대상 변수에 대한 오차항을 의미한다. AMOS의 사용은 오차항의 설정 및 데이터 입력에 있어서 STATA 버전 12보다 비교적 많은 번거로움을 요구하는 단점을 갖는다.

* 다음 자료 참조. http://www.stata.com/manuals13/semsemandgsemsyntaxoptions.pdf

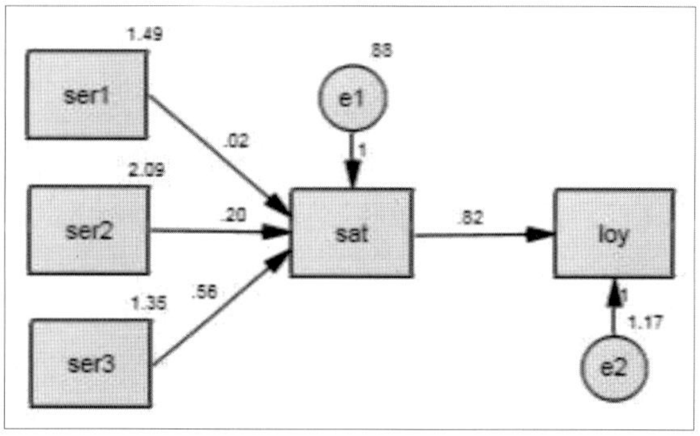

Regression Weights: (Group number 1 - Default model)

			Estimate	S.E.	C.R.	P	Label
sat	<---	ser1	.017	.077	.226	.821	
sat	<---	ser2	.204	.065	3.138	.002	
sat	<---	ser3	.562	.081	6.930	***	
loy	<---	sat	.823	.092	8.923	***	

3. 구조방정식 모형 상세히 알아보기

1) sembuilder / db sem

구조방정식 모형을 경로분석하는 데에는 두 가지 방법이 있다. 첫 번째 방법은 STATA 프로그램 상의 Command 창에 명령어 'sem' 관련 명령문을 직접 입력하는 방법이며, 두 번째 방법은 명령어 'sembuilder' 또는 'db sem'을 Command 창에 입력하여 캔버스 작업창을 불러와 직접 모형을 그림으로 그리는 방법이다. 저자의 경험에 비추어 볼 때 후자의 방법이 보다 편리하다. 따라서 본 책에서는 직접 모형을 그리는 과정을 통해 경로분석 방법을 설명할 것이다.

01. STATA를 실행시키고 메뉴 창을 통해, 연습용 데이터 파일 '6_2.dta'를 불러오자.

앞에서 단순 경로분석 과정을 보이면서 명령어 'db sem'과 'sembuilder'의 사용법을 보여줬기에 이번에는 STATA 상의 메뉴 선택을 통해 경로분석 모형을 그리는 방법을 시현하도록 하겠다. 다음과 같이 따라해 보자.

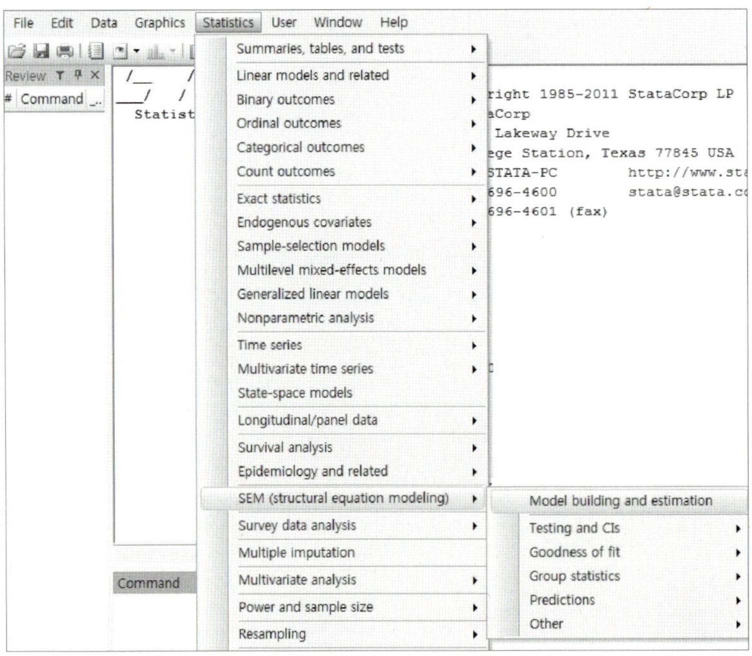

02. 'SEM(structural equation modeling)' → 'Model building and estimation'을 선택하면 다음과 같은 모눈종이 형태의 캔버스가 나타난다.

03. 이제 다음 그림과 같은 형태를 갖는 구조방정식 모형의 경로를 그려보도록 하자. 복잡한 형태의 경로분석 모형을 그릴 때에는 왼쪽 도구모음에 위치한 버튼을 활용하는 것이 매우 도움이 된다. 버튼과 버튼을 활용하여 하나하나씩 경로를 그려갈 수도 있으나, 버튼을 사용하는 것이 보다 경로의 모양을 아름답게 그려낼 수 있으며, 여러 가지 번거로운 과정을 피할 수 있게 해준다. 이 외의 추가적인 경로모형 그리기에 대한 내용은 이미 앞의 단순 경로분석 부분에서 언급하고 있으므로 더 이상의 설명은 생략하겠다. 버튼을 누른 상태로 원하는 장소에 커서를 가져가, 원하는 만큼의 관측변수 수만큼 여러 번 클릭하도록 한다. 그리고, 원 모양으로 표시된 잠재변수 빈칸을 클릭하여 '잠재변수명'을 입력해주고, 잠재변수들 간의 경로를 버튼을 활용해 연결해 주도록 하자.

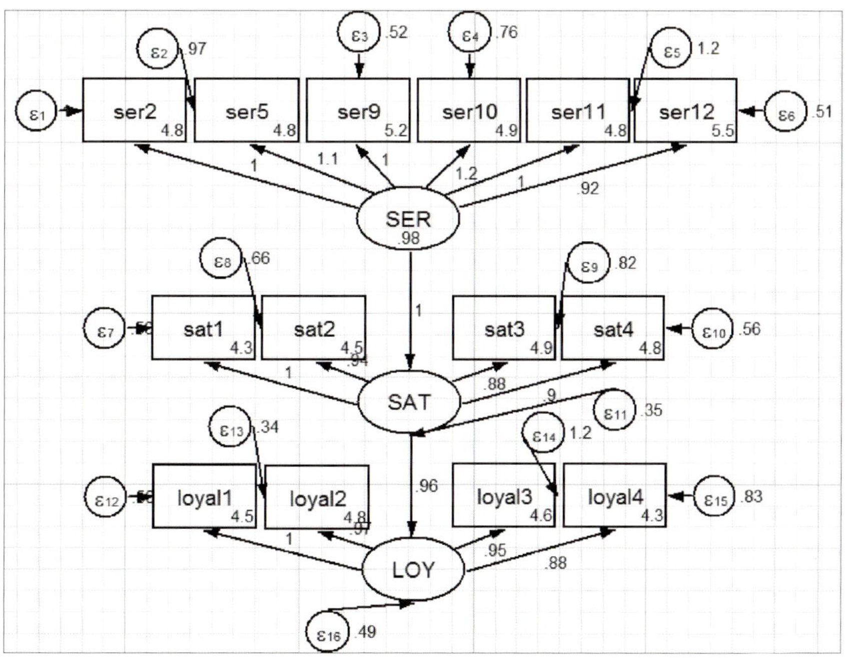

04. 원하는 경로 그림이 완성되었다면, 다음과 같이 메뉴 선택을 하여 측정값을 확인하도록 하자.

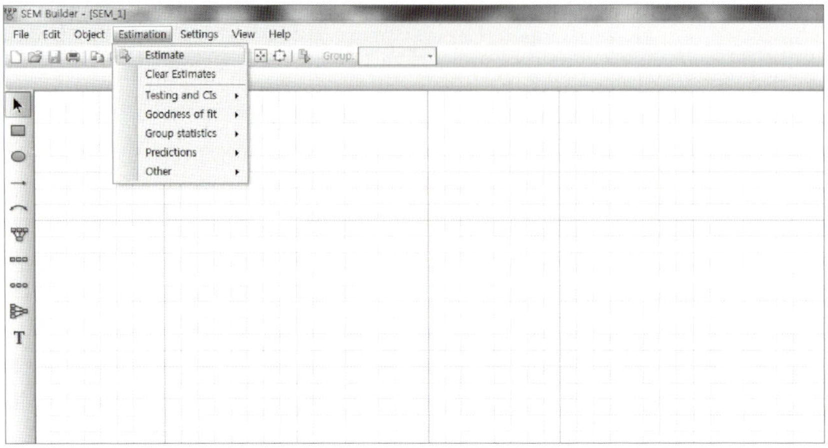

05. 앞의 단순 경로분석과 같이 별다른 옵션이 필요치 않기에, 바로 OK 버튼을 클릭하자.

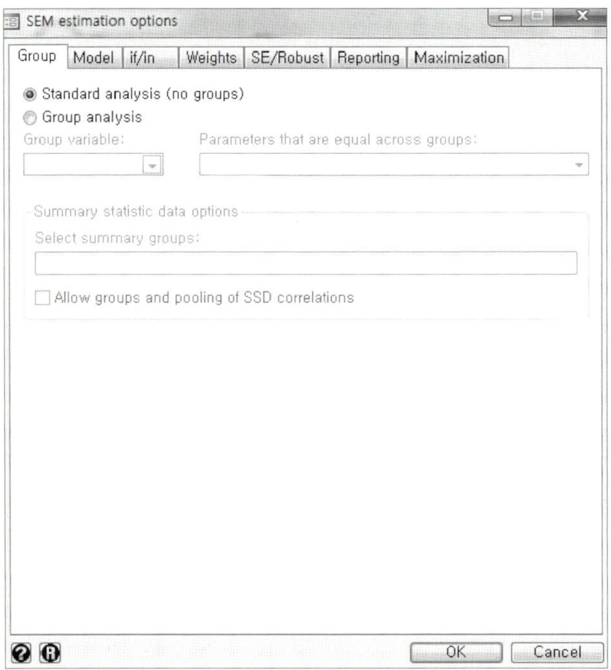

다음에 나오는 결과 자료가 바로, 구조방정식 모형을 그린 후 확인 가능한 내용이다.

```
. sem (SER -> ser2) (SER -> ser5) (SER -> ser9) (SER -> ser10) (SER -> ser11) (SER -> ser12)
(SER -> SAT) (SAT -> sat1) (SAT -> sat2) (SAT -> sat3) (SAT -> sat4) (SAT -> LOY) (LOY ->
loyal1) (LOY -> loyal2) (LOY -> loyal3) (LOY -> loyal4), latent(SER SAT LOY ) nocapslatent

Endogenous variables
Measurement:  ser2 ser5 ser9 ser10 ser11 ser12 sat1 sat2 sat3 sat4 loyal1 loyal2 loyal3
loyal4
Latent:       SAT LOY
Exogenous variables
Latent:       SER
Fitting target model:
Iteration 0:   log likelihood = -2023.5405
Iteration 1:   log likelihood =   -2000.32
Iteration 2:   log likelihood = -1993.1293
Iteration 3:   log likelihood = -1992.8586
Iteration 4:   log likelihood =  -1992.856
Iteration 5:   log likelihood =  -1992.856

Structural equation model                         Number of obs      =       100
Estimation method  = ml
Log likelihood     =  -1992.856

 ( 1)  [sat1]SAT = 1
 ( 2)  [loyal1]LOY = 1
 ( 3)  [ser2]SER = 1
------------------------------------------------------------------------------
             |                 OIM
             |      Coef.   Std. Err.      z    P>|z|     [95% Conf. Interval]
-------------+----------------------------------------------------------------
Structural   |
  SAT <-     |
         SER |   1.018477   .1467417     6.94   0.000     .7308687    1.306086
  -----------+----------------------------------------------------------------
  LOY <-     |
         SAT |   .9552292   .1152153     8.29   0.000     .7294114    1.181047
-------------+----------------------------------------------------------------
Measurement  |
  ser2 <-    |
         SER |          1  (constrained)
       _cons |       4.78   .1418309    33.70   0.000     4.502017    5.057983
  -----------+----------------------------------------------------------------
  ser5 <-    |
         SER |   1.067395   .1535279     6.95   0.000     .7664863    1.368305
       _cons |       4.76   .1443052    32.99   0.000     4.477167    5.042833
  -----------+----------------------------------------------------------------
```

```
ser9 <-     |
        SER |  .9953505   .1402691     7.10   0.000     .7204281    1.270273
      _cons |      5.21   .1218975    42.74   0.000     4.971085    5.448915
------------+----------------------------------------------------------------
ser10 <-    |
        SER |  1.168282   .1670098     7.00   0.000     .8409493    1.495616
      _cons |      4.87   .1446755    33.66   0.000     4.586441    5.153559
------------+----------------------------------------------------------------
ser11 <-    |
        SER |  1.040912   .1660209     6.27   0.000     .7155173    1.366307
      _cons |      4.82   .1492515    32.29   0.000     4.527473    5.112527
------------+----------------------------------------------------------------
ser12 <-    |
        SER |  .9233133   .1281395     7.21   0.000     .6721645    1.174462
      _cons |      5.54   .1161206    47.71   0.000     5.312408    5.767592
------------+----------------------------------------------------------------
sat1 <-     |
        SAT |         1  (constrained)
      _cons |      4.32   .1384774    31.20   0.000     4.048589    4.591411
------------+----------------------------------------------------------------
sat2 <-     |
        SAT |  .9358134   .0940083     9.95   0.000     .7515605    1.120066
      _cons |      4.53   .1359816    33.31   0.000     4.263481    4.796519
------------+----------------------------------------------------------------
sat3 <-     |
        SAT |  .8759366   .1070477     8.18   0.000      .666127    1.085746
      _cons |       4.9   .1367479    35.83   0.000     4.631979    5.168021
------------+----------------------------------------------------------------
sat4 <-     |
        SAT |  .8950421   .0959844     9.32   0.000     .7069162    1.083168
      _cons |      4.82   .1283589    37.55   0.000     4.568421    5.071579
------------+----------------------------------------------------------------
loyal1 <-   |
        LOY |         1  (constrained)
      _cons |      4.48   .1513142    29.61   0.000      4.18343     4.77657
------------+----------------------------------------------------------------
loyal2 <-   |
        LOY |  .9741329   .0758311    12.85   0.000     .8255067    1.122759
      _cons |      4.83   .1407516    34.32   0.000     4.554132    5.105868
------------+----------------------------------------------------------------
loyal3 <-   |
        LOY |  .9515623   .1060621     8.97   0.000     .7436844     1.15944
      _cons |      4.57   .1650788    27.68   0.000     4.246452    4.893548
------------+----------------------------------------------------------------
```

```
  loyal4 <-   |
          LOY |   .8827607    .092394     9.55   0.000     .7016719     1.06385
        _cons |       4.33   .1476855    29.32   0.000     4.040542    4.619458
--------------+----------------------------------------------------------------
Variance      |
       e.ser2 |   1.033986   .1669848                      .7534402    1.418994
       e.ser5 |   .9685722   .1589113                      .7022269    1.335939
       e.ser9 |   .5173557   .0940024                      .3623496    .7386705
      e.ser10 |   .7587704   .1348803                      .5355491    1.075032
      e.ser11 |   1.168357   .1833157                      .8590563     1.58902
      e.ser12 |   .5149768   .0874057                      .3692457     .718224
       e.sat1 |   .5553939   .1121094                      .3739222    .8249375
       e.sat2 |   .6561525   .1218224                      .4560046    .9441486
       e.sat3 |    .824827   .1351895                      .5982058      1.1373
       e.sat4 |   .5563361   .0982454                      .3935687     .786419
     e.loyal1 |   .5590988   .1068113                      .3844797    .8130245
     e.loyal2 |   .3389669   .0821875                      .2107516    .5451845
     e.loyal3 |   1.158181   .1859823                      .8454532    1.586586
     e.loyal4 |   .8325783   .1393139                      .5997842    1.155727
        e.SAT |   .3481312   .1053952                      .1923293     .630145
        e.LOY |   .4875389   .1296515                      .2895001    .8210502
          SER |    .977614   .2570011                      .5839806    1.636577
-------------------------------------------------------------------------------
LR test of model vs. saturated: chi2(75)  =    225.43, Prob > chi2 = 0.0000
```

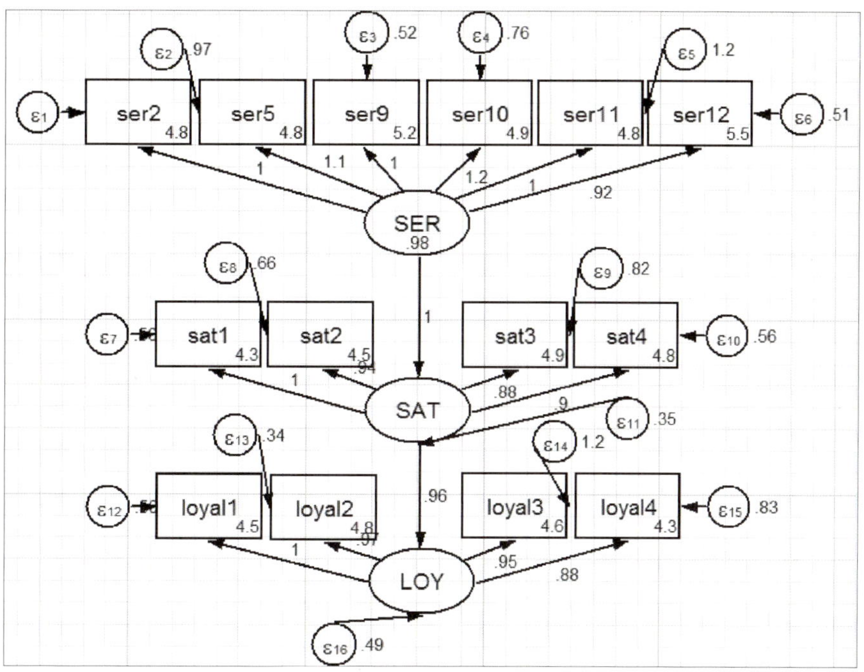

2) 구조방정식 모형 적합도 판별

명령어

estat gof

estat gof, stats(all)

앞에서 명령어 'db sem', 또는 'sembuilder'를 이용한 구조방정식 모형의 경로분석을 실시하면 도출된 분석결과에서 확인할 수 있는 내용은 Coef.(경로계수)와 z값, p값 등으로 한정되어 있다. 따라서 구조방정식모형의 적합도를 판별하기 위해서는 RMSEA를 비롯하여, TLI, CFI, GFI 등 다양한 적합도 지수에 대한 확인이 필요하다. 이를 가능하게 해주는 것이 바로 명령어 "estat gof, stats(all)"이다.

다음에 나와있는 바와 같이, Command 창에 "estat gof"만을 입력하게 되면 chi2 수치와 해당 수치에 대한 p값 유의도만을 확인할 수 있다. 따라서 추가적으로 ", stats(all)"이라는 옵션을 더해줌으로써 RMSEA, TLI, DFI, GFI까지 확인할 수 있다. 다음 자료 그림을 천천히 살펴보면서 해당 수치들을 확인해보는 과정을 갖도록 하자. 참고로, RMSEA의 수용기준은 0.05 이하, 그리고 TLI, CFI, GFI의 경우 0.9 이상을 수용기준으로 한다.

```
. estat gof

----------------------------------------------------------------------------
Fit statistic        |      Value   Description
---------------------+------------------------------------------------------
Likelihood ratio     |
         chi2_ms(75) |    225.434   model vs. saturated
            p > chi2 |      0.000
         chi2_bs(91) |   1147.985   baseline vs. saturated
            p > chi2 |      0.000
----------------------------------------------------------------------------

. estat gof, stats(all)

----------------------------------------------------------------------------
Fit statistic        |      Value   Description
---------------------+------------------------------------------------------
Likelihood ratio     |
         chi2_ms(75) |    225.434   model vs. saturated
            p > chi2 |      0.000
         chi2_bs(91) |   1147.985   baseline vs. saturated
            p > chi2 |      0.000
---------------------+------------------------------------------------------
Population error     |
               RMSEA |      0.142   Root mean squared error of approximation
 90% CI, lower bound |      0.121
         upper bound |      0.163
              pclose |      0.000   Probability RMSEA <= 0.05
---------------------+------------------------------------------------------
Information criteria |
                 AIC |   4073.712   Akaike's information criterion
                 BIC |   4188.339   Bayesian information criterion
---------------------+------------------------------------------------------
Baseline comparison  |
                 CFI |      0.858   Comparative fit index
                 TLI |      0.827   Tucker-Lewis index
---------------------+------------------------------------------------------
Size of residuals    |
                SRMR |      0.065   Standardized root mean squared residual
                  CD |      0.918   Coefficient of determination
----------------------------------------------------------------------------
```

3) AMOS와 결과값 비교

RMSEA와 TLI, CFI, GFI의 수치를 비교해 보면, 두 가지 통계 프로그램에서 보여주는 값이 거의 동일함을 확인할 수 있다. 독자들의 혹시 모를 추가적인 궁금증을 해결해 주기 위해 AMOS로 분석한 경로모형 그림과 측정값들을 첨부하도록 한다.

(1) AMOS 경로모형 그림

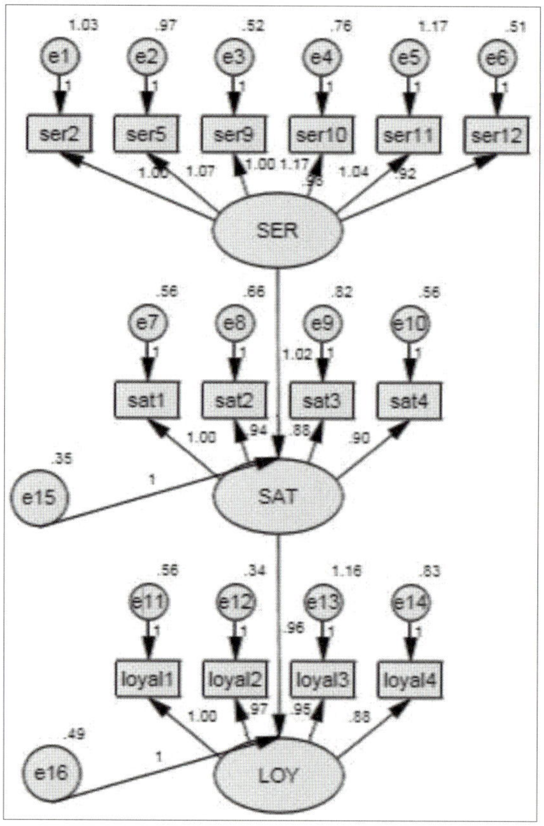

(2) 결과(경로 유의도 및 적합도 판별)

Regression Weights: (Group number 1 - Default model)

			Estimate	S.E.	C.R.	P	Label
SAT	<---	SER	1.018	.148	6.878	***	
LOY	<---	SAT	.955	.111	8.627	***	
ser2	<---	SER	1.000				
ser5	<---	SER	1.067	.158	6.768	***	
ser9	<---	SER	.995	.134	7.420	***	
ser10	<---	SER	1.168	.159	7.344	***	
ser11	<---	SER	1.041	.163	6.401	***	
ser12	<---	SER	.923	.128	7.241	***	
sat1	<---	SAT	1.000				
sat2	<---	SAT	.936	.098	9.525	***	
sat3	<---	SAT	.876	.102	8.570	***	
sat4	<---	SAT	.895	.092	9.718	***	
loyal1	<---	LOY	1.000				
loyal2	<---	LOY	.974	.078	12.464	***	
loyal3	<---	LOY	.952	.104	9.144	***	
loyal4	<---	LOY	.883	.091	9.693	***	

Baseline Comparisons

Model	NFI Delta1	RFI rho1	IFI Delta2	TLI rho2	CFI
Default model	.804	.762	.860	.828	.858
Saturated model	1.000		1.000		1.000
Independence model	.000	.000	.000	.000	.000

RMR, GFI

Model	RMR	GFI	AGFI	PGFI
Default model	.139	.761	.666	.544
Saturated model	.000	1.000		
Independence model	1.017	.201	.078	.174

RMSEA

Model	RMSEA	LO 90	HI 90	PCLOSE
Default model	.141	.120	.163	.000
Independence model	.341	.323	.359	.000

PART

VII 미련

경영학 논문은 데이터의 속성에 따라 가장 적합한 연구분석모형을 선정하는 작업이 중요하다. 그런데 연구자가 선정한 연구모형이 정말 올바른지 어떻게 확신할 수 있을까? 이에 이 장에서는 어렵게 선정한 연구모형을 통해 도출한 분석결과가 일관성을 지니는지를 확인할 수 있는 몇 가지 방법을 소개하고자 한다. 이를 "강건성 검증(robustness test)"이라고 하며, 경영학 논문마다 최종 분석결과 다음에 추가되어 있는 것을 볼 수 있다.

1. stepwise 검정

질문 변수를 투입하는 방법이 다르면 분석결과도 달라지나요?

통계분석 과정에서 독립변수들 간 영향으로 인한 내부문제가 발생할 수 있다. 이러한 독립변수들은 선별해서 기각시켜야 하는데, 이때 사용하는 명령어가 stepwise이다. 연구자가 원하는 유의수준을 설정하면, 통계 프로그램에서 자동으로 독립변수 간의 상호관계를 확인하여 유의하지 않은 독립변수를 제거해 준다. 이때 유의하지 않은 독립변수란, 종속변수와 상관성이 없어서 개별 형태로 존재하기만 하는 변수이거나, 혹은 자신 이외의 독립변수에 큰 영향을 주는 독립변수로 다중공선성 문제를 일으키는 변수를 말한다.

명령어

stepwise, pr(유의수준): reg 종속변수 독립변수1 독립변수2 독립변수3

stepwise 명령어는 "stepwise, pr(유의수준): reg 종속변수 독립변수1 독립변수2 …"이다. 유의수준에는 각각 10%는 0.10, 5%는 0.05, 1%는 0.01을 투입한다. 유의수준 10%, 5%, 1%에서 각각 stepwise를 실행해 보자. 예제파일인 'stepwise_1.dta'를 불러오고, stepwise 명령어를 입력해 보자.

```
. use stepwise_1, clear

. stepwise, pr(0.10): reg LN_Sales roa debtratio institutionalinvestors_5per_nu TMT_
stock_ratio_B foreign_insti_investor_ratio
                      begin with full model
p = 0.6707 >= 0.1000  removing foreign_insti_investor_ratio
p = 0.2898 >= 0.1000  removing roa
p = 0.1622 >= 0.1000  removing TMT_stock_ratio_B

      Source |       SS       df       MS              Number of obs =      80
-------------+------------------------------           F(  2,    77) =  195.89
       Model |  264.142387     2  132.071194           Prob > F      =  0.0000
    Residual |  51.9139326    77  .674206918           R-squared     =  0.8357
-------------+------------------------------           Adj R-squared =  0.8315
       Total |   316.05632    79  4.00071291           Root MSE      =   .8211

------------------------------------------------------------------------------
    LN_Sales |      Coef.   Std. Err.      t    P>|t|     [95% Conf. Interval]
-------------+----------------------------------------------------------------
institutio~u |   2.10e-07   1.07e-08    19.59   0.000     1.89e-07    2.31e-07
   debtratio |    .016326   .0020666     7.90   0.000     .0122109    .0204412
       _cons |   24.97692   .1955462   127.73   0.000     24.58754     25.3663
------------------------------------------------------------------------------

. stepwise, pr(0.05): reg  LN_Sales roa debtratio institutionalinvestors_5per_nu
TMT_stock_ratio_B foreign_insti_investor_ratio
                      begin with full model
p = 0.6707 >= 0.0500  removing foreign_insti_investor_ratio
p = 0.2898 >= 0.0500  removing roa
p = 0.1622 >= 0.0500  removing TMT_stock_ratio_B

      Source |       SS       df       MS              Number of obs =      80
-------------+------------------------------           F(  2,    77) =  195.89
       Model |  264.142387     2  132.071194           Prob > F      =  0.0000
```

```
    Residual |  51.9139326    77  .674206918           R-squared     =  0.8357
-------------+------------------------------           Adj R-squared =  0.8315
       Total |   316.05632    79  4.00071291           Root MSE      =   .8211

------------------------------------------------------------------------------
    LN_Sales |      Coef.   Std. Err.      t    P>|t|     [95% Conf. Interval]
-------------+----------------------------------------------------------------
institutio~u |   2.10e-07   1.07e-08    19.59   0.000     1.89e-07    2.31e-07
  debtratio |    .016326   .0020666     7.90   0.000     .0122109    .0204412
       _cons |   24.97692   .1955462   127.73   0.000     24.58754     25.3663
------------------------------------------------------------------------------

. stepwise, pr(0.01): reg  LN_Sales roa debtratio institutionalinvestors_5per_nu
TMT_stock_ratio_B foreign_insti_investor_ratio
                      begin with full model
p = 0.6707 >= 0.0100  removing foreign_insti_investor_ratio
p = 0.2898 >= 0.0100  removing roa
p = 0.1622 >= 0.0100  removing TMT_stock_ratio_B

      Source |       SS       df       MS              Number of obs =      80
-------------+------------------------------           F(  2,    77) =  195.89
       Model |  264.142387     2  132.071194           Prob > F      =  0.0000
    Residual |  51.9139326    77  .674206918           R-squared     =  0.8357
-------------+------------------------------           Adj R-squared =  0.8315
       Total |   316.05632    79  4.00071291           Root MSE      =   .8211

------------------------------------------------------------------------------
    LN_Sales |      Coef.   Std. Err.      t    P>|t|     [95% Conf. Interval]
-------------+----------------------------------------------------------------
institutio~u |   2.10e-07   1.07e-08    19.59   0.000     1.89e-07    2.31e-07
  debtratio |    .016326   .0020666     7.90   0.000     .0122109    .0204412
       _cons |   24.97692   .1955462   127.73   0.000     24.58754     25.3663
------------------------------------------------------------------------------
```

해석

유의수준 10%, 5%, 1%에서 stepwise를 실행해 보았다. 모든 유의수준 설정에서 세 개의 변수들(① foreign_insti_investor_ratio, ② roa, ③ TMT_stock_ratio_B)이 기각되어 자동으로 소거(removing)되는 것을 확인할 수 있다. 이는 세 개의 변수들이 설정한 유의수준에 적합하지 않은 변수들이라는 판단이다.

이처럼 원하는 유의수준을 제시하면 복수의 독립변수들을 임의로 기각된 변수와 채택되는 변수들로 분류해 주는 기능이다. 즉, stepwise기능을 통해 잠재적으로 오류를 가지는 변수 또는 유의하지 않은 변수들을 선별할 수 있다. 만약 stepwise기능을 활용하지 않는다면, 변수들을 하나씩 투입해 보면서 유의하지 않은 변수들을 선별해야 하는 수고가 요구된다.

위에서는 명령어 'pr'을 사용하였는데 이 외에도 'pe'가 있다. 차이점은 'pr'의 경우 모든 변수가 포함되어 있는 완전모델(begin with full model)에서 유의하지 않은 변수들이 소거되는 형태이다. 반면, 'pe'의 경우에는 가장 적은 변수들로 이루어진 최소모델(begin with empty model)에서 유의한 변수들을 추가하는 방법이다. 위와 동일한 방법으로 'pe' 방식으로 통계처리를 해본다면 결과는 다음과 같다.

명령어

stepwise, pe(유의수준): reg 종속변수 독립변수1 독립변수2 독립변수3

```
. use stepwise_1, clear

. stepwise, pe(0.10) : reg LN_Sales roa debtratio institutionalinvestors_5per_nu
TMT_stock_ratio_B foreign_insti_investor_ratio
                      begin with empty model
p = 0.0000 <  0.1000  adding  institutionalinvestors_5per_nu
p = 0.0000 <  0.1000  adding  debtratio

      Source |       SS       df       MS              Number of obs =      80
-------------+------------------------------           F(  2,    77) =  195.89
       Model |  264.142387     2  132.071194           Prob > F      =  0.0000
    Residual |  51.9139326    77  .674206918           R-squared     =  0.8357
-------------+------------------------------           Adj R-squared =  0.8315
       Total |   316.05632    79  4.00071291           Root MSE      =   .8211

------------------------------------------------------------------------------
    LN_Sales |      Coef.   Std. Err.      t    P>|t|     [95% Conf. Interval]
-------------+----------------------------------------------------------------
institutio~u |   2.10e-07   1.07e-08    19.59   0.000     1.89e-07    2.31e-07
   debtratio |    .016326   .0020666     7.90   0.000     .0122109    .0204412
       _cons |   24.97692   .1955462   127.73   0.000     24.58754     25.3663
------------------------------------------------------------------------------

. stepwise, pe(0.05) : reg LN_Sales roa debtratio institutionalinvestors_5per_nu
TMT_stock_ratio_B foreign_insti_investor_ratio
                      begin with empty model
p = 0.0000 <  0.0500  adding  institutionalinvestors_5per_nu
p = 0.0000 <  0.0500  adding  debtratio
```

```
      Source |       SS       df       MS              Number of obs =      80
-------------+------------------------------           F(  2,    77) =  195.89
       Model |  264.142387     2  132.071194           Prob > F      =  0.0000
    Residual |  51.9139326    77  .674206918           R-squared     =  0.8357
-------------+------------------------------           Adj R-squared =  0.8315
       Total |   316.05632    79  4.00071291           Root MSE      =   .8211

------------------------------------------------------------------------------
    LN_Sales |      Coef.   Std. Err.      t    P>|t|     [95% Conf. Interval]
-------------+----------------------------------------------------------------
institutio~u |   2.10e-07   1.07e-08    19.59   0.000     1.89e-07    2.31e-07
   debtratio |    .016326   .0020666     7.90   0.000     .0122109    .0204412
       _cons |   24.97692   .1955462   127.73   0.000     24.58754     25.3663
------------------------------------------------------------------------------

. stepwise, pe(0.01) : reg LN_Sales roa debtratio institutionalinvestors_5per_nu
TMT_stock_ratio_B foreign_insti_investor_ratio
                      begin with empty model
p = 0.0000 <  0.0100  adding  institutionalinvestors_5per_nu
p = 0.0000 <  0.0100  adding  debtratio

      Source |       SS       df       MS              Number of obs =      80
-------------+------------------------------           F(  2,    77) =  195.89
       Model |  264.142387     2  132.071194           Prob > F      =  0.0000
    Residual |  51.9139326    77  .674206918           R-squared     =  0.8357
-------------+------------------------------           Adj R-squared =  0.8315
       Total |   316.05632    79  4.00071291           Root MSE      =   .8211

------------------------------------------------------------------------------
    LN_Sales |      Coef.   Std. Err.      t    P>|t|     [95% Conf. Interval]
-------------+----------------------------------------------------------------
institutio~u |   2.10e-07   1.07e-08    19.59   0.000     1.89e-07    2.31e-07
   debtratio |    .016326   .0020666     7.90   0.000     .0122109    .0204412
       _cons |   24.97692   .1955462   127.73   0.000     24.58754     25.3663
------------------------------------------------------------------------------
```

해석

위 결과를 살펴보면 두 개의 변수들(①institutionalinvestors_5per_nu, ②debtratio)이 각 유의수준에서 적합하다고 판단되어 포함(adding)되는 것을 확인할 수 있다.

stepwise를 사용함에 있어서 'pr' 방식과 'pe' 방식은 결과에 있어서는 동일한 결과(종속변수: LN_Sales, 독립변수: ① institutionalinvestors_5per_nu, ② debtratio)가 나왔다. 그러나 언제나 동일한 결과가 나오는 것은 아니므로 연구자는 두 가지 방식으로 통계처리하고 결과값을 확인한 후에 변수들을 선별해야 한다.

2. 한젠(Hansen) 검정

질문 분석결과가 연도에 따라 일관성을 보이는지 궁금할 때 일일이 연도별로 살펴봐야 할까요?

앞서 소개한 검정은 내부문제를 진단하는 방법이었다. 그러나 시계열 또는 패널자료에서는 표본 내부의 문제가 아닌, 오일쇼크(1973년, 1979년) 또는 금융위기(2008년)와 같은 특정 외부사건에 의한 외생적 문제가 있을 수 있다. 원칙적으로 이러한 외부문제를 확인하기 위해서는 특정 연도를 기준으로 시계열 자료를 두 집단(연구 시기에 따라 세 집단 이상도 가능)으로 나누어 비교·분석해야 한다. 그러나 한젠 검정을 사용하면 두 집단의 회귀분석 없이도 하나의 명령어로 가능하다. 이렇듯 외부문제가 계수에 영향을 줄 수도 있는데 계수의 안정성을 확인하는 검정이 한젠 검정이다. 즉, 이 검정을 사용하면 전체 기간에 해당하는 계수의 일관성 존재 여부를 확인할 수 있다. 이 검정을 사용하지 않으면 일일이 시계열 자료를 3년 단위로 또는 5년 단위로 나누어 살펴보아야 한다. 아주 번거로운 일이다.

1) 논문예제

은행의 국제화와 성과 간 관계에 대한 탐색적 고찰
동태적 내부화 우위 관점에서·

양오석(제 1저자)서울대학교 경영대학(osyang30@hotmail.com)
민상기(공동저자)서울대학교 경영대학 교수(skmin@snu.ac.kr)

國際經營研究, Vol.22 No.1, [2011]

1. 분석 결과

〈표 3〉 회귀분석 결과(종속변수: ROE)

	모델 I	모델II	모델III	모델IV
	통제(Pooled OLS)	선형(RE)	U자형(RE)	S자형(RE)

독립변수				
(국제화)3				.001
(국제화)2			−.002***	−.003***
국제화		.039*	.131***	.124***
직접효과(기업특유)				
은행규모	.033*	.026	.018	.021
명성(평판)	.035	−.248	−.096	−.095
유동성	.108***	.056	.056	.062
리스크 관리능력	−.097*	−.040***	−.038***	−.041***
순이익률	.616***	.622***	.601***	.589***
생산성	.001	−.015	−.013	−.009
직접효과(내부화특유)				
무형자산	.106	.194	.124	.139
비용효율성	.259***	.217**	.191*	.204*
만기변환비용	−.181	.087	.084	.084
유동성네트워크(자산버퍼)	.001	−.013	−.008	−.009
자본버퍼	.004**	.024	.032	.029
동태적 효과(시간 래그)				
무형자산t−1, t−2		−.017, −.048	−.077, −.054	−.051, −.056
비용효율성t−1, t−2		−.009, −.009	.002, −.019	.004, −.022
만기변환비용t−1, t−2		−.117, −.087	−.089, −.093	−.097, −.097
유동성네트워크t−1, t−2		.068, −.050	.099, −0.073	.088, −0.65
자본버퍼t−1, t−2		−.129, .119	−.187, .177	−.167, .158
Wooldridge test(AR1)	.088	.556	.481	.400
Bhargava et al. test(AR1)	2.507**	1.620**	1.612**	1.622**
F−test 검정통계량	1.46***	3.01***	2.75***	2.67***
Breusch and Pagan test	.16	35.47***	40.92***	41.00***
Hausman test(Prob〉chi2)		.399	.502	.559
R2	.614	.550	.554	.559
N	1,520	1,520	1,520	1,520
Wald 검정통계량		219.97***	241.75***	247.51***
Hansen 결합검정 통계량		2.887 (14, 3.34)	2.713 (15, 3.54)	3.097 (16, 3.75)

주: 1) RE=확률효과모형, FE=고정효과모형; 수치는 회귀계수이며 *, **, ***은 각각 10%, 5%, 1%에서 p값이 유의함을 나타냄

2) Wooldridge 검정통계량은 패널자료 오차항의 1계 자기상관을 검정(1%, 5% 유의도 수준)[18]

3) Bhargava et al. 검정통계량으로 5% 유의수준 임계치인 2에 가까우면 귀무가설(오차항 1계 자기상관이 없다)을 기각할 수 없음(1982 논문 참조)

4) F-test 수치는 검정통계량(***는 1% 유의수준에서 p값이 유의함을 나타냄)

5) Hausman test는 고정 및 확률효과 모형에 대한 검정이며, 수치는 p값임

6) Hansen 결합검정에서 가로안의 수치는 (자유도, 임계치)를 표시. 임계치는 Hansen(1992)이 제시한 5% 유의도수준 값.

2. 강건성 검정

1) Hansen 검정을 통한 계수의 안정성 확인
Hansen 검정통계량은 특정한 분포를 따르지 않는 관계로 Hansen(1992)이 제시한 임계치를 기준으로 귀무가설의 기각여부를 확인할 수 있다. 모든 계수의 안정성을 동시에 검정하는 결합검정(joint test) 통계량을 살펴보면 모델 3의 경우 결합검정 통계량(2.713)이 자유도 16일 때 5% 유의수준 임계치(3.54)보다 작아 귀무가설이 기각되지 않았다. 그 외 나머지 모델 모두 결합검정 통계량이 각각의 자유도 임계치(5% 유의수준 기준)보다 작아 귀무가설이 기각되지 않았다. 따라서 전체 표본기간 동안 모든 추정계수가 안정적인 것으로 판단할 수 있다.

2) 실습예제

(1) hansen2 기능 설치 및 첫 번째 실습예제

명령어

hansen2 종속변수 독립변수 독립변수 독립변수 if year>=연도, reg

한젠 검정의 명령어는 "hansen2 종속변수 독립변수 독립변수 독립변수 if year>=연도, reg"이다. 그러나 일반적으로 이 기능은 통계프로그램에 디폴트로 설치되어있지 않으므로 앞서 소개한 추가기능설치 명령어인 "findit hansen2"를 입력하여 'hansen2.ado' 파일을 다운 및 설치하여야 한다.

설치가 완료되었다면, hansen검정 예제파일인 'hansen_1.dta'를 불러오고, "tsset id Year"를 입력해서 시간개념을 형성하도록 한다. 이어서 한젠 명령어인 "hansen2 종속변수 독립변수1 독립변수2 … if year>=연도, reg"를 입력하면 된다. '연도'에는 사용자가 검정하고자 하는 연도를 입력하면 된다.

```
. findit hansen2

. use hansen_1, clear

. tsset id Year
       panel variable:  id (unbalanced)
        time variable:  Year, 2001 to 2012
                delta:  1 unit

. hansen2  LN_Sales roa debtratio institutionalinvestors_5per_nu TMT_stock_ratio_B
foreign_insti_investor_ratio if Year>=2005, reg

Annual data:  5 to 105    (44 obs)
       Warning:  sample has 9 gaps with 57 missing observations

      Source |       SS       df       MS              Number of obs =      44
-------------+------------------------------           F(  5,    38) =   53.52
       Model |  152.439833     5  30.4879666           Prob > F      =  0.0000
    Residual |  21.6464649    38  .569643814           R-squared     =  0.8757
-------------+------------------------------           Adj R-squared =  0.8593
       Total |  174.086298    43  4.04851855           Root MSE      =  .75475

------------------------------------------------------------------------------
    LN_Sales |      Coef.   Std. Err.      t    P>|t|     [95% Conf. Interval]
-------------+----------------------------------------------------------------
         roa |   .0458953   .0490349     0.94   0.355    -.0533707    .1451613
   debtratio |   .0184047   .0034719     5.30   0.000     .0113762    .0254331
institutio~u |   2.42e-07   2.00e-08    12.12   0.000     2.02e-07    2.83e-07
TMT_stock_~B |  -8.21e-08   5.27e-08    -1.56   0.127    -1.89e-07    2.45e-08
foreign_in~o |   -5.65495   2.176627    -2.60   0.013     -10.0613   -1.248599
       _cons |    25.3605   .6146366    41.26   0.000     24.11624    26.60477
------------------------------------------------------------------------------

Individual Statistics

       roa =   .59688683
 debtratio =   .38645719
institutionalinvestors_5per_nu =   .08906991
TMT_stock_ratio_B =   .07075873
foreign_insti_investor_ratio =   .96474181
     _cons =    .6889189
     sigma =   .15731259

Joint test statistic with 7 degrees of freedom:

       _Lc =   2.5173003
```

해석

한젠검정의 결과를 살펴보면 총 일곱 개의 모수에 대한 검정통계량 결과가 다음과 같이 나왔다.

- ▶ roa = .59688683
- ▶ debtratio = .38645719
- ▶ institutionalinvestors_5per_nu = .08906991
- ▶ TMT_stock_ratio_B = .07075873
- ▶ foreign_insti_investor_ratio = .96474181
- ▶ _cons = .6889189
- ▶ sigma = .15731259

입력된 연도를 기준으로 제시된 검정통계량은 Hansen(1992) Table 1의 귀무가설 임계치에 따라 계수의 안정성에 관한 기각여부를 해석하게 된다. Hansen(1992) Table 1에 제시된 자유도 5에 따른 1% 유의수준의 임계치는 1.88인데, 상기 모든 변수의 검정통계량이 기준치인 1.88보다 작아, 모든 계수가 안정적임을 확인할 수 있다. 그러나 Joint test에서 제시된 자유도 7에 따른 _Lc = 2.5173003는 2.35(1% 수준)보다 큰 수치로 나타난 것을 볼 수 있다. 이는 7개의 모수에 대한 결합검정인 Joint test에 의해 귀무가설인 "계수의 안정성"이 기각된다는 것을 의미한다. 따라서 Hansen 검정 결과 위 통계분석 결과는 시간흐름에 따라 일관성이 없는 것으로 판단할 수 있다. 즉 시기적으로 독립변수와 종속변수 간 상관관계가 달라진다는 의미이다.

〈Hansen(1992) Table 1〉

자유도(m+1)	유의수준					
	1%	2.5%	5%	7.5%	10%	20%
1	0.748	0.593	0.470	0.398	0.353	0.243
2	1.07	0.898	0.749	0.670	0.610	0.469
3	1.35	1.16	1.01	0.913	0.846	0.679
4	1.60	1.39	1.24	1.14	1.07	0.883
5	1.88	1.63	1.47	1.36	1.28	1.08

6	2.12	1.89	1.68	1.58	1.49	1.28
7	2.35	2.10	1.90	1.78	1.69	1.46
8	2.59	2.33	2.11	1.99	1.89	1.66
9	2.82	2.55	2.32	2.19	2.10	1.85
10	3.05	2.76	2.54	2.40	2.29	2.03
11	3.27	2.99	2.75	2.60	2.49	2.22
12	3.51	3.18	2.96	2.81	2.69	2.41
13	3.69	3.39	3.15	3.00	2.89	2.59
14	3.90	3.60	3.34	3.19	3.08	2.77
15	4.07	3.81	3.54	3.38	3.26	2.95
16	4.30	4.01	3.75	3.58	3.46	3.14
17	4.51	4.21	3.95	3.77	3.64	3.32
18	4.73	4.40	4.14	3.96	3.83	3.50
19	4.92	4.60	4.33	4.16	4.03	3.69
20	5.13	4.79	4.52	4.36	4.22	3.86

출처: Hansen (1992).

(2) hansen2 두 번째 실습예제

질문 한젠은 네가 지난 여름 뭐 했는지 알고 있다.

이번에는 실제로 공인된 데이터를 사용해 Hansen test가 활용되는 재미를 살펴볼 것이다. 예제파일 'hansen_2.dta'는 일부 아랍지역에서 운영하고 있는 60개 개별 상업은행(commercial bank)에 관한 1998년~2012년 데이터이다. 지난 2008년 글로벌금융위기로부터의 충격으로 일반상업은행들 가운데 많은 은행들이 도산하거나 수익성 등 재무성과가 악화되는 경험을 겪었다. 따라서 이들 상업은행 데이터는 2008년과 같은 특정 기간 동안 비정상적인 움직임을 보였을 가능성이 높다. 그렇다면 과연 한젠 검정은 이 사실을 간파할 수 있을까? 필자가 제공한 실제 데이터를 이용하여 이를 확인해 보자.

"2008년 글로벌금융위기"는 2008년 9월 14일 미국의 투자은행이었던 리먼브라더스가 파산신청을 하면서 붙여진 이름이다. 그런데 사실 이 사태는 2007년 4월 미국에서 두 번째로 큰 서브프라임 모기지 대출회사인 뉴센추리파이낸셜(New Century Financial

Corp.)이 파산신청을 하면서부터 시작되었다. 이러한 배경사실에 의하면 Hansen 강건성 검정에서 2007년을 기준으로 결과상의 차이를 보여야 한다.

우선 연습파일인 'hansen_2.dta'를 실행하고 패널데이터의 성격에 맞게 "tsset id year"를 입력하여 프로그램에 시간개념을 부여하자. 그 다음에는 자료의 시작연도인 1998년을 검사해보고, 2006년, 2007년을 각각 추가 입력해보자. 다음에 제시된 통계결과는 종속변수를 'roae'로 설정한 Hansen test 결과이다.

```
. use hansen_2, clear

. tsset id year
       panel variable:  id (strongly balanced)
        time variable:  year, 1998 to 2012
                delta:  1 unit

. hansen2 roae Growth_of_Total_Assets Cost_to_Income_ratio LN_y3 Liability_Ratio-
Tier1_to_risk_weighted_asset NPLs_to_Gross_Loan LN_gni Inflation Market_Cap_to_GDP if
year>=1998, reg
Annual data:  10 to 719    (98 obs)
       Warning:  sample has 35 gaps with 612 missing observations

      Source |       SS       df       MS              Number of obs =      98
-------------+------------------------------           F(  9,    88) =    5.77
       Model |  4785.69014     9  531.743348           Prob > F      =  0.0000
    Residual |  8109.96773    88  92.1587242           R-squared     =  0.3711
-------------+------------------------------           Adj R-squared =  0.3068
       Total |  12895.6579    97  132.944926           Root MSE      =  9.5999

------------------------------------------------------------------------------
        roae |      Coef.   Std. Err.      t    P>|t|     [95% Conf. Interval]
-------------+----------------------------------------------------------------
Growth_of_~s |   .0421803   .0342553     1.23   0.221    -.0258949    .1102555
Cost_to_In~o |  -.5936754   .1304782    -4.55   0.000    -.8529733   -.3343774
       LN_y3 |   -4.38897   1.518906    -2.89   0.005    -7.407477   -1.370463
Liability_~o |  -.4129705    .620195    -0.67   0.507    -1.645478    .8195368
Tier1_to_r~t |   -1.44957   .7347516    -1.97   0.052    -2.909735    .0105942
NPLs_to_Gr~n |  -.5492368   .3403697    -1.61   0.110     -1.22565    .1271765
      LN_gni |   2.456462   1.107569     2.22   0.029      .255401    4.657523
   Inflation |    .051991   .2852026     0.18   0.856    -.5147892    .6187713
Market_Cap~P |   .0471523   .0251816     1.87   0.064    -.0028908    .0971953
       _cons |   46.51682   29.99597     1.55   0.125    -13.09386    106.1275
------------------------------------------------------------------------------
```

```
Individual Statistics

Growth_of_Total_Assets =   .22421876
Cost_to_Income_ratio =   .41344804
     LN_y3 =   .68151957
Liability_Ratio =   .51368502
Tier1_to_risk_weighted_asset =   .03494032
NPLs_to_Gross_Loan =   .10333004
    LN_gni =   .65808471
 Inflation =   .43996305
Market_Cap_to_GDP =   .57281052
     _cons =   .60535386
     sigma =   .38673009

Joint test statistic with 11 degrees of freedom:

       _Lc =   4.1841039

. hansen2 roae Growth_of_Total_Assets Cost_to_Income_ratio LN_y3 Liability_Ratio
Tier1_to_risk_weighted_asset NPLs_to_Gross_Loan LN_gni Inflation Market_Cap_to_GDP if
year>=2006, reg
Annual data:  10 to 719    (89 obs)
       Warning:  sample has 34 gaps with 621 missing observations

      Source |       SS       df       MS              Number of obs =      89
-------------+------------------------------           F(  9,    79) =    4.50
       Model |  3931.00921     9  436.778801           Prob > F      =  0.0001
    Residual |  7666.13746    79  97.0397147           R-squared     =  0.3390
-------------+------------------------------           Adj R-squared =  0.2637
       Total |  11597.1467    88  131.785758           Root MSE      =  9.8509

------------------------------------------------------------------------------
        roae |      Coef.   Std. Err.      t    P>|t|     [95% Conf. Interval]
-------------+----------------------------------------------------------------
Growth_of_~s |   .0525006   .0365435     1.44   0.155    -.0202374    .1252385
Cost_to_In~o |  -.6057833   .1414491    -4.28   0.000    -.8873306    -.324236
       LN_y3 |  -4.150285   1.660442    -2.50   0.015    -7.455312   -.8452569
Liability_~o |  -.3737737   .6642427    -0.56   0.575    -1.695916    .9483684
Tier1_to_r~t |  -1.329842   .7779712    -1.71   0.091    -2.878354    .2186713
NPLs_to_Gr~n |  -.6256814   .3849106    -1.63   0.108    -1.391827     .140464
      LN_gni |   2.414968   1.230404     1.96   0.053    -.0340894    4.864025
   Inflation |   .0900234   .2992431     0.30   0.764     -.505605    .6856518
Market_Cap~P |   .0292833   .0329066     0.89   0.376    -.0362156    .0947823
       _cons |   44.52296   33.84534     1.32   0.192    -22.84451    111.8904
------------------------------------------------------------------------------
```

```
Individual Statistics

Growth_of_Total_Assets =    .1470953
Cost_to_Income_ratio =  .32279075
     LN_y3 =  .49751145
Liability_Ratio =  .39046875
Tier1_to_risk_weighted_asset =  .03541945
NPLs_to_Gross_Loan =  .08911213
    LN_gni =  .47857624
 Inflation =  .31758934
Market_Cap_to_GDP =  .34100694
     _cons =    .442213
     sigma =   .3663013

Joint test statistic with 11 degrees of freedom:

       _Lc =  3.4956179

. hansen2 roae Growth_of_Total_Assets Cost_to_Income_ratio LN_y3 Liability_Ratio
Tier1_to_risk_weighted_asset NPLs_to_Gross_Loan LN_gni Inflation Market_Cap_to_GDP if
year>=2007, reg
Annual data:  10 to 719    (75 obs)
       Warning:  sample has 28 gaps with 635 missing observations

      Source |       SS       df       MS              Number of obs =      75
-------------+------------------------------           F(  9,    65) =    2.73
       Model |  1996.63709     9  221.848566           Prob > F      =  0.0092
    Residual |  5290.22456    65  81.3880702           R-squared     =  0.2740
-------------+------------------------------           Adj R-squared =  0.1735
       Total |  7286.86166    74  98.4711035           Root MSE      =  9.0215

------------------------------------------------------------------------------
        roae |      Coef.   Std. Err.      t    P>|t|     [95% Conf. Interval]
-------------+----------------------------------------------------------------
Growth_of_~s |    .035253   .0361038     0.98   0.332    -.0368513    .1073573
Cost_to_In~o |  -.3287498   .1570133    -2.09   0.040    -.6423271   -.0151725
       LN_y3 |  -1.065534   1.725283    -0.62   0.539    -4.511161    2.380094
Liability_~o |  -1.003684   .7076466    -1.42   0.161    -2.416952    .4095837
Tier1_to_r~t |  -.5813305   .7755048    -0.75   0.456     -2.13012    .9674594
NPLs_to_Gr~n |  -.5098576   .3800888    -1.34   0.184    -1.268947    .2492321
      LN_gni |   1.007389   1.279873     0.79   0.434    -1.548693    3.563472
   Inflation |   .5193335   .2956826     1.76   0.084    -.0711854    1.109852
Market_Cap~P |  -.0050355    .032599    -0.15   0.878    -.0701401    .0600691
       _cons |   22.14042    33.1878     0.67   0.507    -44.14018    88.42103
------------------------------------------------------------------------------
```

```
Individual Statistics

Growth_of_Total_Assets =   .08836393
Cost_to_Income_ratio =   .19205024
     LN_y3 =   .31296231
Liability_Ratio =   .25908835
Tier1_to_risk_weighted_asset =   .01932856
NPLs_to_Gross_Loan =   .07211101
    LN_gni =   .30135115
 Inflation =   .13407484
Market_Cap_to_GDP =    .2401885
     _cons =   .28339314
     sigma =   .30002511

Joint test statistic with 11 degrees of freedom:

       _Lc =   2.6937598
```

해석

이처럼 분석결과를 살펴보면 1998년(4.1841039), 2006년(3.4956179), 2007년(2.6937598)의 결과값 중에 Hansen이 제시한 자유도 11 임계치(1%, 3.27)에 적합하다고 판정되는 것은 2007년 결과뿐이다. 즉, 2006년까지의 자료와 2007년부터의 자료는 계수의 안정성 면에서 차이를 보인다. 따라서 상업은행 재무데이터가 시기에 따른 변동이 있어 표본기간 동안 추정계수가 안정적이지 못하다는 판단이 가능하다. 이처럼 Hansen test를 활용한다면 시기별로 외부적 요인의 존재 여부뿐만 아니라, 특정 시점을 기준으로 관찰 시기를 그룹화할 수 있다. 동일한 맥락에서 한국의 경우 1997년 금융위기를 기점으로 금융위기 이전과 이후로 연구시기를 나누어 고찰하는 연구들이 많다.

3. 오차항의 1계 자기상관 검정

질문 오차항에는 이분산성 외에 또 어떤 문제가 존재하나요?

이 장에서는 시계열 데이터나 패널 데이터에서 흔히 접하게 되는 오차항의 1계 자기상관(first order autocorrelation)의 문제에 대해서 학습하고자 한다. 패널 데이터를 고정효과모형이나 확률효과모형 통계처리를 시도함에 있어서 오차항의 이분산성 문제를 해결하는 것은 앞서 설명하였다. 이외에도 1계 자기상관이 존재할 수 있는데, 이 경우에는 오차항 분산의 효율성 문제가 발생하게 된다. 이러한 문제를 해결하는 방법은 앞서 설명한 GLS 모형을 사용하거나 AR(1) 모형으로 패널 선형회귀모형을 추정해야 한다. 여기서는 패널데이터에서 오차항의 1계 자기상관의 문제를 해결하는 AR(1) 모형을 소개하였다.

1) xtserial을 활용한 오차항의 1계 자기상관 존재 확인

오차항의 1계 자기상관 존재를 확인하는 방법으로는 Wooldridge test를 사용하면 되는데 명령어는 "xtserial 종속변수 독립변수 독립변수 … "이다. 이 명령어의 귀무가설(H_0)은 결과창에 제시된 것처럼 "1계 자기상관이 존재하지 않는다(H0: no first-order autocorrelation)"이다. 구체적으로는 제시된 F 분포에 따른 p값(Prob > F)을 확인하여 귀무가설을 기각할지를 결정한다. 결과값에 따라 귀무가설이 기각되면 1계 자기상관이 존재한다고 말할 수 있다. 예제파일 'xtserial_1.dta'를 불러와서 실습해보자. 예제파일은 패널데이터이므로 그 자료 성격에 맞게 tsset 명령어를 사용해서 프로그램에 시간 개념을 적용해주고 'xtserial'의 결과값을 얻어야 한다.

명령어

```
xtserial 종속변수 독립변수1 독립변수2 독립변수3
```

```
. use xtserial_1, clear

. tsset id Year
       panel variable:  id (unbalanced)
        time variable:  Year, 2001 to 2012
                delta:  1 unit

. xtserial LN_Sales roa debtratio institutionalinvestors_5per_nu TMT_stock_ratio_B
foreign_insti_investor_ratio

Wooldridge test for autocorrelation in panel data
H0: no first order autocorrelation
    F(  1,       8) =      65.068
           Prob > F =      0.0000
```

해석

앞서 종속변수 'LN_Sales'에 대하여 'roa' debtratio' 'institutionalinvestors_5per_nu' 'TMT_stock_ratio_B' 'foreign_insti_investor_ratio'를 독립변수로 하여 1계 자기상관 존재 여부를 검정해보았다. 위 결과에서는 p값이 '0.0000'으로 나타나 귀무가설이 기각되었다. 즉, 1계 자기상관이 존재하는 것으로 확인되었다. 이 경우에는 오차항의 1계 자기상관이 제거된 결과값을 사용하여야 한다.

2) lbi를 활용한 오차항의 1계 자기상관 제거

앞서 명령어 'xtserial'을 사용해서 오차항의 1계 자기상관이 존재하는지를 살펴볼 수 있는데, 명령어 'xtregar'을 사용해서 이를 제거한 통계처리 값을 얻을 수 있다. 명령어는 고정효과모형과 확률효과모형일 때 두 가지로 나뉘는데 고정효과모형일 때는 "xtserial 종속변수 독립변수 독립변수 …, fe lbi"이다. 확률효과모형일 때는 "xtserial 종속변수 독립변수 독립변수 …, re lbi"이다.

옵션으로 'lbi(local best invariant)'를 붙여주는 이유는 Bhargava et al.(1982)과 Baltagi and Wu(1999)의 검정통계량 값을 얻기 위함이다. 이들의 검정통계량 값(Bhargava et al. Durbin-Watson 및 Baltagi-Wu LBI)은 Bhargava et al.(1982) 논문에서 제시된 5% 유의수준 임계치인 '2'에 가까우면 "오차항의 1계 자기상관이 없다"는 귀무가설을 기각할 수 없다. 반대로 '1'을 기준으로 '0'에 가까우면 귀무가설이 기각되어 자기상관이 존재한다는 해석이 가능하다. 즉 여기서 검정통계량을 구하는 방법은 모형의 유형과는 연관성이 없다. 이렇게 검정통계량을 살펴보는 이유는 연구자가 사용하는 데이터가 오차항의 1계 자기상관 문제가 있는지 여부를 확인하기 위함이다. 이렇게 자기상관 문제가 있는지 여부를 확인하고 나서, 연구자는 최종적으로 자기상관 문제를 제거하고 난 뒤에 도출된 통계분석 결과를 가지고 본인이 제시한 가설을 검증하게 된다.

우선 예제파일 'xtregar_1.dta'를 불러오고 패널분석을 위한 tsset 처리를 수행하자. 앞서 'xtserial'을 통해 오차항의 1계 자기상관에 대한 귀무가설이 기각(Prob 〉 F = 0.0000)되었다. 그러므로 투입하였던 종속변수와 독립변수들에서는 1계 자기상관이 존재한다고 판단된다. 그러므로 "xtregar LN_Sales roa debtratio institutionalinvestors_5per_nu TMT_stock_ratio_B foreign_insti_investor_ratio, fe lbi"를 입력하여 통계처리 결과를 확인하여 보자.

명령어

xtregar 종속변수 독립변수1 독립변수2 독립변수3, fe lbi

xtregar 종속변수 독립변수1 독립변수2 독립변수3, re lbi

```
. use xtregar_1, clear

. tsset id Year
       panel variable:  id (unbalanced)
        time variable:  Year, 2001 to 2012
                delta:  1 unit

. xtregar LN_Sales roa debtratio institutionalinvestors_5per_nu TMT_stock_ratio_B
foreign_insti_investor_ratio, fe lbi

FE (within) regression with AR(1) disturbances  Number of obs      =        71
Group variable: id                              Number of groups   =         9

R-sq:  within  = 0.2189                         Obs per group: min =         7
       between = 0.5453                                        avg =       7.9
       overall = 0.4918                                        max =         8

                                                F(5,57)            =      3.19
corr(u_i, Xb)  = -0.7848                        Prob > F           =    0.0130
```

```
------------------------------------------------------------------------------
    LN_Sales |      Coef.   Std. Err.      t    P>|t|     [95% Conf. Interval]
-------------+----------------------------------------------------------------
         roa |   .0160737   .0106598     1.51   0.137    -.0052721    .0374195
   debtratio |   .0025249   .0019061     1.32   0.191    -.0012919    .0063418
institutio~u |  -5.47e-08   1.96e-08    -2.79   0.007    -9.39e-08   -1.55e-08
TMT_stock_~B |   7.54e-08   5.78e-08     1.30   0.197    -4.03e-08    1.91e-07
foreign_in~o |   .2051764   .6289965     0.33   0.745    -1.054367     1.46472
       _cons |   27.69482   .0420481   658.65   0.000     27.61062    27.77902
-------------+----------------------------------------------------------------
      rho_ar |  .85400094
     sigma_u |  2.4116466
     sigma_e |  .21713671
     rho_fov |  .99195858   (fraction of variance because of u_i)
------------------------------------------------------------------------------
F test that all u_i=0:     F(8,57) =     5.65              Prob > F = 0.0000
modified Bhargava et al. Durbin-Watson = .48461183
Baltagi-Wu LBI = .95558899
```

해석

위 통계 결과를 보면 Bhargava et al. test(.48461183)와 Baltagi-Wu test(.95558899) 검정통계량이 제시된 것을 확인할 수 있다. 두 검정통계량 모두 기준치인 2에서 상당히 떨어져있고 0에 가깝다. 이를 해석하면 오차항의 1계 자기상관이 없다는 귀무가설이 기각된다. 다시 말해 오차항의 1계 자기상관이 존재한다는 의미이다. 그러므로 앞서 오차항의 1계 자기상관이 존재한 채 통계처리를 해서 도출된 일반적인 패널분석 고정효과모형(해당 실습데이터의 경우로 한정)에 기반한 통계결과를 사용해서는 안된다. 그 대신 오차항의 1계 자기상관 문제를 제거한 후 통계처리한 위에 제시된 결과치를 가설검증에 사용해야 한다. 아래에 이를 제거하지 않은 일반적인 고정효과 패널모형으로 계산한 통계결과를 제시하였다. 위의 결과와 비교해 보도록 하자.

〈1계 자기상관 문제를 제거하지 않은 일반 고정효과 패널모형 분석결과〉

```
. xtreg LN_Sales roa debtratio institutionalinvestors_5per_nu TMT_stock_ratio_B for-
eign_insti_investor_ratio, fe

Fixed-effects (within) regression               Number of obs      =        80
Group variable: id                              Number of groups   =         9

R-sq:  within  = 0.2791                         Obs per group: min =         8
       between = 0.1727                                        avg =       8.9
       overall = 0.1525                                        max =         9

                                                F(5,66)            =      5.11
corr(u_i, Xb)  = -0.5448                        Prob > F           =    0.0005

------------------------------------------------------------------------------
    LN_Sales |      Coef.   Std. Err.      t    P>|t|     [95% Conf. Interval]
-------------+----------------------------------------------------------------
         roa |   .0091946   .0124512     0.74   0.463     -.015665    .0340542
   debtratio |  -.0031361   .0014082    -2.23   0.029    -.0059477   -.0003246
institutio~u |  -3.88e-08   2.26e-08    -1.71   0.091    -8.40e-08    6.39e-09
TMT_stock_~B |   1.08e-07   4.09e-08     2.64   0.010     2.65e-08    1.90e-07
foreign_in~o |   1.336635   .6427677     2.08   0.041     .0533075    2.619962
       _cons |   27.12165   .2259781   120.02   0.000     26.67047    27.57283
-------------+----------------------------------------------------------------
     sigma_u |  2.2856606
     sigma_e |  .23628041
         rho |  .98942658   (fraction of variance due to u_i)
------------------------------------------------------------------------------
F test that all u_i=0:     F(8, 66) =   103.05             Prob > F = 0.0000
```

해석

우선 극명하게 차이가 나는 것은 일반 고정효과 패널모형에서는 debtratio와 TMT_stock_ratio_B가 모두 유의수준 5%에서 통계적으로 유의한 것으로 나타났다. 그러나 오차항 1계 자기상관을 제거하게 될 경우에는 이들 두 변수 모두 통계적으로 유의하지 않은 변수로 나타났다. 이는 오차항의 1계 자기상관이 존재하여 통계결과의 효율성을 저하시켜 나타난 결과이므로, 일반 고정효과 패널모형을 사용해서는 안되고 앞서 제시한 xtregar 명령어를 통해 얻은 최종 통계치로 결과를 해석해야 한다.

참고문헌

김창수(2009), “기업의 사회적 책임 활동과 기업가치”, 『한국증권학회지』, 38(4), 507~545.

김창수(2010), “재벌기업집단의 내부자본시장과 투자”, 『한국증권학회지』, 39(4), 611~641.

민인식·최필선(2012), 『STATA 기초적 이해와 활용』, 지필미디어.

민인식·최필선(2012), 『STATA 기초통계와 회귀분석』, 지필미디어.

민인식·최필선(2012), 『STATA 패널데이터 분석』, 지필미디어.

성태제(2007), 『SPSS/AMOS를 이용한 알기 쉬운 통계분석』, 학지사

양오석·민상기(2011), “은행의 국제화와 성과 간 관계에 대한 탐색적 고찰: 동태적 내부화 우위 관점에서”, 『국제경영연구』, 22(1), 111~146.

양오석(2012), “은행의 해외시장 진입모드를 결정하는 요인 연구: 조직학습 관점에서”, 『국제경영리뷰』, 16(1), 49~93.

양지연·조동성·이윤철(2008), “항공사의 자원 및 환경, 노선의 자원 및 환경 적합성이 노선성과에 미치는 영향”, 『한국경영학회 통합학술발표논문집』, 한국경영학회.

우석진(2013), 『경제분석을 위한 STATA』, 지필미디어.

장상수(2010), 『STATA 프로그래밍』, 이담북스.

정성호(2013), 『STATA를 활용한 사회과학 통계』, 박영사.

Arellano, M. and Bond, S. 1991. "Some tests of specification for panel data: Monte Carlo evidence and an application to employment equations", *Review of Economic Studies*, 58, 277–297.

Arellano, M. and Bover, O. 1995. "Another look at the instrumental variable estimation of error–components models", *Journal of Econometrics*, 68, 29–51.

Baltagi, B. H. and Wu, P. X.1999. "Unequally spaced panel data regressions with AR (1) disturbances", *Econometric Theory*, 15(6), 814–823.

Bhargava, A., Franzini, L. and Narendranathan, W.1982."Serial correlation and the fixed effects model", *The Review of Economic Studies*, 49(4), 533–549.

Blundell, R. and Bond, S. 1998. "Initial conditions and moment restrictions in dynamic panel–data models", *Journal of Econometrics*, 87, 115–143.

Breusch, T. S. and Pagan, A. R. 1980."The langrange multiplier test and its applications to model specification in econometrics", *Review of Economic Studies*, 47, 239–253.

Hamilton, L. C. 2012.*Statistics with stata version 12*, Brooks Cole

Hansen, B. E. 1992."Testing for parameter instability in linear models", *Journal of policy Modeling*, 14(4), 517–533.

Oh, W. Y., Chang, Y.K. and Martynov, A.2011."The effect of ownership structure on corporate social responsibility: Empirical evidence from Korea", *Journal of business ethics*, 104(2), 283–297.

Windmeijer, F. 2005. "A finite sample correction for the variance of linear efficient two–step GMM estimators", *Journal of Econometrics*, 126, 25–52.

Wooldridge, J. M. 2002. *Econometric Analysis of Cross Section and Panel Data*, MIT Press.

찾아보기

T

U

V

X

Y